高等职业教育机械类新形态一体化教材

机械制造技术

焦 巍 陈启渊 主编
郭 俊 刘月琴 赵春江 副主编

清华大学出版社
北 京

内 容 简 介

本书共包括阶梯轴车削加工(车床加工基础)、榔头组件车削加工(车床加工进阶)、阶梯配合件车削加工(车床加工提高)、四方体铣削加工(铣床加工基础)、六方花螺母铣削加工(铣床加工进阶)、四方体刨削加工(刨床加工基础)、盖板孔系类零件的加工(钻床加工基础)、常用刀具的刃磨加工(刀具认识与磨削基础)、光轴类零件的磨削(磨床加工基础)9个项目。根据知识点和技能点结构,本书配套了相应的精美微课视频,可通过书中二维码扫描观看。

本书既可作为高职高专院校、成人高校的机械制造与自动化、机电一体化技术、模具设计与制造和数控技术等专业的教材,也可作为机械、机电类技术人员的参考书或机械制造企业人员的培训教材。

图书在版编目(CIP)数据

机械制造技术/焦巍,陈启渊主编.—北京:清华大学出版社,2020.8(2024.7重印)
(高等职业教育机械类新形态一体化教材)
ISBN 978-7-302-54351-0

Ⅰ.①机… Ⅱ.①焦… ②陈… Ⅲ.①机械制造工艺-高等职业教育-教材 Ⅳ.①TH16

中国版本图书馆 CIP 数据核字(2019)第 263174 号

责任编辑:刘翰鹏
封面设计:常雪影
责任校对:刘 静
责任印制:丛怀宇

出版发行:清华大学出版社
      网　　　址:https://www.tup.com.cn,https://www.wqxuetang.com
      地　　　址:北京清华大学学研大厦 A 座　　　邮　　编:100084
      社 总 机:010-83470000　　　邮　　购:010-62786544
      投稿与读者服务:010-62776969,c-service@tup.tsinghua.edu.cn
      质量反馈:010-62772015,zhiliang@tup.tsinghua.edu.cn
      课件下载:https://www.tup.com.cn,010-80740358
印 装 者:天津鑫丰华印务有限公司
经　销:全国新华书店
开　本:185mm×260mm　　印 张:20.25　　　字　数:463 千字
版　次:2020 年 8 月第 1 版　　　印　次:2024 年 7 月第 6 次印刷
定　价:58.00 元

产品编号:082283-01

为了贯彻《国务院关于印发国家职业教育改革实施方案的通知》（国发〔2019〕4号）文件的精神，落实其中"推进高等职业教育高质量发展的同时完善教育教学相关标准，提升职业院校教学管理和教学实践能力"的要求，探索工学结合人才培养模式，突出高职教育特色，我们联合相关企业组织教学经验丰富、实践能力强的教师及工程技术人员，按照机制类人才培养方案中的核心课程标准，参照劳动与社会保障部制定的《国家职业标准》中相关职业技能鉴定规范，合作开发了《机械制造技术》这本教材。

本书按照职业教育课程的教学特点，基于"成果导向"的教学模式，从知识系统和技能系统两方面，强调以学习者为主体的"教、学、做"一体化，突出操作过程的程序化和规范化。围绕基本技能知识点的要求，进行理论知识筛选，减少理论阐述和烦琐计算，以机械加工典型零件为载体，以机械加工各工种技术为主线，将所需知识贯穿其中，体现"实用为主，够用为度"的教学原则。

本书的主要特点如下。

（1）实用性强。教材避开烦琐的公式推导，重视理论的实际应用，将知识与技能穿插于典型零件加工的全过程，同时将车工与铣工两个常见的工种设置递进式学习方式，夯实学习者的知识与技能基础，使学习者所学知识和技能与职业岗位相贴近。

（2）学习性强。教材在力求图文并茂的同时针对每个项目的重点、难点附加了内容全面、结构系统的信息化资源，以改善课程标准不规范、实验实训教学条件不完善、行业信息不通畅等问题，为广大机械制造学习者提供丰富、灵活、多样和个性化的学习方式。

（3）注重学习者创新能力的培养。教材除了讲授每个项目的知识与技能，还设有与项目相关的拓展知识链接与拓展技能链接，通过训练培养学习者职业能力的同时潜移默化地培养学习者的创新意识，提高学习者的综合应用能力。

另外，本书为校企合作共同开发，企业工程技术人员参与编写，书中一些实例就来自生产一线，使教材内容更加贴合工程实际。

本书共包括9个项目，分别是阶梯轴车削加工（车床加工基础）、榔头组件车削加工（车床加工进阶）、阶梯配合件车削加工（车床加工提高）、四方体铣削加工（铣床加工基础）、六方花螺母铣削加工（铣床加工进阶）、四方体刨削加工(刨床加工基础)、盖板孔系类零件的加工(钻床加工基础)、常用刀具的刃磨加工(刀具认识与磨削基础)、光轴类零件的磨削(磨床加工基础)。各项目内容安排科学,同时注重知识与技能的递进式学习,强化典型零件加工实例,实用性较强。本书在每个项目的开始部分提出项目要求,中间的内容部分不仅有针对本项目的知识与技能链接,还有与本项目相关的拓展知识或技能链接,结尾部分还附有针对性较强的习题,便于学生对本项目的进一步巩固和学习。全书参考教学时数为200学时。

本书由内蒙古农业科学院草原研究所焦巍和内蒙古机电职业技术学院陈启渊任主编,内蒙古机电职业技术学院郭俊、刘月琴、赵春江任副主编,内蒙古机电职业技术学院闫妍参编。绪论由赵春江编写,项目1和项目2由焦巍编写,项目3由陈启渊编写,项目4和项目5由郭俊编写,项目6由闫妍编写,项目7、项目8和项目9由刘月琴编写。全书由焦巍、陈启渊统稿和定稿。

本书在编写过程中,参考了许多相关资料和书籍,并得到呼和浩特众环(集团)有限公司张国斌及内蒙古纳顺集团王俊的指导,谨此对相关作者及人员一并表示衷心感谢。

由于编者水平有限,书中难免存在不足之处,恳请广大读者批评、指正。

编　者

2020 年 3 月

目 录

绪　　论

0.1　机械加工安全操作规程及文明生产常识

1. 安全实训、生产的方针

"安全第一,预防为主"是组织实训和生产的方针。如果违背了这个方针,就会导致工伤事故发生,使人员和财产造成损失。因此,各级师生、员工对安全实训和安全生产的方针都必须认真理解,并贯彻到自己的实际行动中。

"安全第一"是指在对待和处理安全与实训、安全与生产以及其他工作的关系时,要把安全工作放在首位。当实训、生产或其他工作与安全问题发生矛盾时,实训、生产或其他工作要服从安全。"安全第一"就是告诫各级管理者和全体师生要高度重视安全实训和安全生产,将安全当作头等大事来抓,要把保证安全作为完成各项任务的前提条件。特别是各级管理者以及实习指导教师在规划、布置、实施各项实训工作时,要首先想到安全,采取必要和有效的防范措施,防止发生工伤事故。

安全与实训、生产的关系是对立统一的关系,有实训和生产活动就有安全问题,安全存在于实训和生产活动之中。特别是学生在学校学习实际操作训练时,由于对操作规程不熟悉,对设备的性能不了解,容易发生事故。因此,只有保证了安全,实训和生产才能顺利进行。"安全为了实训,实训必须安全",这二者之间既矛盾,又统一。

"预防为主"是指在实现"安全第一"的工作中,做好预防工作是最主要的。它要求大家防微杜渐,防患于未然,把事故消灭在萌芽状态。伤亡事故不同于其他事故,一旦发生往往很难挽回损失。

2. 安全实训、安全生产的任务

(1) 增强安全意识,消除安全隐患,减少或消灭工伤事故,保障操作者安全地实训和生产。

(2) 做好劳逸结合,保障实训学生和生产者有合理的休息时间,提高实训效果和劳动效率。

（3）根据各工种的职业特点和女性的生理特点，加强职业防护和对女学生进行合理保护。

（4）加强宣传教育工作，使所有上岗人员都具备必要的安全知识和技能，提高安全意识和安全素质，形成一个人人关心安全、事事注意安全的良好氛围，并成为全体师生员工的自觉行动。

（5）加强安全实训和生产的法制工作，严格执行各级安全管理规章制度，建立安全责任制。

3. 机械加工安全操作规程

根据工伤事故统计资料表明，缺乏安全技术知识是发生工伤事故的重要原因之一。因此，对实训学生必须进行安全技术知识教育。

1）防护用品的穿戴

（1）上班前穿好工作服、工作鞋。长发操作者戴好工作帽，并将头发全部塞进帽子里。

（2）不准穿背心、拖鞋、凉鞋和裙子进入车间。

（3）严禁戴手套操作。

（4）高速切削或刃磨刀具时应戴防护镜。

（5）切削脆性材料时，应戴口罩，以免吸入粉尘。

2）操作前的检查

（1）对机床的各滑动部分注润滑油。

（2）检查机床各手柄是否放在规定位置上。

（3）检查各进给方向自动停止挡铁是否紧固在最大行程以内。

（4）启动机床检查主轴和进给系统工作是否正常，油路是否畅通。

（5）检查夹具、工件是否装夹牢固。

3）防止划伤

（1）装卸工件、更换刀具、擦拭机床必须停机。

（2）在进给中不准抚摸工件加工表面，以免划伤手指。

（3）主轴未停稳不准测量工件。

4）防止切屑损伤皮肤、眼睛

（1）操作时不要站立在切屑飞出的方向，以免切屑飞溅伤眼。

（2）要用专用工具清除切屑，不准用嘴吹或用手抓。

（3）切屑飞入眼中，应闭上眼睛，切勿用手揉，并应尽快请医生治疗。

5）安全用电

（1）工作时，不得擅自离开机床。离开机床时，要切断电源。

（2）操作时如果发生故障，应立即停机，切断电源。

（3）机床电器若有损坏时应请电工修理，不得随意拆卸。

（4）不准随便使用不熟悉的电器装置。

（5）不能用金属棒去拨动电器开关。

（6）不能在裸线附近工作。

4. 文明生产常识

1）6S 活动

在实训和生产时，都要对生产各要素的状态不断进行整理、整顿、清扫、清洁，加强安全和开展提高素质的 6S 活动。

（1）整理。整理是改善生产现场管理的第一步。其主要内容是对实训和生产现场的各种物品进行整理，分清哪些是工作现场所需要的和不需要的。对于现场不需要的要坚决清理出现场。

（2）整顿。在整理的基础上，对工作现场需要留下的物品进行科学合理地摆放。

① 物品摆放要有固定的地点和区域，以便于寻找和消除混放。

② 物品摆放要科学合理，可以减少人与物的结合成本。

③ 物品摆放尽可能目视化，以便做到对某些物品过目知数，易于管理。

（3）清扫。清扫是对工作场地的设备、工具、物品以及地面进行维护打扫，保持整齐和干净。现场在工作过程中会产生废气、废液、废渣、油污等，使工作现场（包括机器设备）变脏，从而使设备精度降低，影响产品质量，影响职工的工作情绪，甚至引发事故。因此，清扫活动不仅清除了脏物，创建了明快、舒畅的工作环境，而且保证了安全、优质、高效的工作。

（4）清洁。清洁是前三项活动的继续和深入，进一步清除生产现场的事故隐患，保证实训学生和职工有良好的精神状态和稳定的工作情绪。其主要内容是：工作现场不仅要整齐，而且要清洁，要消除混浊空气、粉尘和噪声等污染源；并要求师生员工着装整洁，仪表自然大方，语言文明。

（5）安全。安全是要求操作人员按规定穿戴好防护用品，严格遵守安全操作规程，严禁违章操作，提高安全防范意识，发现事故隐患应及时处理。

（6）素质。安全、文明实训的核心就是要培养和提高人员的素质，职业素质的培养和体现就是有一个清洁、文明、安全的工作环境。

2）具体工作事项

（1）工作场地的布置。

① 工具箱（架）应分类布置，安放整齐、牢靠，安放位置要便于操作，并保持清洁。

② 图样和工艺文件等应放在便于阅读的地方，并保持干净、整齐。

③ 所用的工、夹、量具和机床附件应有固定位置，安放整齐、取用方便。

④ 待加工的工件和已加工的工件应分开摆放，并排放整齐，使之便于取放和质量检验。

⑤ 工作场地要保持清洁、无油垢。

⑥ 使用的踏板应高低合适、牢固、清洁。

（2）机床保养。要熟悉机床性能和使用范围，操作时必须严格遵守操作规程，并应根据机床说明书的要求做到每天一小擦，每周一大擦，按时一级保养，保持机床整齐清洁。

（3）爱护工、夹、量具。工、夹、量具应分类整齐地摆放在工具架上，不要随便乱放在工作台或与切屑等混在一起。经常保持量具的清洁，用后要擦净、涂油，放在盒内妥善保管，并定期送检。

（4）爱护刀具。要正确使用刀具，不能用磨钝的刀具继续切削，否则会增加机床负荷,甚至损坏机床。

　　总之,在实训基地或到生产现场的师生员工们一定要贯彻"安全第一,文明生产"的原则,一定要自觉遵守安全、文明实训和生产规程和各项规章制度。

0.2　机械加工常用工具、量具的使用方法

1. 掌握机械加工常用工具的使用方法

按表 0-1 所示,认识并熟悉机械加工常用工具的名称、结构及功用等。

表 0-1　机械加工常用工具

名称	图　示	使用说明	注意事项
活扳手	正确　　不正确	钳口尺寸可在一定范围内调节,用于紧固和松开螺栓或螺母。其规格以扳手全长尺寸标识	1. 根据工作性质选用合适的扳手,尽量使用呆扳手,少用活扳手; 2. 各种扳手的钳口宽度与扳手长度有一定的比例,故不可加套管或用不正确的方法延长扳手的长度来增加使用时的转矩; 3. 使用呆扳手时,应根据螺母宽度选用适合钳口宽度的扳手,以免损伤螺母; 4. 使用活动扳手时,应使扳手向活动钳口方向旋转,使固定钳口承受主要力的作用
整体扳手		用于紧固和松开固定尺寸的六角形螺栓或螺母。常见的类型有六角形扳手和梅花形扳手两种	
呆扳手	正确　　错误	用于紧固和松开固定尺寸的螺栓、螺母等。常见的类型有单口扳手、梅花扳手、梅花开口扳手和开口扳手等,其规格以钳口的宽度标识	
内六角扳手		用于紧固和松开内六角螺钉。其规格以内六角对边的尺寸标识	使用时应选用相应的扳手规格,手握扳手一端,将扳手另一端的头部插入螺钉头内六角孔中,然后用力扳转

名称	图 示	使 用 说 明	注 意 事 项
钩形扳手	正确　　扳手圆弧半径过小　　扳手圆弧半径过大	用于紧固和松开带槽圆螺母。其规格以所紧固的螺母直径表示	使用时应选用与螺母外径弧度相适应的扳手规格，将扳手的舌部勾住螺母的槽或孔，使扳手的内圆卡在螺母的外圆上，用力扳紧或旋松
螺钉旋具	一字旋具　　十字旋具　　使用	用于旋紧或松退带槽螺钉。常见的类型有一字形旋具、十字形旋具和双弯头形旋具	1. 必须根据螺钉头的槽宽选用合适的旋具； 2. 不可将旋具当作錾子、杠杆或划线工具使用
锤子	楔铁　锤头　木柄　钢锤　铜锤	锤子是装夹工件和拆卸刀具时敲击用的。有金属和非金属锤子两种，常用的金属锤子有铜锤和钢锤，常用的非金属锤子有塑料锤和木锤等。其规格用锤子的质量来表示	1. 精制工件表面或硬化处理后的工件表面应用软锤，以避免损伤工件表面； 2. 使用前应仔细检查锤头与锤柄是否紧密连接，以免造成意外事故； 3. 应根据工作性质，合理选择锤子的材质、规格和形状
锉刀	锉梢端　锉边(光)　辅锉纹　锉肩　锉把　边锉纹　主锉纹　长度/mm	锉刀主要用于修去工件的毛刺，其规格以锉刀长度而定，有 150mm、200mm、250mm 等	去毛刺时，应将锉刀顺着工件的棱边方向使用
平行垫铁		在平口虎钳上装夹工件时，用来支持工件	要求具有一定的硬度，且上、下平面平行

2. 掌握常用量具、量仪的使用方法及注意事项

按表 0-2 所示，认识并熟悉机械加工常用量具、量仪的名称、结构及功用等。

表 0-2　常用量具、量仪

名称	图　示	功　用
游标量具	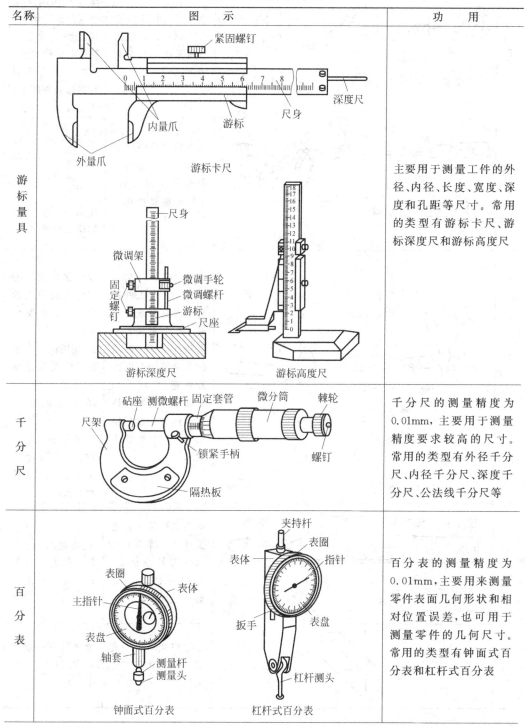 游标卡尺 游标深度尺　　　游标高度尺	主要用于测量工件的外径、内径、长度、宽度、深度和孔距等尺寸。常用的类型有游标卡尺、游标深度尺和游标高度尺
千分尺	砧座　测微螺杆　固定套管　微分筒　棘轮 尺架　锁紧手柄　螺钉 隔热板	千分尺的测量精度为 0.01mm，主要用于测量精度要求较高的尺寸。常用的类型有外径千分尺、内径千分尺、深度千分尺、公法线千分尺等
百分表	表圈　表体 主指针 表盘 轴套 测量杆 测量头 钟面式百分表　　　夹持杆　表圈　表体　指针　扳手　表盘　杠杆测头　杠杆式百分表	百分表的测量精度为 0.01mm，主要用来测量零件表面几何形状和相对位置误差，也可用于测量零件的几何尺寸。常用的类型有钟面式百分表和杠杆式百分表

续表

名称	图　　示	功　　用
刀口形直尺		主要用于检测工件的直线度和平面度误差
直角尺	 用尺苗内侧面检测　　用尺苗外侧面检测	用来检测零件表面的垂直度。精度分四级：00、0、1、2级，其中，00级精度最高。常用的类型有刀口形角尺和宽度角尺等
钢直尺		用来测量工件的长、宽、高和深度等。规格有150mm、300mm、500mm和1000mm四种
游标万能角度尺		主要用于测量工件的内外角度，按游标的读数值可分为2′和5′两种。其误差示值分别为±2′和±5′，测量范围为0°～320°
塞尺		塞尺是由一套厚度不同的薄钢片组成，每片都标明了厚度尺寸。用来检测两结合面之间的间隙大小，也可配合直角尺测量工件相邻表面间的垂直度误差
光滑极限量规	 塞规　　　　卡规	极限量规是用于成批、大量生产中的专用测量工具，用于确定被测尺寸是否在规定的极限尺寸范围内，从而判定工件是否合格。常用的类型有孔用(塞规)和轴用(卡规)两种

0.3　金属切削机床的基础知识

0.3.1　金属切削机床的分类及型号

1. 机床的分类

机床的规格品种繁多，为便于区别及使用、管理，需加以分类，并编制型号。

机床的分类方法很多，最基本的是按机床的主要加工方法、所用刀具及其用途进行分类。根据我国制定的机床型号编制方法（GB/T 15375—2008），目前将机床分为 11 大类：车床、钻床、镗床、磨床、齿轮加工机床、螺纹加工机床、铣床、刨插床、拉床、锯床及其他机床。在每一类机床中，又按工艺范围、布局形式和结构性能等不同，分为若干组，每一组又细分为若干系（系列）。

除上述基本分类方法外，机床还可以按其他特征进行分类。

按照工艺范围的宽窄，机床可分为通用机床、专门化机床和专用机床三类。通用机床的工艺范围很宽，通用性较好，可以加工多种零件的不同工序，但结构比较复杂，主要适用于单件、小批量生产，如卧式车床、卧式镗床、万能升降台铣床等。专门化机床的工艺范围较窄，只能加工某一类或几类零件的某一道或者几道特定工序，如凸轮轴车床、曲轴车床、齿轮机床等。专用机床的工艺范围最窄，只能用于加工某一零件的某一道特定工序，适用于大批量生产，如加工机床主轴箱的专用镗床、加工车床导轨的专用磨床等，汽车制造中大量使用的组合机床也属于此类。

按照质量和尺寸的不同，机床可以分为仪表机床、中型机床（一般机床）、大型机床（质量达 10t 及以上）、重型机床（质量达 30t 以上）和超重型机床（质量达 100t 以上）。

按照自动化程度的不同，机床可分为手动机床、半自动机床和自动机床。

此外，机床还可以按照加工精度、机床主要工作部件（如主轴等）的数目进行分类。随着机床的发展，其分类方法也将不断地发展。

2. 通用机床型号的编制

机床型号是机床产品的代号，用于简明地表达机床的类型、主要规格及有关特性等。我国通用机床的型号由汉语拼音字母和阿拉伯数字按一定规律排列组成。型号中的汉语拼音字母一律按机床名称读音。下面以通用机床为例予以说明。

通用机床型号由基本部分和辅助部分组成，中间用"/"隔开。基本部分按要求统一管理，辅助部分由企业决定是否纳入机床型号。机床型号的表示方法如图 0-1 所示。

1）机床的分类及类代号

机床分为若干类，其代号用大写的汉语拼音字母表示，按其相应的汉字意读音。必要时，每类可分为若干分类，分类代号在类代号前，作为型号的首位，并用阿拉伯数字表示。第一分类代号的 1 可以省略。机床的分类和类代号见表 0-3。

2）机床的特性代号

机床的特性代号用汉语拼音字母表示，位于类代号之后。

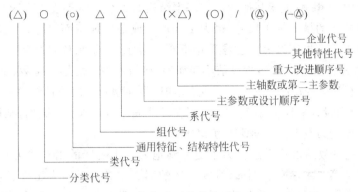

图 0-1 机床型号的表示方法

表 0-3 机床的分类和类代号

类别	车床	钻床	镗床	磨床			齿轮加工机床	螺纹加工机床	铣床	刨(插)床	拉床	特种加工机床	锯床	其他机床
代号	C	Z	T	M	2M	3M	Y	S	X	B	L	D	G	Q
读音	车	钻	镗	磨	二磨	三磨	牙	丝	铣	刨	拉	电	割	其

（1）通用特性代号。通用特性代号有统一的固定含义,它在各类机床的型号中表示的意义相同。当某类型机床,除有普通型外,还有下列某种通用特性时,则在类代号之后加通用特性代号予以区分。如果某类型机床仅有某种通用性能,而无普通型者,则通用特性不予表示。

当在一个型号中需要同时使用两至三个通用特性代号时,一般按重要程度排列顺序。

机床的通用特性代号见表 0-4。

表 0-4 机床的通用特性代号

精密	高精度	半自动	自动	数控	自动换刀	仿形	万能	轻型	简式
M	G	B	Z	K	H	F	W	Q	J

（2）结构特性代号。对主参数值相同而结构、性能不同的机床,在型号中加结构特性代号予以区分。根据各类机床的具体情况,对某些结构特性代号,可以赋予一定含义。但结构特性代号与通用特性代号不同,它在型号中没有统一的含义,只在同类机床中起区分机床结构、性能的作用。型号中有通用特性代号时,结构特性代号排在通用特性代号之后。结构特性代号用汉语拼音字母（通用特性代号已用的字母和 I、O 两个字母不能用）表示,当单个字母不够用时,可将两个字母组合使用。

（3）机床的组、系代号。将每类机床划分为 10 个组,每个组又分为 10 个系（系列）。组、系划分的原则:在同一类型机床中,主要布局或使用范围基本相同的机床,即为同一组。在同一组机床中,主参数相同、主要结构及布局形式相同的机床即为同一系。

机床的组、系代号分别用一位阿拉伯数字表示,位于类代号或通用特性代号之后。

（4）主参数代号和设计顺序号。主参数是机床最主要的一个技术参数,它直接反映机床的加工能力,并影响机床其他参数和基本结构的大小。对于通用机床和专门化机床,主参数通常以机床的最大加工尺寸(最大工件尺寸或最大加工面尺寸),或与此有关的机床部件尺寸来表示。机床型号中主参数用折算值表示,位于系代号之后。当折算值大于1时,则取整数,前面不加0;当折算值小于1时,则取小数点后第一位数,并在前面加0。

某些通用机床,当无法用一个主参数表示时,则在型号中用设计顺序号表示。设计顺序号由1开始,当设计顺序号小于10时,则在设计顺序号前加0。例如,某厂设计试制的第五种仪表磨床为刀具磨床,其型号为M0605。

(5) 第二主参数的表示方法。为了更完整地表示出机床的工作能力和加工范围,有些机床还规定了第二主参数。例如,卧式车床的第二主参数是最大工件长度。凡以长度表示的第二主参数(如最大工作长度、最大切削长度、最大行驶程和最大跨距等),均采用1/100的折算系数;凡以直径、深度和宽度表示的第二主参数,均采用1/10的折算系数(出现小数时可化为整数);凡以厚度、最大模数和机床主轴数(如多轴车床、多轴钻床、排式钻床等,若为单轴则可省略,不予表示)表示的第二主参数,均采用实际数值表示。

第二主参数如需要在型号中表示,则应按一定手续审批,在型号中用折算值表示,置于主参数之后,用"×"分开,读作"乘"。

(6) 机床的重大改进顺序号。当机床的结构、性能有更高的要求,并需按新产品重新设计、试制和鉴定时,应按改进的先后顺序选用A、B、C等汉语拼音字母(I、O除外),加在型号基本部分的尾部,以区别原机床型号。凡属于局部的小改进,或增减某些附件、测量装置及改变装夹工件的方法等,对原机床结构、性能没有作重大改变的,不属于重大改进,其型号不变。

(7) 其他特性代号和企业代号。这是机床型号的辅助部分。其中,同一型号机床的变型代号应放在其他特性代号之首。

机床的变型代号主要用于因加工需要常在基本型号的基础上对机床的部分性能结构作适当的改变,为与原机床区别,在原机床型号的尾部加变型代号。变型代号用阿拉伯数字1、2等顺序号表示,并用"/"分开(读作"之")。如MB8240/2表示MB8240型的半自动曲轴磨床的第二种形式。

企业代号包括机床生产厂及机床研究单位代号,如JCS表示北京机床研究所。"—"读作"至",若辅助部分仅有企业代号,则不加"—"。

例如,MG1432A型高精度万能外圆磨床的型号编制示例如图0-2所示。

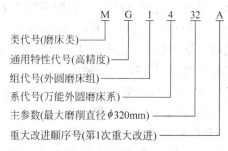

图0-2　通用机床的型号编制示例

以上是通用机床和专用机床的型号现行编制方法的主要内容。若需进一步了解其详细内容,可查阅《金属切削机床　型号编制方法》(GB/T 15375—2008)。

0.3.2　金属切削机床的运动

各种类型的机床在进行切削加工时,为了获得具有一定几何形状,一定加工精度和表面质量的工件,刀具和工件需作一系列的运动。按其功用不同,常将机床在加工中所完成的各种运动分为表面成形运动和辅助运动两大类。

1. 表面成形运动

机床在切削工件时,使工件获得一定表面状所必需的刀具与工件之间的相对运动,称为表面成形运动,简称成形运动。

形成某种形状表明所需要的表面成形运动的数目和形式取决于采用的加工方法和刀具结构。例如,用尖头刨刀刨削成形面需要两个成形运动,如图 0-3(a)所示;用成形刨刀刨削成形面只需要一个成形运动,如图 0-3(b)所示。

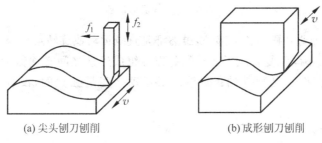

(a) 尖头刨刀刨削　　　　　　　　(b) 成形刨刀刨削

图 0-3　形成所需表面的成形运动

表面成形运动按其组成情况不同,可分为简单成形运动和复合成形运动两种。

(1) 简单成形运动。如果一个独立的成形运动是由单独的旋转运动或直线运动构成的,则称此成形运动为简单成形运动。例如,用尖头车刀车圆柱面时,工件的旋转运动 B_1 和刀具的直线移动 A_2 就是两个简单成形运动,如图 0-4(a)所示;在磨床上磨外圆时,砂轮的旋转运动 B_1、工件的旋转运动 B_2 和直线运动 A_3 是三个简单成形运动,如图 0-4(b)所示。在机床上,简单成形运动一般是主轴的旋转运动、刀架和工作台的直线移动。

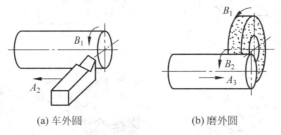

(a) 车外圆　　　　　　　　(b) 磨外圆

图 0-4　简单成形运动

(2) 复合成形运动。如果一个独立的表面成形运动是由两个或两个以上的旋转运动和(或)直线运动按照某种确定的运动关系组合而成的,则称此成形运动为复合成形运动。

例如,车螺纹(见图 0-5(a))时,形成螺旋线所需要的刀具和工件之间的相对螺旋轨迹运动就是复合成形运动。为简化机床结构和易于保证精度,通常将其分解成工件的等速旋转运动 B 和刀具的等速直线运动 A。B 和 A 彼此不能独立,它们之间必须保持严格的相对运动关系,即工件每转 1 转,刀具直线移动的距离应等于被加工螺纹的导程,使 B_{11} 和 A_{12} 这两个运动组成一个复合成形运动。用尖头车刀车回转体成形成(见图 0-5(b))时,车刀的曲线轨迹运动通常由相互垂直坐标方向上的、有严格速比关系的两个直线运动 A_{21} 和 A_{22} 来实现,A_{21} 和 A_{22} 也组成一个复合成形运动。

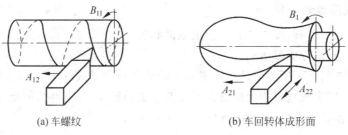

(a) 车螺纹　　　　　　　　　(b) 车回转体成形面

图 0-5　复合成形运动

　　由复合成形运动分解的各个部分,虽然都是直线运动或旋转运动,与简单成形运动相似,但二者的本质不同。复合成形运动的各部分组成运动之间必须保持严格的相对运动关系,是互相依存而不是独立的;简单成形运动之间是独立的,没有严格的相对运动关系。

2. 常见工件表面加工方法

　　按表面的成形原理不同,加工方法可分为四大类,如图 0-6 所示。

　　(1) 轨迹法。刀具切削刃与工件表面之间为点接触,通过刀具与工件之间的相对运动,由刀具刀尖的运动轨迹来形成表面形状的加工方法,称为轨迹法,如图 0-6(a)所示。这种加工方法所能达到的形状精度主要取决于成形运动的精度。

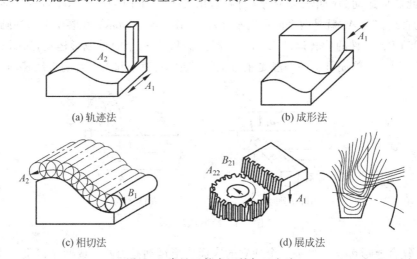

(a) 轨迹法　　　　　　　　　(b) 成形法

(c) 相切法　　　　　　　　　(d) 展成法

图 0-6　常见工件表面的加工方法

（2）成形法。刀具切削刃与工件表面之间为线接触，利用成形刀具切削刃的几何形状切削出工件形状的加工方法，称为成形法，如图 0-6(b) 所示。这种加工方法所能达到的精度主要取决于切削刃的形状精度与刀具的装夹精度。

（3）相切法。刀具作旋转主运动的同时，刀具中心作轨迹移动来形成工件表面的加工方法，称为相切法，如图 0-6(c) 所示。

（4）展成法（范成法）。刀具和工件作展成切削运动时，切削刃在被加工表面上的包络面形成成形表面的加工方法，称为展成法。这种加工方法所能达到的精度，主要取决于机床展成运动的传动链精度与刀具的制造精度等因素，如图 0-6(d) 所示。

3. 辅助运动

机床在加工过程中除完成成形运动外，还需要完成其他一系列运动，这些与表面成形过程没有直接关系的运动，统称为辅助运动。辅助运动的作用是实现机床加工过程中所需要的各种辅助动作，为表面成形创造条件。辅助运动的种类主要有如下几种。

（1）切入运动。刀具相对工件切入一定深度，以保证工件获得一定的加工尺寸的运动，称为切入运动。

（2）分度运动。加工均匀分布的若干个完全相同的表面时，使表面成形运动得以周期性进行的运动，称为分度运动。例如，多工位工作台、刀架等的周期性转位或移动，以便依次加工工件上的各有关表面，或依次使用不同刀具对工件进行顺序加工。

（3）操纵和控制运动。操纵和控制运动包括启动、停止、变速、换向，部件与工件的夹紧、松开、转位，以及自动换刀、自动检测等。

（4）调位运动。调位运动是指加工开始前机床有关部件的移动，以调整刀具和工件之间的相对位置。

（5）空行程运动。空行程运动是指进给前后的快速运动。例如，在装卸工件时为避免碰伤操作者或划伤已加工表面，刀具与工件应相对退离；在进给开始之前刀具快速引进，使刀具与工件接近；进给结束后刀具应快速退回。

如图 0-7 所示，车外圆柱表面的运动有：纵向靠近Ⅱ，横向靠近Ⅲ，横向切入Ⅳ，工件旋转Ⅰ，纵向直线Ⅴ，横向退离Ⅵ，纵向退离Ⅷ。除了工件旋转Ⅰ和纵向直线Ⅴ是表面成形运动外，其他都是辅助运动。

辅助运动虽然不参与表面成形过程，但对机床整个加工过程是不可缺少的，同时对机床的生产率和加工精度往往也有重大影响。

根据在切削过程中的作用不同，表面成形运动可分为主运动和进给运动。主运动是切除工件上的被切削层，使之转变为切屑的主要运动，如图 0-7 中工件的旋转运动Ⅰ。进给运动是不断地把切削层投入切削，以逐渐切出整个工件表面的运动，如图 0-7 中的纵向直线运动Ⅴ。主运动的速度高，消耗的功率大；进给运动的速度低，消耗的功率小。任何一台机床，通常只有一个主运动，但进给运动可能有一个或几个，也可能没有。

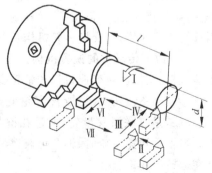

图 0-7 车外圆柱表面的运动

0.3.3　金属切削机床的传动与运动联系

1. 机床的传动形式

为了实现加工过程所需要的各种运动,机床必须具备三个基本部分:执行件、运动源和传动装置。执行件是执行机床运动的部件,如主轴、刀架、工作台等,其任务是装夹刀具和工件,直接带动它们完成一定形式的运动,并保证其运动轨迹的准确性;运动源是为执行件提供运动和动力的装置,如交流异步电动机、直流电动机、步进电动机等;传动装置是传递运动和动力的装置,把执行件与运动源或一个执行件与另一个执行件联系起来,使执行件获得一定速度的运动,并使有关执行件之间保持某种确定的运动关系。

机床的传动形式,按其所采用的传动介质的不同,可分为机械传动、液压传动、电气传动和气压传动等形式。

(1) 机械传动。机械传动采用齿轮、带、离合器、丝杠、螺母等传动件实现运动联系。这种传动形式工作可靠,维修方便,目前在机床上应用最广。

(2) 液压传动。液压传动采用油液作介质,通过泵、阀、液压缸等液压元件传递运动和动力。这种传动形式结构简单,传动平稳,容易实现自动化,在机床上使用日益广泛。

(3) 电气传动。电气传动采用电能,通过电气装置传递运动和动力。这种传动形式的电气系统比较复杂,成本较高,主要应用于大型和重型机床。

(4) 气压传动。气压传动采用空气作介质,通过气压元件传递运动和动力。这种传动形式的主要特点是动作迅速,易于实现自动化,但其运动平稳性较差,驱动力较小,主要用于机床的某些辅助运动(如夹紧工件等)及小型机床的进给传动中。

根据机床的工作特点不同,有时在一台机床上往往采用以上几种传动形式的组合。

2. 传动链及机床传动原理图

在机床上,为了得到需要的运动,通常用一系列的传动件(轴、带、齿轮副、蜗杆副、丝杠副等)把动力源和执行件或者两个有关的执行件连接起来,用来传递运动和动力,这种传动联系称为传动链。可以用一些简明的符号表示具体的传动链,把传动原理和传动路线表示出来的图形就是传动原理图。

1) 传动机构

传动链中的传动机构可分为定比传动机构和换置机构两种。定比传动机构的传动比不变,如带传动、定比齿轮副、丝杠副等。换置机构可根据需要改变传动比或传动方向,如滑移齿轮变速机构、交换齿轮机构及各种换向机构等。

(1) 改变传动比的换置机构。改变传动比的换置机构有滑移齿轮变速机构、离合器变速机构、交换齿轮变速机构和带轮变速机构等,如图 0-8 所示。

① 图 0-8(a)所示为滑移齿轮变速机构。轴 I 上的 z_1、z_2、z_3 是轴向固定的齿轮。z_1'、z_2'、z_3' 是三联滑移齿轮,通过花键与轴 II 连接,滑移齿轮分别有左、中、右三个啮合位置。当轴 I 转速不变时,轴 II 可获得三级不同的转速。滑移齿轮变速机构操作方便,但不能在运转中变速。

② 图 0-8(b)所示为离合器变速机构。齿轮 z_1 和 z_2 固定安装在主动轴 I 上,z_1' 和

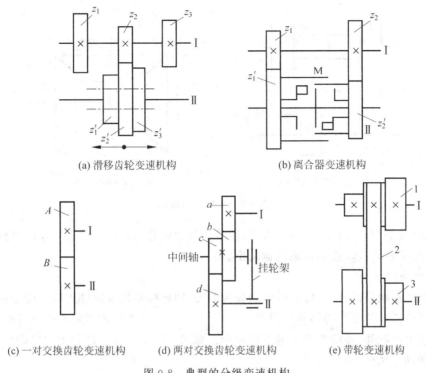

(a) 滑移齿轮变速机构　　　　(b) 离合器变速机构

(c) 一对交换齿轮变速机构　(d) 两对交换齿轮变速机构　(e) 带轮变速机构

图 0-8　典型的分级变速机构

z_2'空套在轴Ⅱ上,端面齿啮合器 M 通过键与轴Ⅱ相连接。M 向左或向右移动时,可分别与齿轮 z_1' 和 z_2' 的端面齿相啮合,从而将 z_1' 或 z_2' 的运动传给轴Ⅱ,获得两级不同的转速。离合器变速机构变速时齿轮无须移动。

③ 图 0-8(c)和(d)所示为交换齿轮变速机构,通过更换齿轮的齿数改变传动比。图 0-8(c)所示为采用一对交换齿轮变速机构,图 0-8(d)所示为采用两对交换齿轮变速机构,中间轴通过交换齿轮架调整位置,使两对齿轮正确啮合。

④ 图 0-8(e)所示为带轮变速机构。在轴Ⅰ和轴Ⅱ上,分别装有塔形带轮 1 和 3,轴Ⅰ转速一定时,只要改变传动带 2 的位置,轴Ⅱ便能获得三级不同的转速。带轮变速机构体积大、变速不方便、传动比不准确,主要用于台钻、内圆磨床等一些小型、高速的机床,也用于某些简式机床。

(2) 改变传动方向的换置机构。改变传动方向的换置机构有滑移齿轮换向机构和锥齿轮换向机构,如图 0-9 所示。

① 图 0-9(a)所示为滑移齿轮换向机构。轴Ⅰ上一轴向固定的双联齿轮块,齿轮 z_1 和 z_1' 的齿数相等,轴Ⅱ上有一滑移齿轮 z_2,中间轴上有一空套齿轮 z_0,三轴在空间呈三角形分布。当 z_2 在图示位置时,轴Ⅰ的运动经中间轴传动到轴Ⅱ,轴Ⅱ与轴Ⅰ转向相同。当 z_2 滑移到左边时,z_2 与 z_1' 啮合,轴Ⅰ的运动直接传动到轴Ⅱ,轴Ⅱ与轴Ⅰ转向相反。滑移齿轮换向机构刚性好,多用于主运动中。

② 图 0-9(b)所示为锥齿轮换向机构。主动轴Ⅰ的固定锥齿轮与空套在轴Ⅱ上的锥齿轮 z_2、z_3 啮合。利用花键与轴Ⅱ相连接的离合器 M 两端都有齿爪,离合器向左或向右

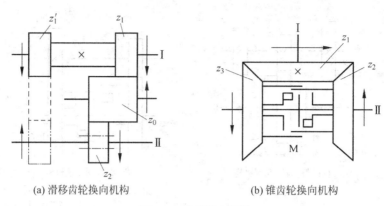

(a) 滑移齿轮换向机构　　　　　(b) 锥齿轮换向机构

图 0-9　常用换向机构

移动,就可分别与 z_3 或 z_2 的端面齿啮合,从而改变轴 II 的转向。锥齿轮换向机构的刚性稍差,多用于进给运动或其他辅助运动中。

2) 传动链

根据传动联系的性质,传动链可以分为两类,即外联系传动链和内联系传动链。

外联系传动链联系的是动力源和机床执行件,使执行件获得预定速度的运动,且传递一定的动力。此外,外联系传动链不要求动力源和执行件间有严格的传动比关系,仅仅是把运动和动力从动力源传到执行件上。

例如,用圆柱铣刀铣平面,需要铣刀旋转和工件直线移动两个独立的简单成形运动,实现这两个简单成形运动的传动原理如图 0-10(a)所示。图中虚线代表所有的定比传动机构,菱形块代表所有的换置机构(如交换齿轮和进给箱中的滑移齿轮变速机构等)。通过外联系传动链"电动机—1—2—u_v—3—4"将主轴和动力源(电动机)联系起来,可使铣刀获得一定转速和转向的旋转运动。再通过外联系传动链"电动机—5—6—u_f—7—8"将动力源和工作台联系起来,可使工件获得一定进给速度和方向的直线运动、利用换置机构 u_v 和 u_f 可以改变铣刀的转速、转向及工件的进给速度和方向,以适应不同加工条件的需要。显然,机床上有几个简单成形运动,就需要有几条外传动链,它们可以是各自独立的运动源(如本例),也可以是几条传动链共用一个运动源。

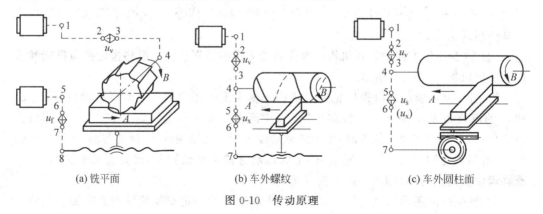

(a) 铣平面　　　　　(b) 车外螺纹　　　　　(c) 车外圆柱面

图 0-10　传动原理

内联系传动链联系的是复合成形运动中的多个分量,也就是说它所联系的是有严格运动关系的两执行件,以获得准确的加工表面形状及较高的加工精度。有了内联系传动链,机床工作时,由其所联系的两个执行件就按照规定的运动关系做相对运动。但是,内联系传动链本身并不能提供运动,为使执行件获得相应的运动,还需要外联系传动链将运动传到内联系传动链上来。

以卧式车床车外螺纹为例,如图 0-10(b)所示,车圆柱螺柱需要由工件旋转和车刀直线移动组成的复合成形运动,这两个运动必须保持严格的传动比关系,即工件旋转一周,车刀直线移动工件螺纹一个导程的距离。为保证这一运动关系,用"4—5—u_x—6—7"这条传动链将主轴和刀架联系起来。u_x 表示该传动链的换置机构,利用换置机构可以改变工件和刀具之间的相对运动速度,以适应车不同导程螺纹的需要。如前所述,内联系传动链本身并不能提供运动,在本例中,还需要外联系传动链"电动机—1—2—u_v—3—4"将运动源的运动传到内联系传动链上。

如果在卧式车床上车外圆柱面,如图 0-10(c)所示,由表面成形原理可以知道,主轴的旋转和刀具的移动是两个独立的简单成形运动。这时车床应有两条外联系传动链,其中一条为"电动机—1—2—u_v—3—4—主轴",另一条为"电动机—1—2—u_v—3—4—5—u_s—6—7—刀架"。可以看出,"电动机—1—2—u_v—3—4"是两条传动链的公共部分。u_s 为刀架移动速度换置机构,它与车螺纹的 u_x 实际上是同一变换机构。这样,虽然车螺纹和车外圆柱面时运动的数量和性质不同,但可共用一个传动原理图。其差别在于,车螺纹时,u_x 必须计算和调整精确;车外圆柱面时,u_s 不需要太精确。此外,车外圆柱面的两条传动链虽也使刀具和工件的运动保持联系,但与车螺纹时传动链不同,前者是外联系传动链,后者是内联系传动链。

3. 机床传动系统图

实现机床加工过程中全部成形运动和辅助运动的各传动链,组成一台机床的传动系统。根据执行件所完成运动的作用不同,传动系统中各传动链分为主运动传动链、进给运动传动链、展成运动传动链和分度运动传动链等。

为了便于了解和分析机床的传动结构及运动传递情况,把传动原理图所表示的传动关系采用一种简单的示意图形式,即传动系统图表现出来。它是表示实现机床全部运动的一种示意图,每一条传动链的具体传动机构用简单的规定符合表示(规定符号详见国家标准《机械制图 机构运动简图符号》(GB/T 4460—1984)),同时标明齿轮和蜗轮的齿数、蜗杆头数、丝杠导程、带轮直径、电动机功率和转速等,并按照运动传递顺序,以展开图形式绘制在一个能反映机床外形及主要部件相互位置的投影面上。传动系统图只表示传动关系,不代表各传动元件的实际尺寸和空间位置。

分析传动系统图的一般方法:根据主运动、进给运动和辅助运动确定有几条传动链;分析各传动链联系的两个端件;按照运动传递或联系顺序,从一个端件向另一个端件依次分析各传动轴之间的传动结构和运动传递关系,以查明该传动链的传动路线以及变速、换向、接通和断开的工作原理。

图 0-11(a)所示为某机床主传动系统图,其传动路线表达式为

$$\text{电动机} - \frac{\phi110}{\phi194} - \text{I} - \begin{bmatrix} \dfrac{36}{36} \\[6pt] \dfrac{30}{42} \\[6pt] \dfrac{24}{48} \end{bmatrix} - \text{II} - \begin{bmatrix} \dfrac{44}{44} \\[6pt] \dfrac{23}{65} \end{bmatrix} - \text{III} - \begin{bmatrix} \dfrac{76}{38} \\[6pt] \dfrac{19}{76} \end{bmatrix} - \text{IV(主轴)}$$

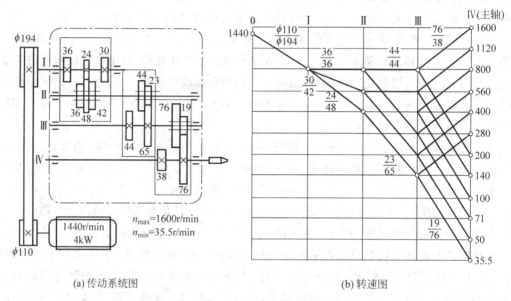

(a) 传动系统图　　　　　　　　　　　　(b) 转速图

图 0-11　机床主传动图

4. 机床转速图

由于机床传动系统图不能直观地表明每一级转速是如何传动的，以及各变速组之间的内在联系，所以在机床传动分析过程中，还经常用到另一种形式的图——转速图，以简单的直线来表示机床分级变速系统的传动规律。

图 0-11(b)所示为该传动系统的转速图。图中，间距相等的一组竖线表示各传动轴，各轴排列次序符合传动顺序，从左向右依次标出 I、II、III、IV，轴号与传动系统图中的各轴对应，最左边的 0 号轴代表电动机轴。

间距相等的一组水平线表示各级转速。由于转速数列采用等比数及对数标尺，所以图上各级转速的间距相等。

两轴之间的转速连线(精水平线和斜线)表示传动副的传动比。若传动比连线是水平的，表示等速传动，通过此传动副传动时，两轴转速相同；若传动比连线向上方倾斜，表示升速传动，转速升高；若传动比连线向下方倾斜，表示降速传动，转速降低。应当注意，一组平行的传动比连线，表示同一传动副的传动路线。例如，轴 II 和轴 III 之间有 6 条传动比连线，但分属于两组，每组 3 条。这个变速组共有两挡传动比(两对传动副)，其中水平的传动比为 1∶1(齿数比为 44∶44)，向下斜三格的传动比连线表示降速，其传动比为 1∶2.83(齿数比为 23∶65)。

水平线与竖线相交处绘有一些圆点,表示该轴所能获得的转速。圆点数为该轴具有的转速级数;圆点位置表明了各级转速的数值。例如,轴Ⅱ上有三个小圆点,表示有三级转速,其转速分别为 800r/min、560r/min 和 400r/min。主轴有 12 级转速,在转速图轴Ⅳ上共有 12 个圆点,且各级转速分别是 35.5r/min,50r/min,71r/min,…,1600r/min。

在转速图上还可以清楚地看出从电动机到主轴各级转速的传动路线。例如,主轴Ⅳ转速为 100r/min,其传动路线是"电动机—带$\dfrac{\phi 110}{\phi 194}$—轴Ⅰ—$\dfrac{24}{48}$—轴Ⅱ—$\dfrac{44}{44}$—轴Ⅲ—$\dfrac{19}{76}$—轴Ⅳ(主轴)"。

综上所述,转速图是由"三线一点"所组成的,它能够清楚地表示传动轴的数目、各传动轴的转速级数与大小,以及主轴各级转速的传动路线,得到这些传动路线所需要的变速组数目、每个变速组中的传动副数目及各个传动比的数值,因此,通常把转速图作为分析和设计机床变速系统的重要工具。

0.3.4　机床的选择

机械加工是在机床上完成的机械加工方法,依赖于加工机床的选择,因而合理选择机床是机械加工的重要前提。选择机床时应注意以下 4 点。

(1) 机床的主要规格尺寸应与加工零件的外廓尺寸相适应。即小零件选小机床、大零件选大机床,使设备得到合理使用。对于大型零件,在缺乏大型设备时,可采用"以小干大"的办法,或使用专用机床加工。

(2) 机床的精度(包括相对运动精度、传动精度、位置精度)应与加工工序要求的加工精度相适应。对于高精度零件的加工,在缺乏精密机床时,可通过设备改造,以粗干精。

(3) 机床的生产率与加工零件的生产类型相适应。如单件小批生产选用通用机床,大量大批生产选用生产率高的专用机床。

(4) 机床的选择还应结合现场的实际情况,如车间排列、负荷平衡等。

阶梯轴车削加工

本项目的教学目的为培养学生具备独立完成普通车床的操作加工的工作能力,为将来胜任复杂零件加工操作技能和机械加工工艺知识的学习奠定良好的基础。

本项目已知材料为 45 钢棒料。根据零件图,制定零件加工工艺,正确选择加工所需的刀具、夹具、量具及辅助工具,合理选择工艺参数,在普通车床上进行实际加工,最后对加工后的零件进检测、评价。

1.1 项目知识链接

1.1.1 金属切削原理

1. 零件表面的形成和切削运动

1)切削运动

金属切削时,刀具与工件间的相对运动称为切削运动。切削运动分为主运动和进给运动。

(1)主运动。切下切屑所需的最基本的运动称为主运动。在切削运动中,主运动只有一个,它的速度最高、消耗的功率最大。图 1-1(a)所示的铣削时刀具的旋转运动、图 1-1(b)所示的磨削时砂轮的旋转运动都为主运动,而刨削加工中,刀具的往复直线运动是主运动,如图 1-1(c)所示。

(2)进给运动。使多余材料不断被投入切削,从而加工出完整表面所需的运动称为进给运动。进给运动可以有一个或几个,也可能没有。图 1-1(b)所示的磨外圆时工件的旋转、工作台带动工件的轴向移动以及砂轮的间歇运动都属于进给运动。

2)工件表面

在切削过程中,工件上存在三个变化着的表面。如图 1-2 所示,工件的旋转运动为主运动,车刀连续纵向的直线运动为进给运动。

(1)待加工表面。工件上即将被切除的表面称为待加工表面。随着切削的进行,待加工表面将逐渐减小,直至完全消失。

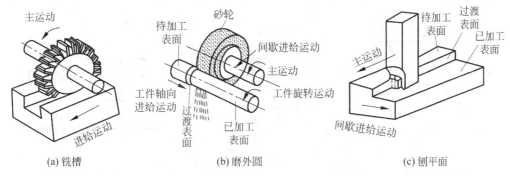

图 1-1　各种切削加工和加工表面

(a) 铣槽　　　　(b) 磨外圆　　　　(c) 刨平面

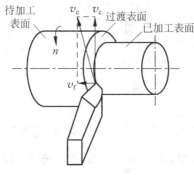

图 1-2　车削运动

（2）已加工表面。工件上多余金属被切除后形成的新表面称为已加工表面。在切削过程中，已加工表面随着切削的进行逐渐扩大。

（3）过渡表面。过渡表面是指在工件切削过程中，连接待加工表面与已加工表面的表面，或指切削刃正在切削着的表面。

2. 切削要素

1）切削用量

在生产中将切削速度、进给量和背吃刀量统称为切削用量，切削用量用来定量描述主运动、进给运动和投入切削的加工余量厚度，如图 1-3 所示。切削用量的选择直接影响材料的切除率，进而影响生产效率。有关定义如下。

切削用量三要素.mp4

（1）切削速度 v_c。切削刃上选定点相对于工件的主运动的瞬时速度称为切削速度，单位为 m/s 或 m/min。由于切削刃上各点的切削速度可能是不同的，计算时常用最大切削速度代表刀具的切削速度。当主运动为旋转运动时，切削速度 v_c 可按式(1-1)计算。

$$v_c = \frac{\pi \times d_w \times n}{1000}\ (\mathrm{m/min}) \tag{1-1}$$

式中，d_w——待加工表面直径(mm)；n——主运动转速(r/min 或 r/s)。

（2）进给量 f。在主运动每转一转或每运动一个行程时，刀具与工件之间沿进给运

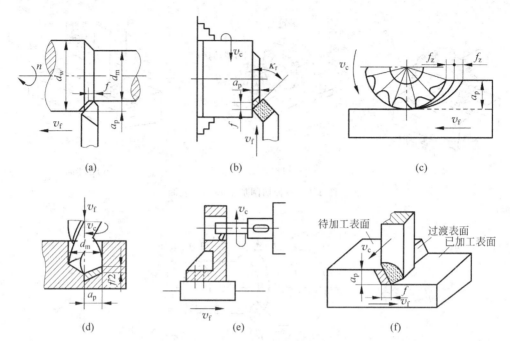

（a）　　　　　　　　　　（b）　　　　　　　　　　（c）

（d）　　　　　　　　　　（e）　　　　　　　　　　（f）

图 1-3　各种切削加工的切削运动及切削用量

动方向的相对位移称为进给量,单位是 mm/r(用于车削、镗削等)或 mm/双行程(用于刨削)。

进给运动还可以用进给速度 v_f 或每齿进给量 f_z 来表示。进给速度 v_f,是指在单位时间内刀具相对于工件在进给方向上的位移量,单位是 mm/min。每齿进给量 f_z 是指当刀具齿数 $z>1$ 时(如铣刀、铰刀等多齿刀具),每个刀齿相对于工件在进给方向上的位移量,单位是 mm/z。

进给速度 v_f、进给量 f 及每齿进给量 f_z 的关系可按式(1-2)表示为

$$v_f = n \times f = n \times z \times f_z \tag{1-2}$$

式中,n——主运动转速(r/min 或 r/s);z——刀具齿数。

对于主运动为往复直线运动的切削加工(如刨削、插削),一般不规定进给速度,但规定每行程进给量。

(3) 背吃刀量 a_p。背吃刀量 a_p 是在垂直于主运动方向和进给运动方向的工作平面内测量的刀具切削刃与工件切削表面的接触长度。对于外圆车削,背吃刀量为工件上已加工表面和待加工表面间的垂直距离,单位 mm,即

$$a_p = \frac{d_w - d_m}{2} \tag{1-3}$$

式中,d_w——工件待加工表面的直径(mm);d_m——工件已加工表面的直径(mm)。

2) 切削层参数

在各种切削加工中,刀具相对工件沿进给运动方向每移动一个进给量 f 或移动一个每齿进给量 f_z,一个刀齿正在切削的金属层称为切

切削层参数.mp4

削层,也就是相邻两个过渡表面之间所夹着的一层金属。

切削层的形状和尺寸直接决定了刀具切削部分所承受的载荷大小及切屑的形状和尺寸,所以必须研究切削层界面的形状和参数。切削层参数共有三个,如图1-4中的阴影四边形所示。

(1)切削层公称厚度a_c。在过渡表面法线方向测量的切削层尺寸,即相邻两过渡表面之间的距离。a_c反映了切削刃单位长度上的切削负荷。由图1-4可知,

$$a_c = f \times \sin\kappa_r \qquad (1\text{-}4)$$

式中,a_c——切削层公称厚度(mm);f——进给量(mm/r);κ_r——车刀主偏角(°)。

(2)切削层公称宽度a_w。沿过渡表面测量的切削层尺寸。a_w反映了切削刃参加切削的工件长度。由图1-4可知,

$$a_w = \frac{a_p}{\sin\kappa_r} \qquad (1\text{-}5)$$

式中,a_w——切削层公称宽度(mm)。

(3)切削层公称横截面积A_c。切削层公称厚度与切削层公称宽度的乘积。由图1-4可知,

$$A_c = a_c \times a_w = f \times \sin\kappa_r \times \frac{a_p}{\sin\kappa_r} = f \times a_p \qquad (1\text{-}6)$$

式中,A_c——切削层公称横截面积(mm^2)。

从此可知,影响切削宽度的因素有背吃刀量a_p和主偏角κ_r;影响切削厚度的因素有进给量f和主偏角κ_r。当进给量f和背吃刀量a_p一定时,主偏角κ_r越大,切削厚度a_c越大,但切削宽度a_w越小;当$\kappa_r = 90°$时,$a_c = f$,$a_w = a_p$,切削层为矩形。因此,切削用量中,f和a_p称为切削层的工艺参数。

3. 切削过程中的金属变形

1) 金属切削过程中的三个变形区

对塑性金属进行切削时,切屑的形成过程就是切削层金属的变形过程。根据切削过程中整个切削区域金属材料的变形特点,可将刀具切削刀附近的切削层划分为三个变形区,如图1-5所示。

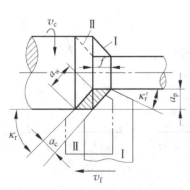

图1-4 切削层参数

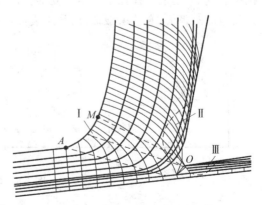

图1-5 切削变形区

（1）第Ⅰ变形区。从 *OA* 线开始金属发生剪切变形，到 *OM* 线金属晶粒的剪切滑移基本结束，*AOM* 区域称为第Ⅰ变形区，也称为金属的剪切变形区。其变形的主要特征是金属晶格间的剪切滑移以及随之产生的加工硬化。

（2）第Ⅱ变形区。切屑沿前刀面流出时受到前刀面的挤压和摩擦，使靠近前刀面的切屑底层金属晶粒进一步塑性变形的变形区称为第Ⅱ变形区。其变形的主要特征是晶粒剪切滑移剧烈呈纤维化，离前刀面越近，纤维化现象越明显。

（3）第Ⅲ变形区。第Ⅲ变形区是刀具与工件已加工表面间的摩擦区，已加工表面受到切削刃钝圆部分及后刀面的挤压和摩擦，使切削层金属发生变形。

这三个变形区汇集在切削刃附近，相互关联相互影响，称为切削变形区。切削过程中产生的各种现象均与这三个区域的变形有关。

2）切屑的类型

在金属切削过程中，刀具切除工件上的多余金属层，被切离工件的金属称为切屑。由于工件材料及切削条件的不同，会产生不同类型的切屑。常见的切屑有四种类型（见图 1-6），即带状切屑、挤裂切屑、单元切屑和崩碎切屑。

（1）带状切屑。如图 1-6（a）所示，加工塑性金属材料，通常切削厚度较小，切削速度较高、刀具前角较大时得到带状切屑。形成这种切屑时，切削过程平稳，已加工表面粗糙度较小，需采取断屑措施。

（2）挤裂切屑。如图 1-6（b）所示，挤裂切屑变形程度比带状切屑大。这种切屑是在加工塑性金属材料，切削厚度较大、切削速度较低、刀具前角较小时得到的。此时切削过程中产生一定的振动，已加工表面较粗糙。

（3）单元切屑。如图 1-6（c）所示，加工塑性较差的金属材料时，在挤裂切屑的基础上将切削厚度进一步增大，切削速度和前角进一步减少，使剪切裂纹进一步扩展而断裂成梯形的单元切屑。

以上三种切屑只有在加工塑性材料时才可能得到。在生产中最常见的是带状切屑，有时会得到挤裂切屑，单元切屑则很少见。

（4）崩碎切屑。如图 1-6（d）所示，切削铸铁等脆性金属材料时，由于材料的塑性差、抗拉强度低，切削层往往未经塑性变形就产生脆性崩裂，形成不规则的崩碎切屑。此时，切削力波动很大，有冲击载荷，已加工表面凹凸不平。

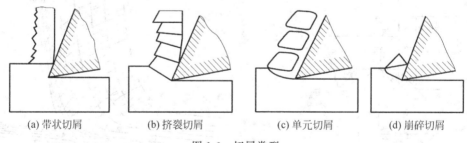

(a) 带状切屑　　　(b) 挤裂切屑　　　(c) 单元切屑　　　(d) 崩碎切屑

图 1-6　切屑类型

3）积屑瘤

（1）积屑瘤的形成。在一定切削速度范围内，加工钢材、有色金属等塑性材料的，在切削刃附近的前刀面上黏附着一块金属硬块,它包围着切削刃且覆盖着部分前刀面,这块剖面呈三角状的金属硬块称为积屑瘤,如图 1-7 所示。形成积屑瘤的原因主要取决于切削温度,例如切削中碳钢的切削温度在 300～380℃ 时易产生积屑瘤。

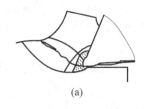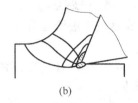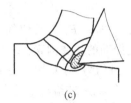

(a)　　　　　　　(b)　　　　　　　(c)

图 1-7　积屑瘤的形成

(2) 积屑瘤对切削的影响。

① 对切削力的影响。积屑瘤黏结在前刀面上,增大了刀具的实际前角,可使切削力减小。但由于积屑瘤不稳定,导致了切削力的波动。

② 对已加工表面粗糙度的影响。积屑瘤不稳定,易破裂,其碎片随机性地散落,可能会留在已加工表面上。另外,积屑瘤形成的刃口不光滑,使已加工表面变得粗糙。

③ 对刀具寿命的影响。积屑瘤相对稳定时,可代替切削刃切削,减小了切屑与前刀面的接触面积,延长了刀具寿命;积屑瘤不稳定时,破裂部分有可能引起硬质合金刀具的剥落,反而降低了刀具寿命。

显然,积屑瘤有利有弊。粗加工时,对精度和表面粗糙度要求不高,如果积屑瘤能稳定生长,则可以代替刀具进行切削,保护刀具,同时减小切削变形;精加工时,则应避免积屑瘤的出现。

(3) 减小或避免积屑瘤的措施。

① 避免采用产生积屑瘤的速度进行切削,即宜采用低速或高速切削,因低速切削加工效率低,故多采用高速切削。

② 采用大前角刀具切削,以减少刀具前刀面与切屑接触的压力。

③ 适当提高工件材料的硬度,减小加工硬化倾向。

④ 使用润滑性好的切削液,以减小前刀面的粗糙度,降低刀与切屑接触面的摩擦系数。

4. 切削力及切削功率

金属切削时,刀具切入工件,使工件材料产生变形成为切屑所需的力称为切削力。切削力是计算切削功率,设计刀具、机床和机床夹具以及制定切削用量的重要依据。在自动化生产中,还可通过切削力来监控切削过程和刀具的工作状态。

1) 切削力

(1) 切削力的来源。切削力的来源,一方面是在切屑形成过程中,弹性变形和塑性变形产生的抗力;另一方面是切屑和刀具前刀面之间的摩擦阻力及工件与刀具后刀面之间的摩擦阻力。

(2) 切削合力与分解。切削时的总切削力 F 是一个空间力,为了便于测量和计算,以适应机床、夹具、刀具的设计和工艺分析的需要,常将 F 分解为 3 个互相垂直的切削分力 F_c、F_p 和 F_f。

切削力的
来源.mp4

① 主切削力 F_c 是切削合力 F 在主运动方向上的投影,其方向垂直于基面。F_c 是计算机床功率、刀具强度以及夹具设计,选择切削用量的重要依据。F_c 可以用经验公式,也可以用单位切削力 k_c(单位为 N/mm²)进行计算,即

$$F_c = k_c A_D = k_c a_c a_w = k_c a_p f$$

② 背向力 F_p 是总切削力 F 在垂直于进给运动方向的分力。它是影响工件变形、造成系统振动的主要因素。

③ 进给力 F_f 总切削力 F 在进给运动方向上的切削分力。它是设计、校核机床进给机构、计算机床进给功率的主要依据。

如图 1-8 所示,总切削力 F 分解为 F_c、F_p 与 F_f,它们的关系为

$$F = \sqrt{F_c^2 + F_p^2 + F_f^2}$$

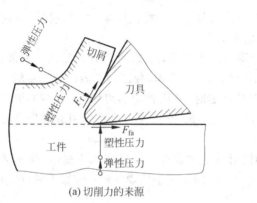

(a) 切削力的来源　　　　　　　　　(b) 切削合力与分力

图 1-8　切削力

(3) 切削功率。切削功率是指切削力在切削过程中所消耗的功率,用 P_m 表示,单位为 kW。车外圆时,它是主切削力 F_c 与进给力 F_f 消耗功率之和,由于进给力 F_f 所占比例很小(仅为总切削力 F 的 1%~5%),故一般进给力 F_f 所消耗功率可忽略不计,且 F_p 不做功,于是得出

$$P_m = F_c \times v_c \times 10^{-3}$$

式中,F_c——主切削力(N);v_c——切削速度(m/s)。

考虑机床的传动效率,由切削功率 P_m 可求出机床电动机功率 P_E,即

$$P_E \geqslant P_m / \eta$$

式中,η——机床的传动效率,一般取 0.75~0.85。

2) 影响切削力的主要因素

(1) 工件材料的影响。工件材料的强度、硬度越高,虽然切屑变形略有减小,但总的切削力还是增大的。加工强度、硬度相近的材料,因塑性变形大,工件与刀具的摩擦系数也较大,故切削力增大;加工脆性材料,因塑性变形小,切屑与刀具前刀面摩擦系数小,切削力较小。

(2) 切削用量的影响。

① 背吃刀量 a_p 和进给量 f。当 f 和 a_p 增加时,切削面积增大,主切削力也增加,但两者的影响程度不同。在车削时,当 a_p 增大一倍时,主切削力约增大一倍;而当 f 加大

一倍时,主切削力只增大68%~86%。因此,在切削加工中,如果从主切削力和切削功率来考虑,加大进给量比加大背吃刀量有利。

② 切削速度 v_c。图 1-9 所示为用 YT15 硬质合金车刀加工 45 钢($a_p=4$mm,$f=0.3$mm/r)时切削速度对切削力的影响曲线。切削塑性金属时,在积屑瘤区,积屑瘤的生长能使刀具实际前角增大,切屑变形减小,切削力减小;反之,积屑瘤的减小使切削力增大。无积屑瘤时,随着切削速度 v_c 的提高,切削温度增高,前刀面摩擦减小,变形减小,切削力减小,因此生产中常用高速切削来提高生产率。切削脆性金属时,v_c 增加,切削力略有减小。

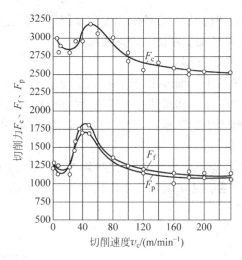

图 1-9　切削速度对切削力的影响

(3) 刀具几何参数的影响。

① 前角。前角对切削力影响最大。当切削塑性金属时,前角增大,能使被切层材料所受挤压变形和摩擦减小,排屑顺畅,总切削力减小;当切削脆性金属时,前角对切削力的影响不明显。

② 负倒棱。如图 1-10 所示,在锋利的切削刃上磨出负倒棱,可以提高刃口强度,从而提高刀具的使用寿命,但此时被切削金属的变形加大,使切削力增加。

③ 主偏角。如图 1-11 所示,主偏角对切削力的影响主要是通过切削厚度和刀尖圆弧度曲线长度的变化来影响变形,从而影响切削力的。主偏角对主切削力 F_c 的影响较小,但对背向力 F_p 和进给力 F_f 的比例影响明显。F_d' 为工件对刀具的反推力,增大主偏

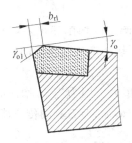

图 1-10　负倒棱对切削力的影响

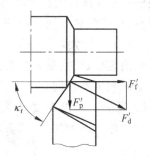

图 1-11　主偏角对切削力的影响

角 κ_r，会使进给力 F_f' 增大、背向力 F_p' 减小。当车削细长工件时，为减少或防止工件弯曲变形可选较大主偏角。

（4）其他因素的影响。刀具、工件材料之间的摩擦因数，因影响摩擦力而影响切削力的大小。在同样的切削条件下，高速钢刀具切削力最大，硬质合金刀具次之，陶瓷刀具最小。在切削过程中使用切削液，可以降低切削力。并且切削液的润滑性能越高，切削力的降低越明显，刀具后刀面磨损越严重，摩擦越剧烈，切削力越大。

5. 切削热与切削温度

切削热和由此产生的切削温度，会使加工工艺系统产生热变形，不但影响刀具的磨损和使用寿命，而且影响工件的加工精度和表面质量。

1）切削热的产生与传导

切削中所消耗的能量几乎全部转化为热量，三个变形区即三个发热区。

切削热来自工件的弹性变形和塑性变形所消耗的能量，以及切屑与刀具前刀面、已加工表面与刀具后刀面之间产生的摩擦热，通过切屑、工件、刀具和周围介质传出去。一般情况下，切屑带走的热量最多。

例如，车削时切削热的 50%～86% 由切屑带走，10%～40% 传入车刀，3%～9% 传入工件，1% 左右传入空气；钻削时切削热带走比例大约是切屑的 28%，工件的 14.5%，刀具的 52.5%，周围介质的 5%。

2）切削温度及影响因素

钻削过程中的切削热.mp4

刀具几何参数对切削温度的影响.mp4

切削温度一般是指切屑与刀具前刀面接触区域的平均温度。切削温度的高低，取决于该处产生热量的多少和散热的快慢。因此，凡是影响切削热产生与传出的因素都影响切削温度的高低。

（1）工件材料。工件材料的强度和硬度越高，单位切削力越大，切削时所消耗的功率就越大，产生的切削热越多，切削温度就越高；工件材料的塑性越大，变形系数也越大，产生的热量越多；工件材料的热导率越小，传散的热量越少，切削区的切削温度就越高；热容量大的材料，在切削热相同时，切削温度较低。

（2）切削用量。增大切削用量时，切削功率增大，产生的切削热也多，切削温度就会升高。由于切削速度、进给量和背吃刀量的变化对切削热的产生与传导的影响不同，所以对切削温度的影响也不相同。

① 切削速度 v_c。切削速度 v_c 对切削温度的影响最大。因为当 v_c 增加时，变形所消耗的热量与摩擦热急剧增加，虽然切屑带走的热量相应增加，但刀具的传热能力却没什么变化。

对于硬质合金刀具，v_c 不宜低于 50m/min，目的是防止刀具太脆；为了提高韧性，v_c

一般不能大于 300m/min，目的是防止温度太高导致刀具急剧磨损。对于高速钢刀具，v_c 一般小于 30m/min。

② 进给量 f。进给量 f 对切削温度的影响则相对来说小一些。因为当 f 增加时，切削厚度 a_c 增厚（切屑热容量增加，带走热量增多），但切削宽度 a_w 不变（散热面积不变，刀头的散热条件没有改善），因此切削温度有所增加。

③ 背吃刀量 a_p。背吃刀量 a_p 对切削温度的影响最小。因为若 a_p 增加一倍，切削宽度 a_w 也按比例增加一倍，散热面积也相应地增加一倍，这样改善了刀头的散热条件，切削温度也只是略有增加。

通过对进给量 f 和背吃刀量 a_p 的分析可知，采用宽而薄（a_w 大、a_c 小）的切削层剖面有利于控制切削温度。

从控制切削温度的角度出发，在机床条件允许的情况下，选用较大的背吃刀量和进给量，比选用大的切削速度更有利。

（3）刀具几何参数。刀具的前角和主偏角对切削温度影响较大。增大前角，可使切削变形及切屑与前刀面的摩擦减小，产生的切削热减少，切削温度下降；但前角过大（$\geqslant 20°$）时，刀头散热面积减小，反而使切削温度升高。减小主偏角，可增加切削刃的工作长度，增大刀头散热面积，降低切削温度。

（4）其他因素。刀具后刀面磨损增大时，加剧了刀具与工件间的摩擦，使切削温度升高。切削速度越高，刀具磨损对切削温度的影响越明显。利用切削液的润滑功能降低摩擦因数，减少切削热的产生，同时切削液也可带走一部分切削热，所以采用切削液是降低切削温度的重要措施。

1.1.2 普通卧式车床

1. 车床结构

车床是既可以用车刀对工件进行车削加工，又可以用钻头、扩孔钻、铰刀、丝锥、板牙、滚花刀等对工件进行加工的一类机床。可加工的表面有内外圆柱面、圆锥面、成形回转面、端平面和各种内外螺纹面等。车床的种类很多，按用途和结构的不同，可分为卧式车床、转塔车床、立式车床、单轴自动车床、多轴自动和半自动车床、仿形车床、专门化车床等，应用极为普遍。在所有车床中，卧式车床的应用最为广泛。它的工艺范围广，加工尺寸范围大（由机床主参数决定），既可以对工件进行精加工、半精加工，也可以进行精加工。卧式车床的外形如图 1-12 所示。

车床主要由以下几部分组成。

（1）床身。床身是用来支撑各个部件的，并按技术要求把各个部件连接在一起。床身上有四条平行导轨，用作刀架和尾座移动时的导向支撑。床身结构的紧固性和精度对车床的加工精度有很大的影响。

（2）主轴箱。主轴箱固定在车身的左上端，用来支撑主轴，其右端安装有三爪自定心卡盘，用来夹持工件。主轴箱的变速手柄和换向手柄可以改变主轴箱内齿轮的啮合关系，进而改变主轴的旋转速度和刀架的进给方向。

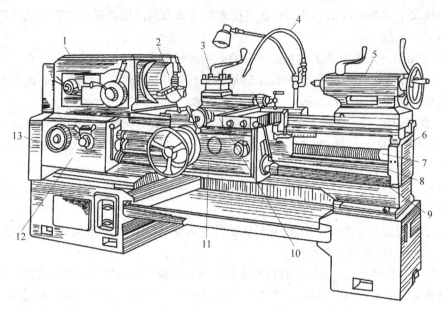

图 1-12 卧式车床的外形

1—主轴箱；2—卡盘；3—刀架；4—切削液管；5—尾座；6—床身；7—丝杠；8—光杠；9—操纵杆；
10—滑板；11—溜板箱；12—进给箱；13—交换齿轮箱

3D-CA6140 型车床主轴
传动机构.mp4

多片式摩擦离合器的
工作原理.mp4

普通车床转速
的调节.mp4

(3) 变速箱。变速箱固定在床身的左下端，由电动机带动箱内的主动轴旋转。变换箱外变速手柄(长短手柄)的位置，可改变箱内的齿轮啮合关系，使变速箱左端的带轮获得不同的转数，然后通过带轮传动传给主轴。C616 型车床的主轴变速结构与主轴是分开的，即单独组成变速箱，称为分离传动，通过变换主轴箱外的变速手柄(快慢挡手柄)和变速箱外的长短手柄，可以使主轴获得 12 种转速。只要查阅速箱的标牌，就可以知道各变速手柄的位置及其相应的主轴转速。主轴的正反转及停止均由启动转换器手柄控制，启动转换器手柄处在中间位置时，主轴停止转动；向上提，主轴正转；向下按，主轴反转。手柄处在中间位置时，向右按下手柄的下端嵌入旁边的槽内。手柄的位置固定称为锁紧，锁紧装置可以避免测量和装夹工件时由于碰撞启动手柄而启动车床所造成的机床或人身事故。

(4) 进给箱。进给箱固定在床身左前侧，内装进给运动变速机构，其运动由主轴箱经变速齿轮(交换齿轮架)传给。C616 型车床变速箱处的手柄可以改变箱内齿轮的啮合关系，使光杠和丝杠获得各种不同的转速，将手柄(箱外右侧)向右拉出，光杠旋转；将手柄向左推入，丝杠旋转。光杠把进给箱的运动传给溜板箱，可以获得多种不同的纵向、横向进给量。丝杠用来车削各种不同的螺纹，纵向、横向进给量、螺纹的螺距以及相对的手柄位置和交换齿轮架齿轮的齿数,可由主轴前面的标牌查得。

(5)溜板箱。溜板箱是把光杠、丝杠的旋转运动传给滑板,带动刀架作纵向或横向进给运动的。接通纵向自动进给手柄或横向自动进给手柄,即可以实现纵向或横向自动进给。车削螺纹时,按下开合螺母手柄,由丝杠直接带动滑板移动。车削时不能同时接通纵向、横向进给,以免发生危险。为了防止纵向自动进给手柄和开合螺母手柄同时使用,溜板箱设有互锁机构。

为了防止机床超负荷而引起的损坏,在溜板箱的左端装有超负荷保险机构。当负荷超过规定值时,该机构结合器即自动脱开,使手柄向上抬起,溜板箱停止移动。当负荷减少后,按下手柄可重新使之连接。必要时溜板箱可以由螺钉紧固在床身上。

普通车床进给量的调节.mp4

横向进给手柄刻度与进给量之间的关系与原理.mp4

(6)滑板。滑板分床鞍、中滑板、小滑板三部分。床鞍与溜板箱联系在一起,可以沿着床身导轨作纵向进给。中滑板安置在床鞍上面,可以沿着床鞍与床身导轨相垂直的横向导轨作横向进给。小滑板安置在中滑板上面,通过转盘与中滑板用螺钉连接,一般作微量进给。松开螺钉,可以使小滑板在水平面内偏转一定角度,使小滑板作斜向进给,以便车削有锥度要求的工件。小滑板不能实现自动进给。

(7)刀架。刀架固定在小滑板上,用来安装车刀。压紧手柄并沿着顺时针方向转动,可以使刀架固定在小滑板上。刀架有4个装刀装置,以便转位换刀。转动大滑板手柄使其刻度转动一格,则刀架沿纵向移动1mm;转动中滑板手柄使其刻度转动一格,则刀架沿横向移动0.02mm;转动小滑板手柄使其刻度转动一格,则刀架沿进给方向移动0.05mm。

(8)尾座。尾座安装在床身导轨右端,它的位置可以沿着床身导轨调节,并由手柄紧固在床身上。尾座套筒的内锥孔是莫氏4号,套筒可以安装顶尖,以便支撑较长的工件,也可以安装钻头、铰刀、中心钻等进行加工。套筒在尾座上的伸出长度可由转动手柄调节,并由锁紧手柄固定;也可以将套筒退到末端,卸下套筒锥孔内所安装的工具或刀具。调节尾座底、侧面的螺钉,尾座体在其底座上还可以横向移动,以车削圆锥体。

(9)床脚。床脚用地脚螺钉固定在水泥地基上。床脚左端安装有电动机和变速机构。右端安装有电气控制箱和冷却泵,开关手柄设置在水平位置。电流接通指示灯亮,则冷却泵开始工作,机床可以工作。

尾座的使用.mp4

活顶尖的结构.mp4

车床冷却系统工作原理.mp4

2. 车床加工工艺范围与加工特点

车削加工是在车床上利用工件的旋转运动和刀具的直线运动来加工工件的,主运动由工件随主轴旋转来实现,进给运动由刀架的纵向、横向移动来完成。在车床上适合加工带有回转表面的各种不同形状的零件,如圆柱体、圆锥孔、曲面和各种螺纹,它对工件材料、结构、精度和粗糙度以及生产批量有较强的适应性,它除了可以车削各种钢材、铸铁、有色金属外,还可以车削各种玻璃、尼龙、夹布胶木等非金属。对一些有色金属零件,不适合磨削的,可在车床上用金刚石车刀进行精细车削(高的切削速度、小的背吃刀量和进给量)。对于非常硬的材料(如淬火钢、冷硬铸铁),则可采用立方氮化硼车刀进行精细车削,以实现以车削替代磨削。由于大多数机器零件都具有回转表面,车床的工艺范围又较广,因此,车削加工的应用极为广泛。图 1-13 列举了卧式车床的加工工艺范围。

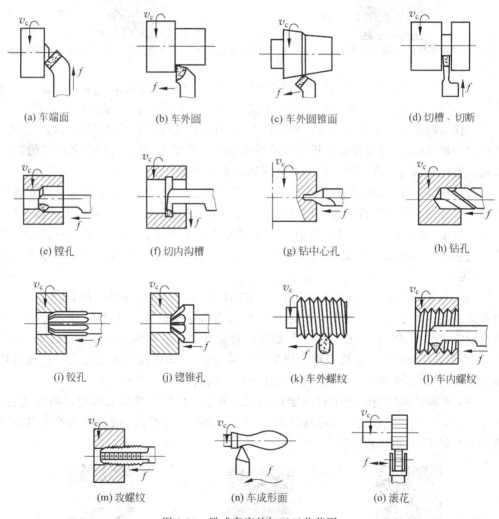

(a) 车端面　　　　　(b) 车外圆　　　　　(c) 车外圆锥面　　　　(d) 切槽、切断

(e) 镗孔　　　　　(f) 切内沟槽　　　　(g) 钻中心孔　　　　(h) 钻孔

(i) 铰孔　　　　　(j) 锪锥孔　　　　　(k) 车外螺纹　　　　(l) 车内螺纹

(m) 攻螺纹　　　　　(n) 车成形面　　　　　(o) 滚花

图 1-13　卧式车床的加工工艺范围

车削加工的精度范围一般是IT13～IT6,表面粗糙度 Ra 的值为 $12.5～1.6\mu m$ 。

车削所用刀具,结构简单,制造容易,刃磨与装夹也较为方便。还可根据加工要求,选择刀具材料和改变刀具角度。

车削属于等截面($A_d=a_p\times f$ 为定值,单位为 mm^2)的连续切削(毛坯余量不均匀的例外)。因此,车削比刨削、铣削等切削抗力变化小,切削过程平稳,有利于进行高速切削和强力切削,生产率较高。

总之,车削具有适应性强、加工精度和生产率高、加工成本低的特点。

1.1.3 项目加工工艺装备(刀夹量具)

1. 车床加工刀具

1) 车刀的结构类型

车刀在切削过程中对保证零件质量、提高生产率至关重要。掌握车刀的几何角度,合理地刃磨、合理地选择和使用车刀是非常重要的。车刀多用在各种类型的车床上加工外圆、端面、内孔、切槽及切断、车螺纹等。车刀的种类繁多,具体可按如下分类。

(1) 按用途不同分类。车刀可分为外圆车刀、端面车刀、内孔车刀、切断车刀、螺纹车刀等。

(2) 按切削部分的材料不同分类。车刀可分为高速钢车刀、硬质合金车刀、陶瓷车刀等。

(3) 按结构形式不同分类。车刀可分为整体车刀、焊接车刀、机夹重磨车刀和机夹可转位车刀等。图1-14所示为车刀的结构类型,图1-14(a)所示为整体车刀,图1-14(b)所示为焊接式车刀,图1-14(c)所示为机夹重磨车刀,图1-14(d)所示为机夹可转位车刀。这四种车刀的特点和用途见表1-1。

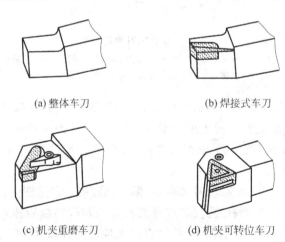

(a) 整体车刀　　　　　　　　　(b) 焊接式车刀

(c) 机夹重磨车刀　　　　　　　(d) 机夹可转位车刀

图1-14 车刀的结构类型

(4) 按切削刃的复杂程度不同分类。车刀可分为普通车刀和成形车刀。

表 1-1　车刀结构类型的特点和用途

名　称	特　点	适用场合
整体车刀	刀体和切削部分为一整体结构,用高速钢制造,俗称"白钢刀",刃口可磨得较锋利	小型车床或加工有色金属
焊接车刀	将硬质合金或高速钢刀片焊接在刀杆的刀槽内,结构紧凑,使用灵活	各类车刀,特别是小刀具
机夹重磨车刀	避免了焊接产生的应力、裂纹等缺陷,刀杆利用率高。刀片可集中刃磨获得所需参数,使用灵活方便	外圆、端面、镗孔、切断、螺纹车刀等
机夹可转位车刀	避免了焊接刀片的缺点,刀片可快速转位,刀片上所有切削刃都用钝后,才需要更换刀片,车刀几何参数完全由刀片和刀槽保证,不受工人技术水平的影响	大中型车床加工外圆、端面、镗孔,特别适用于自动线和数控机床

2) 普通车刀的使用类型

按用途不同,车刀可分为 90°外圆车刀、45°弯头车刀、75°外圆车刀、螺纹车刀、内孔镗刀、成形车刀、车槽及切断刀等,如图 1-15 所示。按车刀的进给方向不同,车刀可分为右车刀和左车刀,右车刀的主切削刃在刀柄左侧,由车床的右侧向左侧纵向进给;左车刀的主切削刃在刀柄右侧,由车床的左侧向右侧纵向进给。

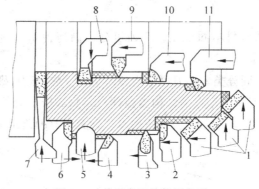

图 1-15　普通车刀的使用类型

1—45°弯头车刀;2、6—90°外圆车刀;3—外螺纹车刀;4—75°外圆车刀;5—成形车刀;7—车槽、切断刀;8—内槽车刀;9—内螺纹车刀;10—不通孔镗刀;11—通孔镗刀

(1) 45°弯头车刀。图 1-15 所示的车刀 1 为 45°弯头车刀,它按其刀头的朝向可分为左弯头和右弯头两种。这是一种多用途车刀,既可以车外圆和端面,也可以加工内、外倒角。但切削时背向力 F_p 较大,车削细长轴时,工件容易被顶弯而引起振动,所以常用来车削刚性较好的工件。

(2) 90°外圆车刀。90°外圆车刀又叫 90°偏刀,分左偏刀(见图 1-15 中的车刀 6)、右偏刀(见图 1-15 中的车刀 2)两种,主要车削外圆柱表面和阶梯轴的轴肩端面。由于主偏角($\kappa_r = 90°$)大,切削时背向力 F_p 较小,不易引起工件弯曲和振动,所以多用于车削刚性较差的工件,如细长轴。

(3) 75°外圆车刀。图 1-15 所示的车刀 4 为 75°外圆车刀。该刀刀头强度高、散热条件好,常用于粗车外圆和端面。75°外圆车刀通常有两种形式,即右偏直头车刀和左偏直头车刀。

(4) 螺纹车刀。图1-15所示的车刀3为外螺纹车刀、车刀9为内螺纹车刀。螺纹车刀属于成形车刀,其刀头形状与被加工的螺纹牙型相符合。一般来说,螺纹车刀的刀尖角应等于或略小于螺纹牙型角。

(5) 内孔镗刀。内孔镗刀可分为通孔镗刀、不通孔镗刀和内槽车刀(见图1-15中的车刀8)。图1-15中的车刀10为不通孔镗刀,其主偏角 $\kappa_r = 45° \sim 75°$,副偏角 $\kappa_r' = 20° \sim 45°$;图1-15中的车刀11为通孔镗刀,其主偏角 $\kappa_r \geqslant 90°$。

(6) 成形车刀。成形车刀是用来加工回转成形面的车刀,使机床只需作简单运动就可以加工出复杂的成形表面,其主切削刃与回转成形面的轮廓母线完全一致。图1-15所示的车刀5即为成形车刀,其形状因切削表面的不同而不同。

(7) 车槽、切断刀。车槽、切断刀用来切削工件上的环形沟槽(如退刀槽、越程槽等)或用来切断工件(见图1-15中的车刀7)。这种车刀的刀头窄而长,有一个主切削刃和两个副切削刃,副偏角 $\kappa_r' = 1° \sim 2°$;切削钢件时,前角 $\gamma_o = 10° \sim 20°$;切削铸铁件时,前角 $\gamma_o = 3° \sim 10°$。

3) 车刀的安装

车刀必须正确牢固地安装在刀架上,如图1-16所示。

(1) 准备工作。

① 将刀架位置转正后,用手柄锁紧。

② 将刀架装刀面和车刀底面擦净。

车刀的安装法.mp4

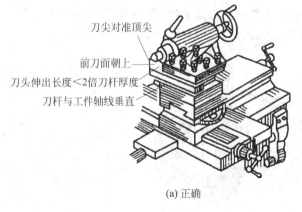

刀尖对准顶尖
前刀面朝上
刀头伸出长度<2倍刀杆厚度
刀杆与工件轴线垂直

(a) 正确

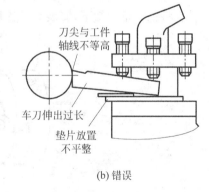

刀尖与工件轴线不等高
车刀伸出过长
垫片放置不平整

(b) 错误

图1-16 车刀的安装

(2) 车刀的装夹步骤。

① 确定车刀的伸出长度。把车刀放在刀架装刀面上,车刀伸出刀架部分的长度约等于刀柄高度的1.5倍。

② 车刀刀尖对准工件的中心(刀尖对准顶尖),一般用目测法或用钢直尺测量法。

(3) 安装车刀的注意事项。

① 刀头不宜伸出太长,否则切削时容易产生振动,影响工件加工精度和表面粗糙度。一般刀头伸出长度不超过刀杆厚度的2倍,能看见刀尖车削即可。

② 刀尖应与车床主轴轴线等高。车刀装得太高，后角减小，后刀面与工件加剧摩擦；装得太低，前角减少，切削不顺利，会使刀尖崩碎。刀尖的高低，可根据尾座顶尖高低来调整。

③ 车刀底面的垫片要平整，并尽可能用厚垫片，以减少垫片数量。调整好刀尖高低后，至少要用两个螺钉交替将车刀拧紧。

三爪自定心卡盘的夹紧原理.mp4

2. 车床加工夹具：三爪自定心卡盘

装夹工件是指将工件在机床上或夹具中定位和夹紧。在车削加工中，工件必须随同车床主轴旋转，因此，要求工件在车床上装夹时，被加工工件的轴线与车床主轴的轴线必须同轴，并且要将工件夹紧，避免在切削力的作用下使工件松动或脱落，造成事故。

根据工件的形状、大小和加工数量的不同，在车床上可以采用不同的装夹方法装夹工件。在车床上安装工件所用的附件有三爪自定心卡盘、四爪单动卡盘、顶尖、心轴、中心架、跟刀架、花盘和角铁等。

本项目工件的装夹方式选择三爪自定心卡盘夹。

三爪自定心卡盘通过法兰盘安装在主轴上用来装夹零件，如图1-17所示。用方头扳手插入三爪自定心卡盘方孔转动，小锥齿轮转动，带动啮合的大锥齿轮转动，大锥齿轮带动与其背面的圆盘平面螺纹啮合的三个卡爪沿径向同步移动。

三爪自定心卡盘的特点是三爪能自定心，装夹和校正工件便捷，但夹紧力小，不能装夹大型零件和不规则零件。

三爪自定心卡盘装夹工件的方法有正爪和反爪装夹工件，图1-17所示为正爪装夹工件。将三块正爪卸下，安装另外三块反爪，就可装夹较大直径盘套类工件。

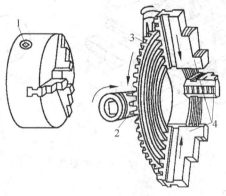

图1-17　正爪装夹工件

1—方孔；2—小锥齿轮；3—大锥齿轮(背面是平面螺纹与卡爪啮合)；4—卡爪

夹头配的爪称为硬爪，它淬过火有硬度。用不淬火的钢材或铜铝做的爪称为软爪，一般焊接在硬爪上，它定位好，不易夹伤工件，用前需根据所夹工件直径配车或配磨卡爪夹持弧。

3．车床加工量具：游标卡尺

本项目工件图纸标注尺寸公差较大，所使用的量具为游标卡尺。

1）游标卡尺的结构原理

游标卡尺的外形结构见表 1-2，它主要由尺身、游标、内量爪、外量爪、深度尺和紧固螺钉等部分组成。游标卡尺的尺身和游标上都有刻线，测量时配合起来读数。当尺身上的量爪与游标上的量爪并拢时，尺身的零线与游标的零线对正。尺身的刻线为 1mm/格，按其测量精度可分为 1/10(0.1)mm、1/20(0.05)mm 和 1/50(0.02)mm 三种。

游标卡尺的使用、种类及结构.mp4

表 1-2　游标卡尺的外形与功用

名称	图　　示	功　　用
游标量具	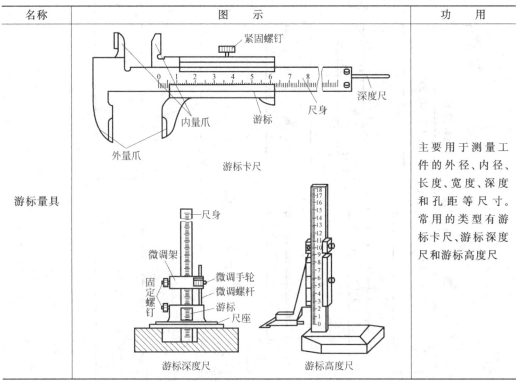	主要用于测量工件的外径、内径、长度、宽度、深度和孔距等尺寸。常用的类型有游标卡尺、游标深度尺和游标高度尺

2）游标卡尺的读数方法

游标卡尺的读数方法和示例见表 1-3。

3）游标卡尺的使用方法

游标卡尺的使用和读数方法.mp4

数显游标卡尺的使用.mp4

用游标卡尺测量不同内容的测量方法见表 1-4。

表 1-3　游标卡尺的读数方法和示例

游标读数值（俗称精度）		1/10（0.1）mm	1/20（0.05）mm	1/50（0.02）mm
刻线原理				
示例				
步骤	内容	方法		
1	读出整数值	读出游标零线左边尺身上所示的整毫米数		
		2mm	32mm	123mm
2	读出小数值	找出游标上与尺身对齐的刻线，将其至零刻线的格数乘上游标读数值		
		0.3mm	0.45mm	0.42mm
3	得出结果	将整数值和小数值相加		
		2.3mm	32.45mm	123.42mm

表 1-4　用游标卡尺的测量方法

序号	测量内容	图　　示	特别提示
1	测量外形尺寸小的工件	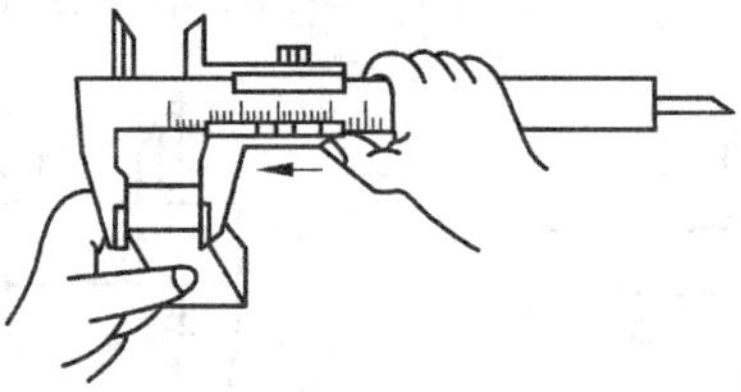	应使量爪与工件表面正确接触,避免游标卡尺歪斜,影响测量数值的准确性 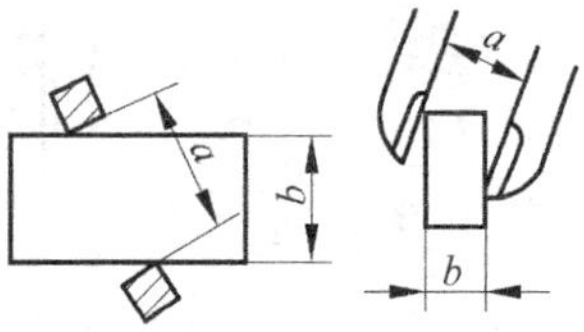
2	测量外形尺寸大的工件	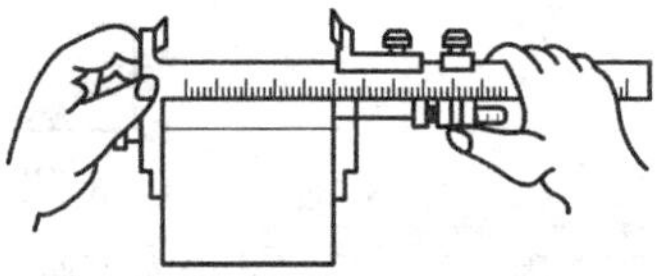	
3	测量孔径尺寸小的工件	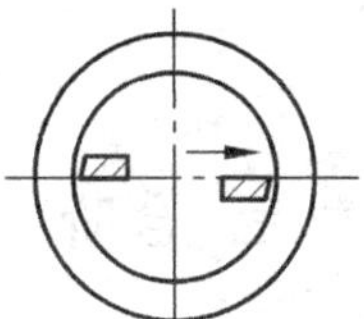	
4	测量槽宽尺寸小的工件	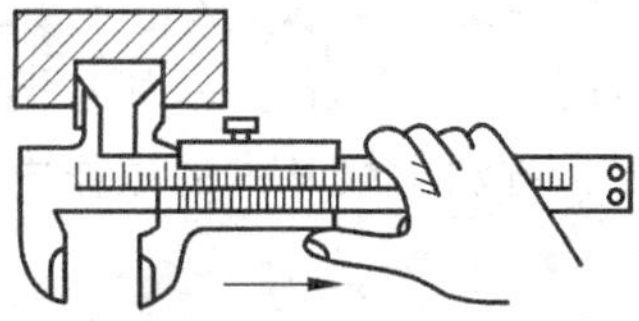	
5	测量孔径尺寸大的工件	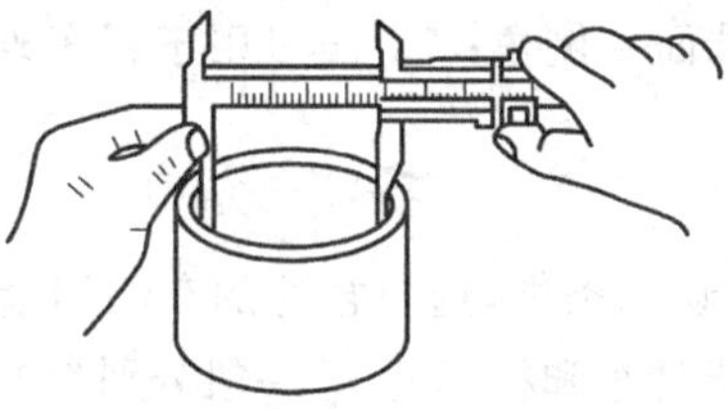	测量时应使尺身垂直于被测表面,两量爪中心连线通过工件内孔轴线
6	测量槽宽尺寸大的工件	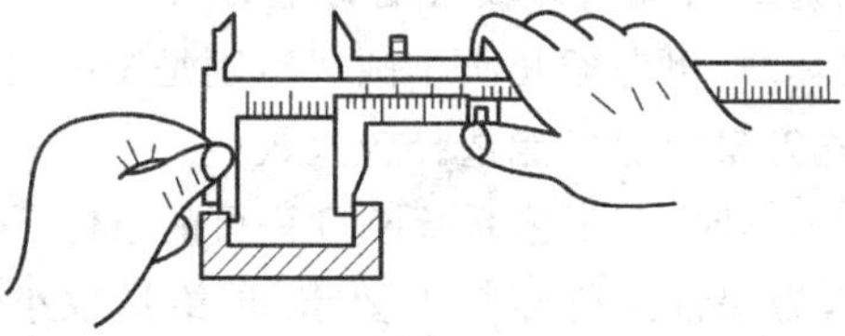	

4) 使用游标卡尺的注意事项

(1) 测量前,应检查游标零线与尺身零线以及游标尾线与尺身刻线是否对准。若不准,则需校正。

(2) 测验量工件时,应擦净工件被测表面,且量爪位置应平行或垂直于被测表面。另外,读数时视线应垂直于刻线平面,不得歪斜。

（3）测量时,尽量在工艺件上读数,然后松开量爪,取出卡尺。

（4）不准用卡尺测量毛坯表面。

（5）不准将游标卡尺固定住尺寸后卡入工件(相当于用作卡规)进行测量,如图 1-18 所示。

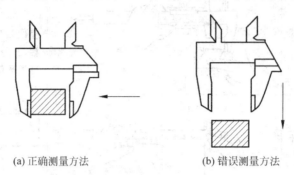

(a) 正确测量方法　　　　　　　　(b) 错误测量方法

图 1-18　不能固定住卡尺尺寸卡入工件测量

（6）必须等机床停稳后才能进行测量。

（7）不可将卡尺放在机床振动部位。

1.1.4　项目加工基本工艺(外圆、端面、台阶)

1. 车外圆的方法和步骤

圆柱表面是构成各种机械零件的基本表面之一,如各类轴、套筒等都是由大小不同的圆柱表面组成的,车外圆是车削加工方法中最基本的工作内容。

1) 车刀的选用

外圆车削加工一般分为粗车和精车。常用的外圆车刀有 45°弯头车刀、75°和 90°偏刀。45°弯头车刀用于车外圆、端面和倒角;75°偏刀用于粗车外圆;90°偏刀用于车台阶、外圆与细长轴。

2) 车削用量的选择

车削时,应根据加工要求和切削条件,选择合适的车削用量。

（1）背吃刀量 a_p 的选择。半精车和精车的 a_p 一般分别为 1～3mm 和 0.1～0.5mm,通常一次车削完成,因此粗加工应尽可能选择较大的背吃刀量。当余量很大,一次进刀会引起振动,造成车刀、车床等损坏时,可考虑几次车削。特别是第一次车削时,为使刀尖部分避开工件表面的冷硬层,背吃刀量应尽可能选择较大数值。

（2）进给量 f 的选择。粗车时,在工艺系统刚度许可的条件下,进给量选大值,一般取 f=0.3～0.8mm/r;精车时,为保证工件粗糙度要求,进给量取小值,一般取 f=0.08～0.3mm/r。

（3）切削速度 v_c 的确选择。在背吃刀量、进给量确定之后,切削速度 v_c 应根据车刀的材料及几何角度、工件材料、加工要求与冷却润滑等情况确定,而不能认为切削速度越高越好;在实际工作中,可查阅手册或根据经验来确定。例如,用高速钢车刀切削钢料时,一般切削速度 v_c=0.3～1m/s;用硬质合金车刀切削时,切削速度 v_c=1～3m/s;车削硬钢的切削速度比软钢时低些,而车削铸铁件的切削速度又比车削钢件时低些;不用切削液时,切削速度也要低些。另外,也可通过观察切屑颜色变化判断车削速度选择是否合适。例如,用高速钢车刀切削钢料时,如果切屑呈白色或黄色,说明切削速度合适。采用硬质合金车刀,如果切屑呈蓝色,说明切削速度合适;如果切屑呈现火花,说明切削速度太高;如果切屑呈白色,说明切削速度偏低。

2. 车端面与台阶的方法与步骤

1) 车端面

倒角的作用普通车床加工. mp4

(1) 车端面的常见方法。图 1-19 所示为车端面的常用方法。用 45°弯头车刀车端面(见图 1-19(b)和(c)),特点是刀尖强度高,适用于车大平面,并能倒角和车外圆。用 90°左偏刀车端面(见图 1-19(a)),特点是切削轻快顺利,适用于台阶面平面车削。用 60°~75°车刀车端面(见图 1-19(d)),特点是刀尖强度好,适用于大切削量车大平面。用 90°右偏刀车端面,车刀由外向中心进给(见图 1-19(e)),副切削刃进行切削,切削不顺利,容易产生凹面;由中心向外进给(见图 1-19(f)),主切削刃进行切削,切削顺利,适用于精切平面;可在副切削刃上磨出前角(见图 1-19(g)),由外向中心进给。

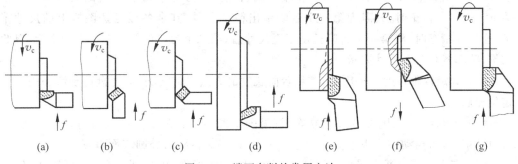

图 1-19 端面车削的常用方法

(2) 工件的装夹。装夹工件时,工件的伸出长度应尽可能短,并且应同时校正外圆与端面的跳动。车较长工件的端面时,由于端面圆跳动大,应选用较低的转速。

(3) 确定端面的车削余量。车削前,应测量毛坯的长度,确定端面的车削余量。例如,工件两端均需车削,一般先车的一端应尽量少切,将大部分余量留在另一端。

(4) 车刀的安装。车端面时,要求车刀刀尖严格对准工件中心,如果高于或低于工件中心,都会使工件端面中心处留有凸台,并损坏刀尖,如图 1-20 所示。

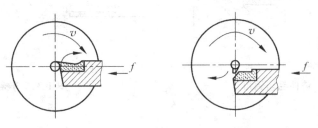

(a) 车刀刀尖高于工件中心　　(b) 车刀刀尖低于工件中心

图 1-20 车刀刀尖未对准工件中心产生崩刃

（5）车端面前，应先倒角。毛坯表面的冷硬层，尤其是铸件表面的一层硬皮，很容易损伤车刀刀尖，先倒角再车端面，可防止刀尖损坏，如图 1-21 所示。车端面和车外圆一样，第一刀背吃刀量一定要超过工件硬皮层厚度，否则即使已倒角，但车削时刀尖仍在硬皮层，极易磨损。

（6）车削用量的选择。

① 背吃刀量 a_p：粗车时，$a_p=2\sim5mm$；精车时，$a_p=0.2\sim1mm$。

② 进给量 f：粗车时，$f=0.3\sim0.7mm/r$；精车时，$f=0.08\sim0.3mm/r$。

③ 切削速度 v_c：端面的直径从外到中心是变化的，切削速度也在改变，在计算切削速度时必须按端面的最大直径计算。

（7）操作要领。手动进给速度应均匀；当刀尖车至端面中心附近时，应停止自动进给改用手动进给，车到中心后，车刀应迅速退回；精车端面，应防止车刀横向退刀同时接毛表面；背吃刀量的控制，可用大滑板或小滑板刻度来调整。

2）车台阶

（1）车刀的选用。车台阶通常先用 75°强力车刀粗车外圆，切除台阶的大部分余量，留 0.5~1mm 余量，然后用 90°偏刀精车外圆、台阶，偏刀的主偏角 κ_r 应略大于 90°，通常为 91°~93°。粗车时，只需为第一个台阶留出精车余量，其余各段可按图样上的尺寸车削，这样在精车时，将第一个台阶长度车至尺寸后，第二个台阶的精车余量自动产生，以此类推，精车各台阶至尺寸要求。

（2）确定台阶长度。车削时，控制台阶长度的方法有刻线法、刻度盘控制法和用挡铁定位控制法。

（3）车低台阶。用 90°偏刀直接车成（见图 1-22（a））在最后一次进刀时，车刀在纵向进刀结束后，需摇动中滑板手柄均匀退出车刀，以确保台阶与外圆表面垂直。

（4）车高台阶。通常采用分层切削（见图 1-22（b）），先用 75°偏刀粗车，再用 90°偏刀精车。当车刀刀尖距离台阶位置 1~2mm 时，停止机动进给，改用手动进给。当车至台阶位置时，车刀从横向慢慢退出，将台阶面精车一次。

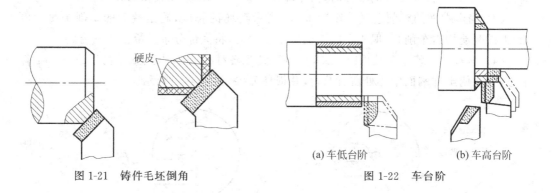

图 1-21   铸件毛坯倒角   图 1-22   车台阶

(a) 车低台阶   (b) 车高台阶

硬皮

3）车倒角

车倒角用的车刀有 45°弯头车刀或 90°偏刀。当平面、外面、台阶车削完毕后，转动刀架用 45°弯头车刀进行倒角。若使用 90°偏刀倒角，应使切削刃与外圆形成 45°夹角。

移动床鞍至工件外圆与平面相交处进行倒角。倒角在外圆上的轴向长度 C1 为 1mm,角度是 45°。

1.2 拓展知识链接

1.2.1 毛坯的选择

零件是由毛坯按照其技术要求经过各种加工最后形成的。毛坯选择的正确与否,不仅影响产品的质量和生产效率,而且对制造成本也有很大的影响。因此,能否正确地选择毛坯对生产加工有着重大的技术和经济意义。

1. 毛坯的种类

选择毛坯的主要任务是选定毛坯的种类以及毛坯的制造方法。毛坯的种类很多,同一种毛坯又有多种制造方法。机械制造中常用的毛坯有以下几种。

1) 铸件

形状复杂的毛坯宜采用铸造方法制造。目前生产中的铸件大多数是用砂型铸造的,少数尺寸较小的优质铸件可采用特种铸造,如金属型铸造、离心铸造、熔模铸造和压力铸造等。

铸件分为木模手工造型和金属模机器造型两种。木模手工造型加工余量大,铸件精度低,生产率低,适用于单件小批生产以及大型铸件的生产。

铸造可以铸钢、铁、铜、铝及其合金等材料。大型零件、结构复杂零件及有空腔的零件的毛坯多采用铸造方法。

2) 锻件

锻件有自由锻件和模锻件两种。

自由锻件的加工余量大,锻件精度低,生产率不高,要求工人的技术水平较高,适用于单件小批生产。模锻件的加工余量小,锻件精度高,生产率高,但成本也高,适用于大批大量生产小型锻件。

锻造一般适用于实心件、结构简单的各类钢材及其合金的零件。锻造一般只能锻钢。

3) 型材下料件

型材下料件是指从各种不同截面形状的热轧和冷拉型材上切下的毛坯件。如角钢、工字钢、槽钢、圆棒料、钢管、塑钢等。热轧型材的精度较低,适用于一般零件的毛坯。冷拉型材的精度较高,多用于毛坯精度要求较高的中小型零件和自动机床上加工零件的毛坯。型材下料件的表面一般不再加工。

型钢主要需注意型材的规格。

4) 焊接件

焊接件是用焊接的方法将同种材料或不同的材料焊接在一起,从而获得的毛坯。如焊条电弧焊、氩弧焊、气焊等。焊接方法特别适宜于实现大型毛坯、结构复杂毛坯的制造。

焊接的优点是效率高、成本低,缺点是焊接变形比较大。

2. 毛坯的选择

在进行毛坯选择时,应考虑下列因素。

1) 零件材料的工艺性

零件材料的工艺性是指材料在铸造、锻造、金属切削、热处理等工艺过程中所体现出来的性能以及零件对材料组织和力学性能的要求,例如材料为铸铁或青铜的零件,应选择铸件毛坯。对于一些重要的传动零件,为保证良好的力学性能,一般均选择锻件毛坯,而不选用棒料或铸件。如车床主轴箱里其他轴类零件的毛坯可采用型材,而主轴必须采用锻造。

2) 零件的结构形状与外形尺寸

钢质的一般用途的阶梯轴,如台阶直径相差不大,单件生产时可用棒料;若台阶直径相差较大,则宜用锻件,以节约材料和减少机械加工工作量。大型零件毛坯受设备条件限制,一般只能用模锻件或砂型铸造;中小型零件根据需要可选用自由锻件或特种铸造件。

在确定毛坯形状和尺寸时应注意以下几个方面。

(1) 为使工件安装稳定,有些铸件毛坯需要铸出工艺搭子。工艺搭子在零件加工完后应切除。

(2) 为了提高机械加工生产率,对于一些类似图 1-23 所示须经锻造的小零件,常将若干零件先锻造成一件毛坯,经加工之后再切割分离成若干个单个零件。

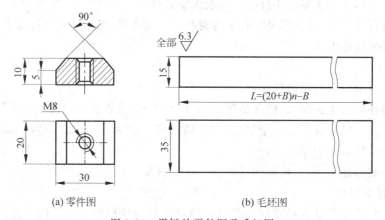

(a) 零件图　　　　　　(b) 毛坯图

图 1-23　滑键的零件图及毛坯图

(3) 对于一些垫圈类小零件,应将多件合成一个毛坯,先加工外圆和切槽,然后再钻孔切割成若干个垫圈零件,如图 1-24 所示。

3) 生产类型

大批、大量生产时,应选择毛坯精度和生产率都高的先进毛坯制造方法,使毛坯的形状、尺寸尽量接近零件的形状、尺寸,以节约材料,减少机械加工工作量,由此而节约的费用往往会超出毛坯制造所增加的费用,获得好的经济效益。单件小批量生产时,采用先进的毛坯制造方法所节约的材料和机械加工成本,相对于毛坯制造所增加的设备和专用工艺装备费用就得不偿失了,故应选择毛坯精度和生产率均比较低的一般毛坯制造方法,如

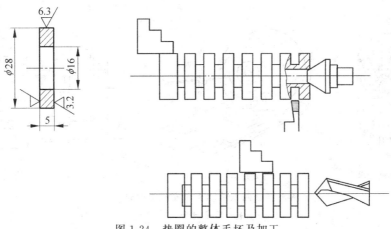

图 1-24　垫圈的整体毛坯及加工

自由锻和手工砂型铸造等方法。

4）生产条件

选择毛坯时，应考虑现有生产条件，如现有毛坯的制造水平和设备情况，外协的可能性等。可能时，应尽量组织外协，实现毛坯制造的社会专业化生产，以获得好的经济效益。

5）充分考虑利用新技术、新工艺和新材料

随着毛坯制造专业化生产的发展，目前毛坯制造方面的新工艺、新技术和新材料的应用越来越多，精铸、精锻、冷轧、冷挤压、粉末冶金和工程塑料的应用日益广泛，这些方法可以大大减少机械加工量，节约材料，并有十分显著的经济效益。

1.2.2　四爪单动卡盘

四爪单动卡盘安装工件的找正方法.mp4　　偏心件四爪单动卡盘上的装夹与调整.mp4

四爪单动卡盘是一种用来装夹工件的车床附件，用来夹持圆形或方形、矩形工件，进行切削加工。这种卡盘的四爪不能联动，需分别扳动，故还能用来夹持单边的、不对中心的工件。

四爪单动卡盘的四个卡爪都可独立移动，因为各爪的背面有半瓣内螺纹与螺杆相啮合，螺杆端部有一方孔，当用卡盘扳手转动某一方孔时，就带动相应的螺杆转动，即可使卡爪夹紧或松开，如图 1-25(a)所示。因此，用四爪单动卡盘可安装截面为方形、长方形、椭圆以及其他不规则形状的工件，也可车削偏心轴和孔。因此，四爪单动卡盘的夹紧力比三爪自定心卡盘大，也常用于安装较大直径的正常圆形工件。

用四爪单动卡盘装夹工件，因为四爪不同步也不能自动定心，需要仔细地找正，以使加工面的轴线对准主轴旋转轴线。用划线盘按工件内外圆表面或预先划出的加工线找正，如图 1-25(b)所示，定位精度在 0.2～0.5mm；用百分表按工件的精加工表面找正，如

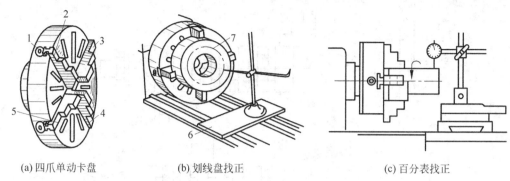

(a) 四爪单动卡盘　　　　(b) 划线盘找正　　　　(c) 百分表找正

图 1-25　四爪单动卡盘安装工件时的找正

1、2、3、4、5—方孔、螺杆、卡爪；6—划线盘；7—工件

图 1-25(c)所示,可达到 0.01~0.02mm 的定位精度。

当工件各部位加工余量不均匀时,应着重找正余量少的部位,否则容易使工件报废,如图 1-26 所示。

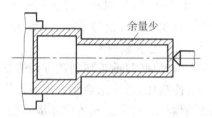

余量少

图 1-26　找正余量少的部位

四爪单动卡盘可全部用正爪(见图 1-27(a))或反爪装夹工件,也可用一个或两个反爪,其余仍用正爪装夹工件(见图 1-27(b))。

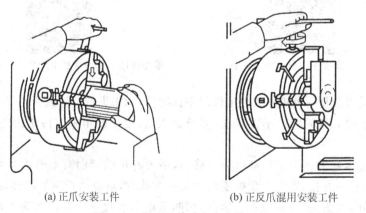

(a) 正爪安装工件　　　　(b) 正反爪混用安装工件

图 1-27　用四爪单动卡盘安装工件

1.2.3　磁力百分表

在使用四爪单动卡盘加工工件时,常使用磁力百分表对工件的安装进行找正操作。

磁力百分表的使用.mp4

1. 磁力百分表的结构原理

磁力百分表的外形与功用如表 1-5 所示,它主要由百分表、磁性表座等部分组成。磁力百分表在使用时先固定磁性表座,然后变换连杆的方向,将百分表的测量头与被测部位接触,在被测工件移动的过程中对百分表的表盘刻度进行读数,从而测量出相对的精度。其测量精度为 0.01mm。

表 1-5 磁力百分表的外形与功用

名称	图示	功用
磁力百分表	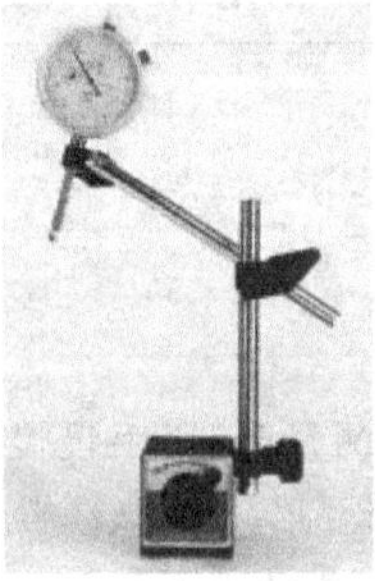 磁力百分表 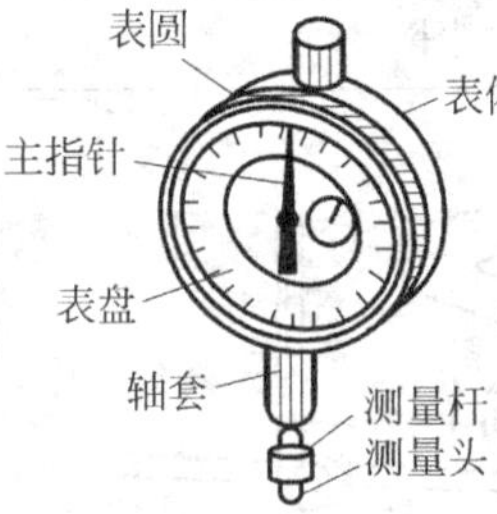 钟面式百分表 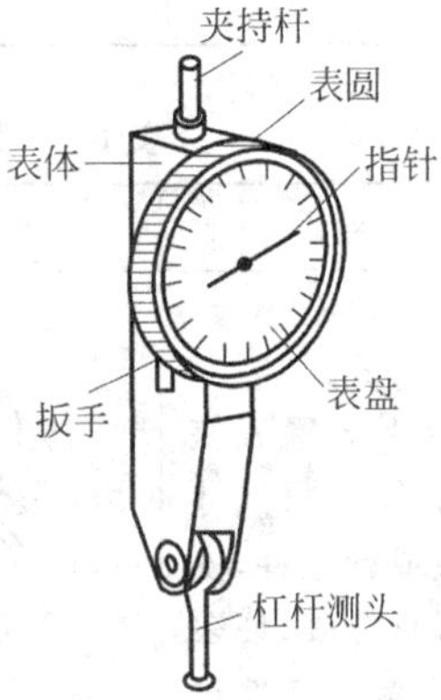　杠杆式百分表 表头 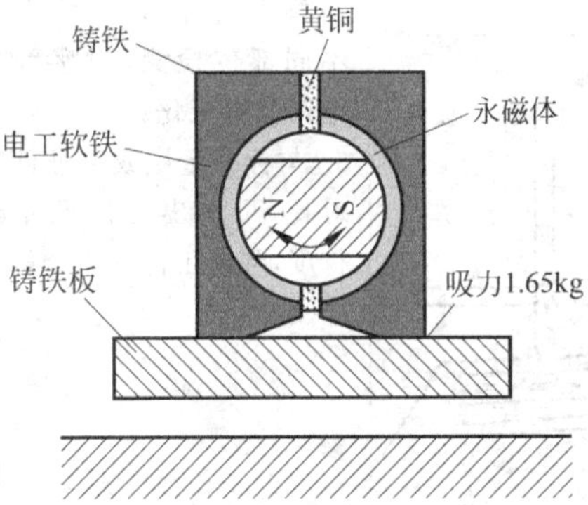 关(吸合) 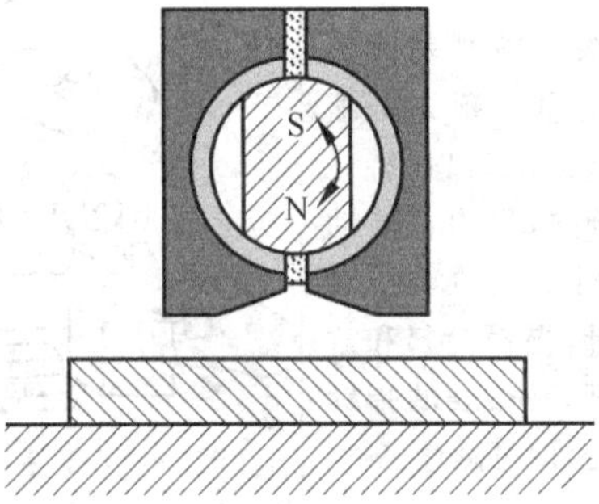　开(放开) 表座	磁力百分表只能测出相对数值,不能测出绝对的数值,主要应用于检测工件的形状和位置误差等,也可以用于校正零件的安装位置及测量零件的内径等,是一种精度比较高的量具

2. 磁力百分表的使用

1) 百分表的安装

百分表的常见安装方式如表 1-6 所示。

2) 用百分表检测工件尺寸

百分表检测工件尺寸的步骤如表 1-7 所示。

表 1-6　百分表的常见安装方式

安装方式	图　示	安装方式	图　示
用磁性表座	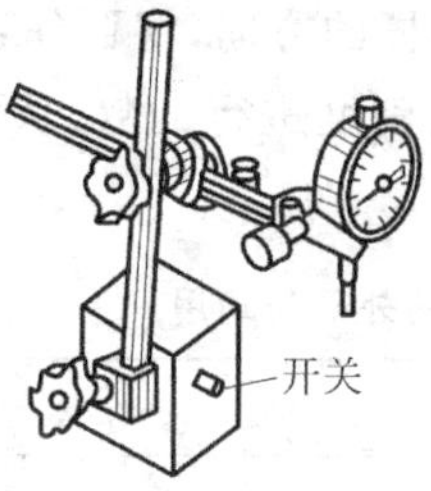 　—开关	用万能表座	

表 1-7　百分表检测工件尺寸的步骤

步骤	内　容	图　示	操作要领
1	在检验平台上放置表座和与被测工件相同尺寸的标准量块或标准件,安装并调整好百分表,使表的测量杆垂直于工件被测表面	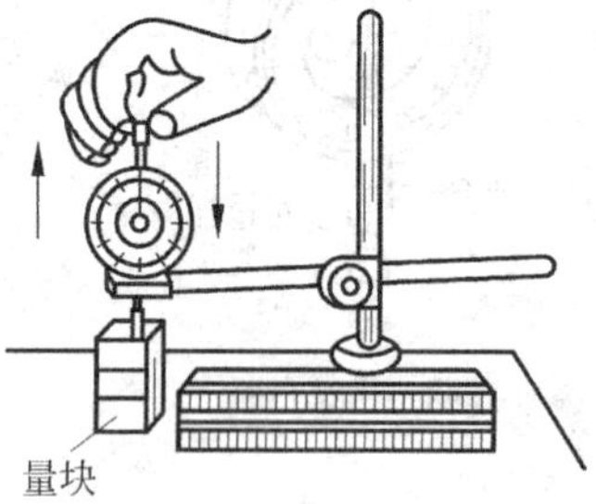 　量块	1. 测量时,用手慢慢抬起测量杆,把测量工件置于百分表测量杆触头下; 2. 慢慢放下测量杆,前后左右移动工件,在工件平面的不同部位检测,观察百分表指针位置变化; 3. 与标准量块或标准件尺寸对比,可测出工件尺寸或平行度,判断工件是否合格
2	测量触头与被测表面接触并使测量杆预先压缩0.3～0.08mm,以保持一定的初始测量力。转动表圈使刻度盘的零线对准长指针,慢慢抬起和放下测量杆,观察表的指针位置不变,即可测量工件	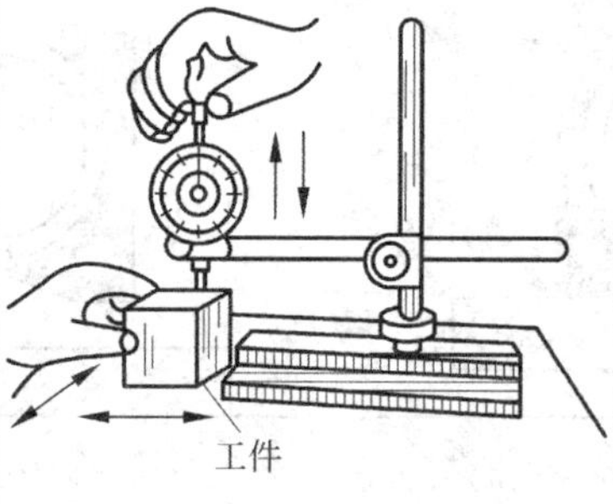 　工件	

3) 百分表的读数方法

先读小指针转过的刻度线(毫米整数),再读大指针转过的刻度线(小数部分),并乘以0.01,然后两者相加,即得到所测量的数值。百分表读数实例如表 1-8 所示。

4) 磁力百分表使用的注意事项

(1) 测量时应擦净表座底面、工作台面、被测表面。

(2) 百分表要轻拿轻放,避免表受震动,测量时不能使测头突然与被测物表面接触。

(3) 不能用百分表测量粗糙表面,使用过程中更不可对测量杆进行冲击。

表 1-8 百分表读数实例

例 1	例 2
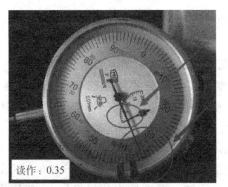	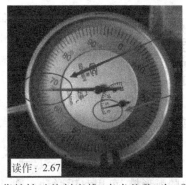
读作：0.35	读作：2.67
[读小指针转过的刻度线（毫米整数）为 0]+[读大指针转过的刻度线（小数部分）为 35]×0.01＝0.35(mm)	[读小指针转过的刻度线（毫米整数）为 2]+[读大指针转过的刻度线（小数部分）为 67]×0.01＝2.67(mm)

（4）测量时，应轻轻提起测杆，把工件移至测头下面，缓慢下降，测头与工件接触，不准把工件强迫推至测头下，也不得急剧下降测头，以免产生瞬时冲击测力，给测量带来测量误差。测头与工件的接触方法如图 1-28 所示。对工件进行调整时，也应按上述方法进行。

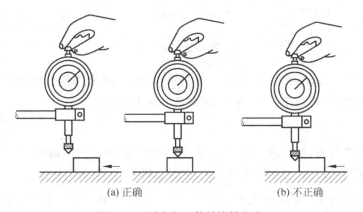

(a) 正确   (b) 不正确

图 1-28 测头与工件的接触方法

（5）测量时表针的移动距离不能太大，更不能超出测量范围。

（6）测量过程中测量触头不能松动。

（7）使用时应持表体，不要持测量杆；测量杆上不能压放其他东西，以免弯曲变形。

（8）应防止水、油等液体进入表中。

（9）百分表使用完毕，要擦净放回盒内，让测量杆处于自由状态，避免表内弹簧失效。

1.2.4 切槽与切断

1. 切槽

普通车床切断.mp4

（1）车沟槽的常见方法。在工件表面上车沟槽的常见方法有车外槽、车内槽和车端面槽。

（2）切槽的选择。一般选用高速钢切槽刀切槽。

（3）切槽的方法。车削精度不高的和宽度较窄的矩形沟槽，可以用刀宽等于槽宽的切槽刀，采用直进法一次车出。车削精度不高的和宽度较窄的矩形沟槽，一般分两次车成。

车削较宽的沟槽，可用多次直进法切削（见图1-29），并在槽的两侧留一定的精车余量，然后根据槽深、槽宽精车至尺寸。车削较小的圆弧形槽，一般用成形车刀车削；车削较大的圆弧形槽，可用双手联动车削，用样板检查修整。车削较小的梯形槽，一般用成形车刀完成；车削较大的梯形槽，通常先车直槽，然后用梯形刀直进法或左右切削法完成。

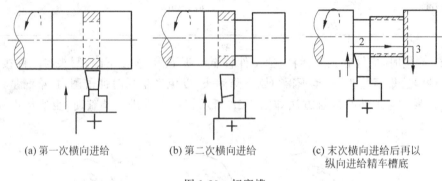

(a) 第一次横向进给 　　(b) 第二次横向进给 　　(c) 末次横向进给后再以
　　　　　　　　　　　　　　　　　　　　　　　　纵向进给精车槽底

图 1-29　切宽槽

（4）矩形槽的检查和测量。精度要求低的沟槽，一般采用钢直尺和卡钳测量；精度要求较高的沟槽，可采用千分尺、样板、塞规和游标卡尺等测量。

2. 切断

切断要用切断刀，切断刀的形状与切槽刀相似，但因刀头窄而长，所以很容易折断。切断刀有高速钢切断刀、硬质合金切断刀、弹性切断刀、反切刀等类型。

高速钢切断刀主切削刃的宽度 a 为 $(0.5\sim0.6)\sqrt{d}$，其中 d 为被切工件的外径。刀头长度 $L = h + (2\sim3)$，其中 h 为切入深度（mm），如图1-30所示。

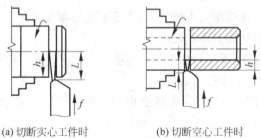

(a) 切断实心工件时 　　　　　(b) 切断空心工件时

图 1-30　切断刀刀头

例如,切断外径为$\phi 36$mm、孔径为$\phi 16$mm 的空心工件,试计算切断刀的主切削刃宽度和刀头宽度。

解: 主切削刃的宽度 $a \approx (0.5 \sim 0.6)\sqrt{d} = (0.5 \sim 0.6)\sqrt{36} = 3 \sim 3.6$ (mm)

刀头长度 $L = h + (2 \sim 3) = (36/2 - 16/2) + (2 \sim 3) = 12 \sim 13$ (mm)

在切断工件时,为使带孔工件不留边缘,实心工件的端面不留小凸头,可将切断刀的切削刃略磨斜些,如图 1-31 所示。

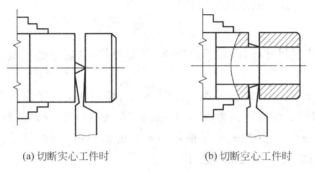

(a) 切断实心工件时　　　　　(b) 切断空心工件时

图 1-31　斜面刃切断刀及其应用

切断的方法有以下几种。

(1) 直进法。切断刀垂直于工件轴线方向进给切断,如图 1-32(a)所示。该方法效率高,但对车床、切断刀的刃磨、装夹都有较高的要求,否则易造成刀头折断。

(2) 左右借刀法。在刀具、工件、车床刚性不足的情况下,可采用借刀法切断工件,如图 1-32(b)所示。这种方法是指切断刀在轴线方向作反复往返移动,随之两侧径向进给,直至工件切断。

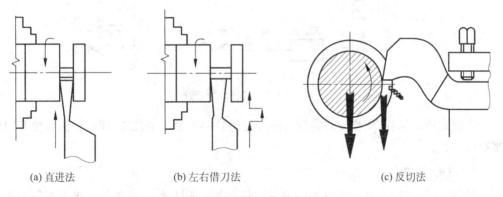

(a) 直进法　　　　　　(b) 左右借刀法　　　　　　(c) 反切法

图 1-32　切断工件的方法

(3) 反切法。反切法是指工件翻转,车刀反向装夹,如图 1-32(c)所示。这种切断方法适用于切断直径较大的工件。其优点是:由于作用在工件上的切削力和与主轴重力方向一致(向下),主轴不容易产生上下跳动,切断工件时比较平稳;并且切屑朝下排出,不会堵塞在切削槽中,使排屑顺利。

1.2.5　螺纹的加工

螺纹车削操作
的方法.mp4

螺纹按牙型分为三角形螺纹、梯形螺纹、矩形螺纹等。其中普通米制三角形螺纹应用最广。螺纹的加工方法的种类很多,在专业生产中,广泛采用滚螺纹、轧螺纹及搓螺纹等一系列先进工艺;但在一般机械厂,尤其是在机修工作中,通常采用车削方法加工,以三角形螺纹的车削最为常见。

1. 尺寸计算

车螺纹时的主要尺寸计算,对正确选择、刃磨刀具,确定车削用量,测量、控制几何尺寸有重要的作用。

例如,M30×2—6g—LH 为公称直径ϕ30mm、螺距 2mm、牙型角 60°、螺纹公差带代号 6g 的左旋外螺纹。螺纹中径为 $d_2=d-0.6495p=30-0.6495\times 2=28.701$mm,查有关手册得上偏差 $es=-0.038$mm,下偏差 $ei=-0.318$mm,用螺纹千分尺测量螺纹中径时读数应在 $28.383\sim 28.663$mm 范围内。

2. 车螺纹的传动链及其调整

车螺纹时,为了获得准确的螺距,必须用丝杠杆带动刀架进给,使工件每转一周,刀具移动的距离(进给量)等于螺纹的导程,传动链如图 1-33 所示。

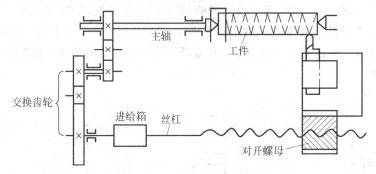

图 1-33　车螺纹的传动链

根据进给箱标牌,更换交接齿轮与改变进给箱的进给手柄位置,即可得到各种不同的螺距或导程。

3. 避免"乱扣"

车螺纹时,需经过多次走刀才能切成。在多次切削过程中,必须保证车刀总是落在已切出的螺纹槽内,否则就称为"乱扣"。如果产生"乱扣",工件即成为废品。

如果车床丝杠的螺距是工件螺距的整数倍,可任意打开开合螺母,当合上开合螺母时,车刀仍然会切入原来已切出的螺纹槽内,不会产生"乱扣";若车床丝杠的螺距不是工件螺距的整数倍,则会产生"乱扣"。

4. 注意事项

车螺纹的过程中,为了避免乱扣,需注意以下几点。

（1）调整中小刀架的间隙（调镶条），不要过松或过紧，以移动均匀、平稳为好。

（2）如从顶尖上取下工件度量，不能松开卡箍。在重新安装工件时，要使卡箍与拨盘（或卡盘）的相对位置保持与原来的一样。

（3）在切削过程中，如果换刀，则应重新对刀。对刀的方法是：闭合对开螺母，移动小刀架，使车刀落入原来的螺纹槽中。由于传动系统有间隙，对刀过程必须在车刀沿切削方向走一段距离后，停车再进行。

（4）螺纹车刀及安装。车刀的刀尖角等于螺纹牙型角，即 $\alpha=60°$；螺纹车刀的前角对牙形角影响较大，如果车刀的前角大于或小于零度时，所车出螺纹牙型角会大于车刀的刀尖角，精度要求较高的螺纹，常取前角为 $0°$。只有粗加工时或螺纹精度要求不高时，为改善切削条件，其前角可取 $\gamma_o=5°\sim20°$。安装螺纹车刀时，刀尖对准工件中心与工件轴线等高，并用样板对刀，如图 1-34 所示。

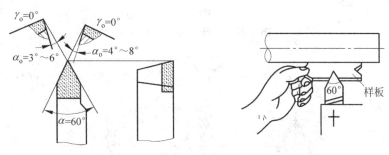

图 1-34　螺纹车刀几何角度与样板对刀

（5）车削前的准备。首先把工件的螺纹外圆直径按要求车好（比规定要求应小 $0.1\sim0.2mm$），然后在螺纹的长度上车一条标记，作为退刀标记，最后将端面处倒角，装夹好螺纹刀。车床调整好后，选择较低的主轴转速，开动车床，合上开合螺母，开正反车数次后，检查丝杆与开合螺母的工作状况是否正常，为使刀具移动较平稳，需消除车床各拖板间隙及丝杠螺母的间隙。

（6）车螺纹的方法和步骤。车螺纹的方法和步骤如图 1-35 所示。

①开车，使车刀与工件轻微接触，记下刻度盘读数；②合上开合螺母后在工件表面上车出一条螺旋线，横向退出车刀，停车；③开反车使车刀退到工件右端，停车，用钢直尺检查螺距是否正确；④利用刻度盘调整切深，开车切削；⑤车刀将至行程终了时，应做好退刀停车准备，先快速退出车刀，然后停车，开反车退回刀架；⑥再次横向进切深，继续切削，其切削过程的路线如图 1-35 所示。

（7）车螺纹的进刀方法。在螺纹的进刀方法通常有直进法、斜进法和左右借刀法 3 种，如图 1-36 所示。

低速车普通螺纹时，直进法只用中滑板进给，用于螺距小于 3mm 的三角形螺纹粗精车；左右借刀法，除中滑板横向进给外，小滑板向左或向右微量进给，用于各类螺纹粗精车（除梯形螺纹外）；斜进法，除中滑板横向进外，小滑板只向一个方向微量进给，用于粗车螺纹，每边留 0.2mm 精车余量。

（8）综合测量。用螺纹环规综合检查三角形外螺纹。首先对螺纹的大径、螺距、牙型

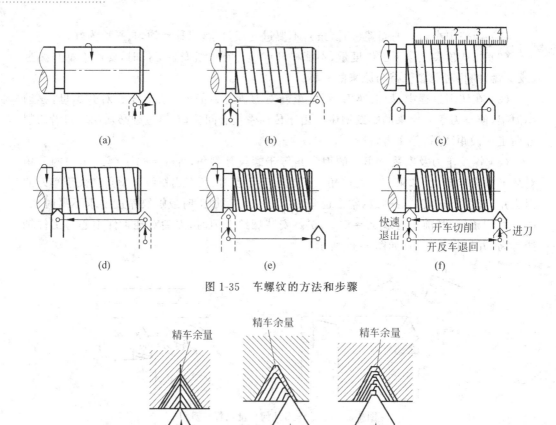

图 1-35　车螺纹的方法和步骤

(a) 直进法　　　(b) 斜进法　　　(c) 左右借刀法

图 1-36　车螺纹的进刀方法

和表面粗糙度进行检查,然后再用螺纹环规测量外螺纹的尺寸精度。如果螺纹环规通端正好能拧进去,而止端拧不进去,说明螺纹精度符合要求。对精度要求不高的螺纹也可用标准螺母检查(生产中常用),以拧上工件时是否顺利和松动的感觉来确定,如图 1-37 所示。检查有退刀槽的螺纹,环规能够通过退刀槽与台阶平面靠平,即为合格螺纹。

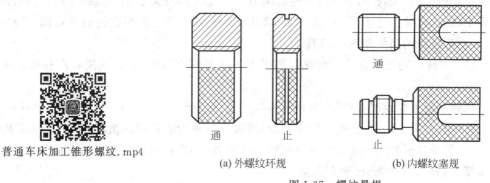

普通车床加工锥形螺纹.mp4

(a) 外螺纹环规　　　　　(b) 内螺纹塞规

图 1-37　螺纹量规

（9）车内螺纹。

① 内螺纹车刀的形状和几何角度如图 1-38 所示。

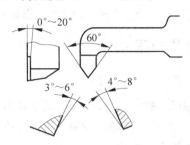

图 1-38　内螺纹车刀的形状和几何角度

② 刃磨内螺纹车刀的方法与外螺纹相似，不同的是，要使螺纹车刀刀尖角的对称中心线垂直于刀柄中心线，如图 1-39 所示。

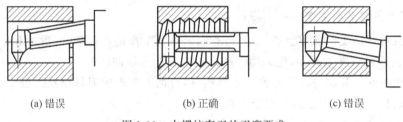

(a) 错误　　　　　　　　(b) 正确　　　　　　　　(c) 错误

图 1-39　内螺纹车刀的刃磨要求

1.3　项目技能链接

1.3.1　岗位职责

（1）坚守生产岗位，自觉遵守劳动纪律，按下达的任务加工零部件，保质保量完成任务。

（2）按设计图样、工艺文件、技术标准进行生产，加工前明确任务，做好刀具、夹具准备，在加工过程中进行自检和互检。

（3）贯彻执行工艺规程（产品零件工艺路线、专业工种工艺、典型工艺过程等）。

（4）严格遵守安全操作规程，严禁戴手套作业，排除一切事故隐患，确保安全生产。

（5）维护保养设备、工装、量具，使其保持良好。执行班组管理标准，下班前擦净设备的铁屑、灰尘、油污，按设备维护保养规定做好维护保养，将毛坯、零件、工位器具摆放整齐并填写设备使用记录。

（6）根据指导教师检查的结果，及时调整相应的工艺参数，使产品的质量符合工艺要求。

（7）执行能源管理标准，节约用电、水、气，及时、准确地做好生产上的各种记录。严格执行领用料制度，爱护工具、量具，节约用电、用油、用纱头，搞好工作地环境卫生，各种零部件存放整齐。

（8）对所生产的产品质量负责,对所操作设备的运行状况及维护负责、对所使用的工具负责。

（9）努力学习技术,懂得设备结构、原理、性能和操作规程,提高加工质量。

1.3.2 车床安全操作规程

1. 安全操作基本注意事项

（1）操作前要穿紧身防护服,袖口扣紧,上衣下摆不能敞开,严禁戴手套,不得在开动的机床旁穿、脱换衣服,防止机器绞伤。必须戴好安全帽,长发应放入帽内,不得穿裙子、拖鞋。要戴好防护镜,以防铁屑飞溅伤眼。

（2）车床开动前,必须按照安全操作的要求,正确穿戴好劳动保护用品,必须认真仔细检查机床各部件和防护装置是否完好,安全可靠,加油润滑机床,并作低速空载运行2～3min,检查机床运转是否正常。

2. 工作前的准备工作

（1）机床开始工作前要预热,认真检查润滑系统工作是否正常(润滑油和冷却液是否充足),如机床长时间未开动,先采用手动方式向各部分供油润滑。

（2）使用的刀具应与机床允许的规格相符,有严重破损的刀具要及时更换。

（3）调整刀具,所用工具不要遗忘在机床内。

（4）大尺寸轴类零件的中心孔是否合适,中心孔如果太小,在工作中易发生危险。

（5）检查卡盘夹紧工作的状态。

（6）装卸卡盘和重工件时,导轨上面要垫好木板或胶皮。

3. 工作过程中的安全注意事项

（1）机床运转时,严禁戴手套操作,严禁用手触摸机床的旋转部分,严禁在车床运转中隔着车床传送物件。装卸工件、安装刀具、加油以及打扫切屑均应停车进行。清除铁屑应用刷子或钩子,禁止用手清理。

（2）机床运转时,不准测量工件,不准用手去刹转动的卡盘。用砂纸时,应放在锉刀上,严禁戴手套用砂纸操作,磨破的砂纸不准使用,不准使用无柄锉刀,不得用正反车电闸作刹车,应经中间刹车过程。

（3）加工工件按机床技术要求选择切削用量,以免机床过载造成意外事故。

（4）加工切削时,停车时应将刀退出。切削长轴类须使用中心架,防止工件弯曲变形伤人,同时应慢车加工。

（5）高速切削时,应有防护罩,工件、工具的固定要牢固,当铁屑飞溅严重时,应在机床周围安装挡板使之与操作区隔离。

（6）机床运转时,操作者不能离开机床,发现机床运转不正常时,应立即停车,请维修工检查修理。当突然停电时,要立即关闭机床,并将刀具退出工作部位。

（7）工作时必须侧身站在操作位置,禁止身体正面对着转动的工件。

（8）车床运转不正常、有异声或异常现象,轴承温度过高,要立即停车,报告指导教师。

4．工作完成后的注意事项

（1）清除切屑、擦拭机床，使机床与环境保持清洁状态。

（2）擦拭机床时，要注意不要被刀尖、切屑划伤手，并防止溜板箱、刀架、卡盘、尾座等相互碰撞。

（3）检查润滑油、冷却液的状态，及时添加或更换。

（4）依次关掉机床的电源和总电源。

（5）打扫现场卫生，填写设备使用记录。

1.3.3　车床的基本操作

1．变速、变速进给操作

1）车床的传动

电动机输出的动力，经带传动传至主轴箱。变换箱外的手柄位置，可使箱内不同的齿轮啮合，从而使主轴得到各种不同的转速。主轴通过卡盘带动工件做旋转运动，如图1-40所示。主轴的旋转通过交换齿轮箱、进给箱、丝杠（或光杠）、溜板箱的传动，使溜板带动装在刀架上的刀具沿床身导轨做直线进给运动。

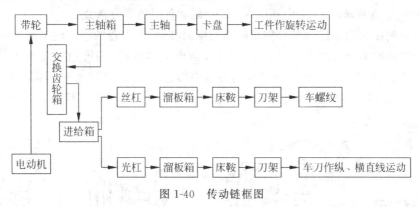

图1-40　传动链框图

2）变速操作

变换轴箱右侧面的两个叠在一起的主轴变速手柄位置，可获得10～1400r/min的24级转速。操纵里面的变速手柄，可分别控制主轴上的滑移齿轮和轴Ⅳ上的两个滑移齿轮，实现变换主轴的高速挡、低速挡和空挡。操纵外边的主轴变速手柄，可控制两个滑移齿轮（轴Ⅱ上的双联滑移齿轮与轴Ⅲ上的三联滑移齿轮），使轴Ⅲ可以变换6种速度。

3）变速进给操作

变速进给是通过进给箱正面的螺距及进给量手柄的操纵而获得的，分别通过丝杠或光杠传出。调节进给量手柄，可获得纵向或横向进给量各64种。调节螺距手柄，可获得米制螺纹44种、英制螺纹39种，此外，还有模数螺纹及径节螺纹多种。溜板箱右侧面的手柄是纵、横向集中操纵的自动送进手柄，手柄的动作方向与送进方向一致。手柄顶端装一个按钮，操纵此手柄并同时按动按钮，便可实现快速送进。开合螺母手

普通车床转速的调节.mp4

普通车床进给量
的调节.mp4

柄是车螺纹时使用的,向下压为闭合车螺纹。溜板箱上的摇动手柄可以进行手动纵向进给。对于主轴正反转操作手柄,上提则主轴正转;下压则主轴反转;中间位置时,主轴停转。

2. 床鞍、中滑板和小滑板操作

插动床鞍手轮可以使整个溜板部分左右移动,作纵向进给。摇动中滑板手柄,中滑板就会横向进刀或退刀。摇动小滑板手柄,小滑板就会作纵向进刀或退刀。小滑板下部有转盘,它可以使小滑板转动一定角度。

3. 刻度盘及其使用

车削时,为了正确而迅速地控制背吃刀量(切削深度),可利用中滑板或小滑板上的刻度盘进行车削。中滑板的刻度盘装在中滑板丝杠上。当摇动中滑板的刻度盘手柄转一圈时,与丝杠配合的螺母移动一个螺距,与螺母固定的中滑板带动刀架也移动一个螺距。如果中滑板丝杠的螺距为 5mm,则刀架横向移动也是 5mm。若刻度盘圆周分为 100 格,当刻度盘转一格时,中滑板则移动 5/100mm。中滑板刻度盘每格的移动距离的计算公式如下。

$$a = p/n$$

式中,p——中滑板丝杠的螺距(mm);n——刻度盘圆周等分格数。

小滑板刻度盘用来控制车刀较短距离的纵向移动,刻度盘的原理同中滑板刻度盘。

由于丝杠和螺母之间有间隙存在,因此,会产生空行程(刻度盘转动而刀架并未移动),操作手法如图 1-41 所示。使用时,必须慢慢地把刻度盘转动到所需的格数,若不慎多转过几格,绝不能转回几格,必须向相反方向退回全部空行程,再转动所需的格数。

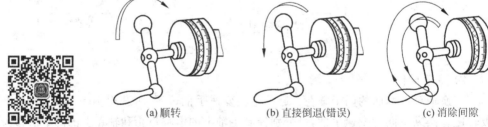

(a) 顺转   (b) 直接倒退(错误)   (c) 消除间隙

消除刻度盘空行程.mp4   图 1-41 消除刻度盘空行程的方法

由于工件是旋转的,车刀从工件表面向中心切削,所切下的部分刚好是背吃刀量的 2 倍,因此,使用中滑板刻度盘时,需要注意,当工件测得余量后,中滑板刻度盘的切入量(背吃刀量)是余量尺寸的 1/2。小滑板刻度盘是用来控制工件长度的,小滑板刻度盘的刻度值直接表示车刀沿轴向移动的距离。

4. 试切削的方法和步骤

在粗车和精车前,均需进行试切削,试切削的方法和步骤如图 1-42 所示。

普通车床试切削.mp4

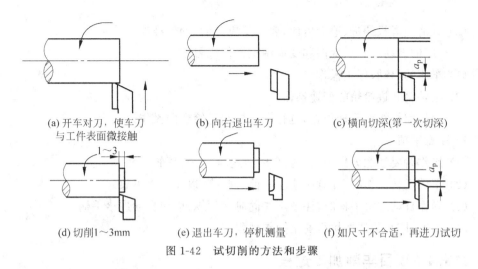

(a) 开车对刀,使车刀
与工件表面微接触

(b) 向右退出车刀

(c) 横向切深(第一次切深)

(d) 切削1～3mm

(e) 退出车刀,停机测量

(f) 如尺寸不合适,再进刀试切

图 1-42 试切削的方法和步骤

5. 粗车

车外圆时,根据精度和表面粗糙度的不同要求,常需经过粗车和精车两个步骤。粗车的目的是尽快从毛坯上切去大部分加工余量,使工件接近于最后的形状和尺寸。粗车时,加工精度和表面粗糙度要求不高,这时背吃刀量应大一些(约为 2～3mm),尽可能将粗车余量在一次或两次进给中切去。切削铸件时,如图 1-43 所示,因为表面有硬皮,可先车端面,或者倒角,然后选择较大的背吃刀量,以免刀尖被硬皮磨损。粗车时,在背吃刀量和进给量均较大的情况下,要求车刀十分坚固。

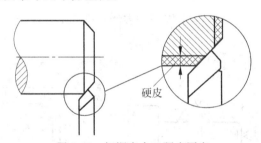

硬皮

图 1-43 切深应大于硬皮厚度

6. 精车

精车的目的是切去余下的少量金属层(约 0.5～1mm),以获得所需的尺寸和表面粗糙度。

精车时的背吃刀量较小(0.1～0.2mm),进给量随所需表面粗糙度而定。车刀应选用较大的前角、后角和正值的刃倾角,刀尖磨出圆弧过渡刀,达到切削刃锋利和光洁的作用。

对于精车,试切削时,因余量较少,背吃刀量会有所限制。除外圆尺寸外,其余尺寸均在精车时应达到图样要求。根据经验,粗车外圆的车刀装得比工件中心稍高些;而精车外圆时,常更换四方刀架上的精车刀,此车刀安装得比工件中心稍低一些。无论装高或装低,一般都不超过工件的1%。

7. 训练项目及要求

1) 床鞍、中滑板和小滑板手动操作练习

(1) 床鞍、中滑板慢速均匀移动,要求双手交替动作自如。

（2）分清中滑板的进、退刀方向，要求反应灵活，动作准确。

2）车床的启动、停止、变向和变速调整操作练习

（1）车床的启动、停止操作。

（2）主轴箱和进给箱的变速操作。

（3）变换溜板箱的手柄位置，进行纵横机动进给变向操作。

3）注意事项

（1）操作时要注意力集中；变换车床转速时，应先停车。

（2）车床运转操作时，注意防止左右前后碰撞，以免发生事故。

（3）操作自动进给手柄时，注意不能同时使用纵、横向自动进给手柄。

（4）练习时，必须严格执行安全操作规程。

1.3.4　项目车削加工过程

1. 项目资讯

（1）温习项目 1 的相关知识链接。

（2）联系项目加工内容，学习车工操作安全规范与岗位职责。

（3）联系项目知识链接内容，分析阶梯轴零件设计图结构工艺性（见图 1-44）。

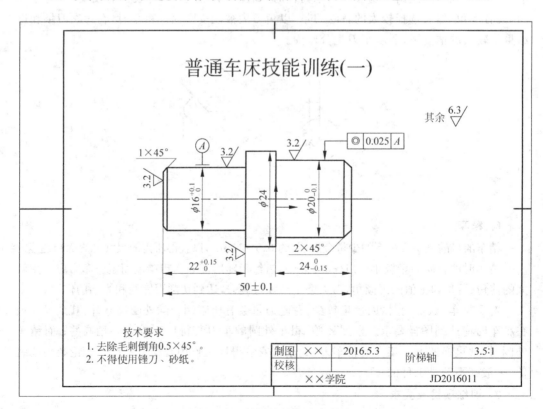

图 1-44　阶梯轴零件设计图纸

① 根据图样和技术要求,了解图样上有关加工部位的尺寸精度、形状和位置精度、表面粗糙度要求。

该零件径向的最大基本尺寸为 $\phi24mm$,此处为自由公差;阶梯部分的基本尺寸为 $\phi20mm$ 与 $\phi16mm$,尺寸公差为 0.1mm;轴线为径向的设计基准,左右阶梯面的同轴度为 0.025mm。轴向的最大基本尺寸为 50mm,尺寸公差为 0.2mm;阶梯部分的基本尺寸为 22mm 和 24mm,尺寸公差为 0.15mm。其中四个面的表面粗糙度为 $Ra3.2\mu m$,两个面的表面粗糙度为 $Ra6.3\mu m$。零件左右端面为轴向的设计基准。

② 确定定位基准面。选择零件上的设计基准作定位基准面。基准面应首先加工,并用其作为加工其余各面时的定位基准面。

2. 决策与计划

1) 工艺路线

阶梯轴车削加工工艺路线为:1料—1车(实)—1车(实)—总检—入库(见图 1-45)。

2) 机械加工工艺规程

阶梯轴机械加工工艺规程包括过程卡和工艺卡(见图 1-46)。

3) 刀具选择

选择 45°与 90°外圆车刀(焊接刀具)。

4) 夹具的选择

选择机床自带的三爪自定心卡盘来装夹工件。

5) 切削用量的选用

参照《机械加工工艺手册》选取切削速度,根据表达式为 $v=\pi\cdot d\cdot n/1000$,可计算出主轴的速度,本项目考虑到机床的刚性和强度,选用主轴转速为:粗车时 $n=600r/min$,精车时 $n\approx800r/min$;进给量为:粗车时 $f=0.15\sim0.2mm/r$,精车时 $f=0.1\sim0.15mm/r$;背吃刀量为:粗车时 $a_p=2mm$,精车时 $a_p=0.5\sim1mm$。

6) 工件的装夹

夹持长度留出必要的加工长度后再预留 5mm 左右的退刀距离即可。

7) 量具的选择

量具选用游标卡尺(0~125/0.02mm)。

8) 计划

根据工艺路线及机械加工工艺规程内容制定任务完成实施计划。

3. 实施

1) 毛坯选择

根据阶梯轴机械加工工艺规程要求,选择 45 钢棒料,尺寸为 $\phi28\times57mm$。

2) 车削零件左端

(1) 装刀对中:将 45°与 90°外圆车刀装在刀架上,并对准工件旋转中心。

(2) 装夹工件:用三爪自定心卡盘装夹工件外圆并进行校正,毛坯伸出长度≥30mm。

(3) 调节车床主轴转速与进给量。

(4) 开动车床,开冷却液,车削零件左端。

产品名称　传动装置

生产任务号　JD-CD/20180906

工艺文件编号　JTZ.20180906-001

工 艺 文 件

工艺文件名称：　　　　工艺路线

零、部、组(整)件名称：　　阶梯轴

零、部、组(整)件代号：　　CD-01-001

编制部门　××系

单　位　××学院

工艺路线表						产品型号	CD-01	零(部)件图号	CD-01-001	工艺文件编号		
						产品名称	传动装置	零(部)件名称	阶梯轴	JTZ.20180906-001		
更改标记	序号	零(部)件代号	名称	本组件数量	每产品数量	备件数量	主制部门	工艺过程及经过生产部门				备注
	1	CD-01-001	阶梯轴	1	1		实习部	1料—1车(实)—1车(实)—总检—入库				
							编制	日期	校对	日期	会签	日期
更改标记	更改单号	签字	日期	更改标记	更改单号	签字	日期					

图 1-45　加工工艺路线

产品名称	传动装置	工艺文件编号 JTZ.20180906-002
生产任务号	JD-CD/20180906	

工 艺 文 件

工艺文件名称：___机械加工工艺规程___

零、部、组(整)件名称：___阶梯轴___

零、部、组(整)件代号：___CD-01-001___

编制部门 ___××系___

单　　位 ___××学院___

机械加工工艺过程卡			产品型号	CD-01		零(部)件图号	CD-01-001		共4页
			产品名称	传动装置		零(部)件名称	阶梯轴		第1页

材料牌号	45	毛坯种类	型材	毛坯外形尺寸	φ28×57	每毛坯件数	1	每台件数	1	备注	

更改标记	车间	工序号	工序名称	工序内容	设备及工装			工时定额	
					名称	设备编号	工装编号	准终	单件
实		1	料						
实		2	车	平端面,车外圆。		CA6140A			
实		3	车	车端面及外圆。		CA6140A			
				总检。					
				入库。					
					编制	日期	校对	日期	会签	日期
更改标记	更改单号	签字	日期	更改标记	更改单号	签字	日期		

图 1-46 加工工艺规程

机械加工工艺卡 (首页)		产品型号	CD-01	零(部)件图号		CD-01-001		共4页
		产品名称	传动装置	零(部)件名称		阶梯轴		第2页
材料牌号	45	毛坯种类	型材	毛坯外形尺寸	$\phi28\times57$	每毛坯件数	1	每台件数 1 备注
更改标记	工序号	工步号	工序(工步)名称及内容			设备及工装		
						名称	设备编号	工装编号
	1		料					
			$\phi28\times57$, 100件;					
	2		车				CA6140A	
		2.1	三爪装夹毛坯外径, 找正夹紧;					游标卡尺
								$0\sim125/0.02$
		2.2	车端面见光, 表面粗糙度3.2;					
		2.3	车外圆至尺寸$\phi24$, 表面粗糙度6.3;					
		2.4	车小外圆至尺寸$\phi16_{0}^{+0.1}$, 保证尺寸$22_{0}^{+0.15}$, 表面粗糙度3.2;					
			端面倒角C1;					
			检: 检尺寸$\phi24$、$16_{0}^{+0.1}$、$22_{0}^{+0.15}$表面粗糙度3.2。					
					编制	日期	校对	日期	会签	日期
更改标记	更改单号	签字	日期	更改标记	更改单号	签字	日期	

机械加工工艺卡 (续页)		产品型号	CD-01	零(部)件图号		CD-01-001		共4页
		产品名称	传动装置	零(部)件名称		阶梯轴		第3页
材料牌号	45	毛坯种类	型材	毛坯外形尺寸	$\phi28\times57$	每毛坯件数	1	每台件数 2 备注
更改标记	工序号	工步号	工序(工步)名称及内容			设备及工装		
						名称	设备编号	工装编号
	3		车				CA6140A	
		3.1	调头, 三爪装夹$\phi16_{0}^{+0.1}$外径(垫铜片), 找正夹紧;					游标卡尺
								$0\sim125/0.02$
		3.2	车端面, 保证尺寸50 ± 0.1, 表面粗糙度3.2;					
		3.3	车外圆, 保证尺寸$20_{-0.1}^{0}$、$24_{-0.15}^{0}$, 表面粗糙度3.2;					
			端面倒角C2。					
			检: 检尺寸50 ± 0.1、$20_{-0.1}^{0}$、$24_{-0.15}^{0}$、表面粗糙度3.2。					
			总检: 检尺寸$\phi24$、$\phi16_{0}^{+0.1}$、$22_{0}^{+0.15}$、50 ± 0.1、$20_{-0.15}^{0}$、$24_{-0.15}^{0}$、表面粗糙度3.2。					
			入库。					
					编制	日期	校对	日期	会签	日期
更改标记	更改单号	签字	日期	更改标记	更改单号	签字	日期	

图　1-46(续)

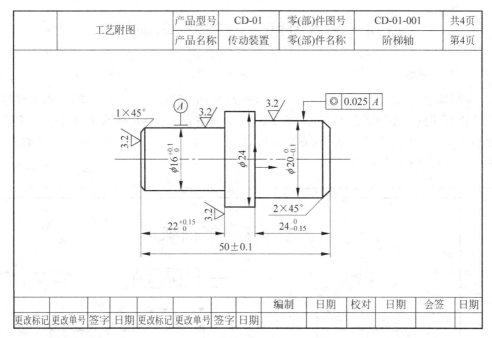

工艺附图		产品型号	CD-01	零(部)件图号	CD-01-001	共4页
		产品名称	传动装置	零(部)件名称	阶梯轴	第4页

					编制	日期	校对	日期	会签	日期
更改标记	更改单号	签字	日期	更改标记	更改单号	签字	日期			

图 1-46(续)

(5) 先车端面见光,然后车削 $\phi 24\text{mm}$ 外圆至尺寸,表面粗糙度为 $Ra6.3\mu m$;在 $\phi 24\text{mm}$ 的外圆上从右至左长度 22mm 处用车刀刻线,粗车、精车外圆 $\phi 16\text{mm}$、长度 22mm 至尺寸,表面粗糙度为 $Ra3.2\mu m$;最后车削倒角 $C1$,去毛刺 $C0.5$。

3)调头车削零件右端

(1) 装夹工件:用三爪自定心卡盘装夹工件 $\phi 16\text{mm}$ 外圆(垫铜片)并进行校正。

(2) 调节车床主轴转速与进给量。

(3) 开动车床,加冷却液,车削零件右端。

(4) 先车端面保证长度 50mm 至尺寸,表面粗糙度为 $Ra6.3\mu m$;在 $\phi 24\text{mm}$ 外圆上右至左长度 24mm 处用车刀刻线,然后粗精车外圆 $\phi 20\text{mm}$、长度 24mm 至尺寸,保证与 A 基准的同轴度不大于 0.025mm,最后车削倒角 $C2$,去毛刺 $C0.5$。

4. 检查与评价

(1) 每完成一道工序,都要使用游标卡尺等量具对工件进行工序间的检测,检测内容为工序内容中要求达到的尺寸、形位、表面质量精度等(详见机械加工工艺规程)。

(2) 最后进行总检,检测内容为各工序内容中要求达到的尺寸、形位、表面质量精度等(详见机械加工工艺规程);并在零件质量检测结果报告单上填写检测结果。

(3) 组内同学自评。

(4) 小组互评成绩。

(5) 网络平台学习与作业评价。

(6) 教师依据项目评分记录表做出评价。

1.4 拓展项目：阶梯轴的车削加工

1. 图纸分析

阶梯轴的图纸如图 1-47 所示。毛坯直径 $\phi26$mm，首先夹持工件右端，车削工件左端部分，需要用到的车削工艺有：车端面、车外圆、倒角加工；然后调头夹持已车完工件左端的 $\phi16$mm 部位车削零件右端，需要用到的车削工艺有：车端面、车外圆、切槽加工、倒角加工、车螺纹；最后检测。

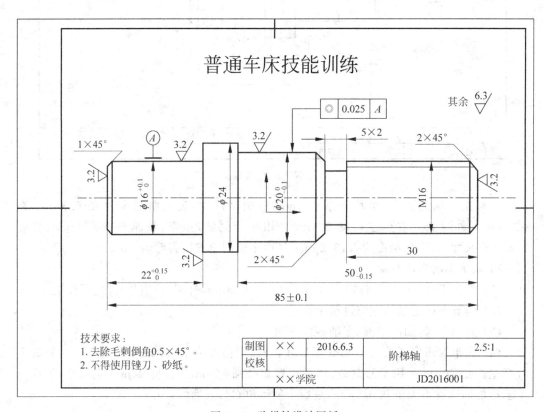

图 1-47 阶梯轴设计图纸

（1）工件的安装：夹持长度留出必要的加工长度后再预留 5mm 左右的退刀距离即可。

（2）刀具的安装：将硬质合金车刀装在刀架上，并对准工件旋转中心，且刀具的露出长度约为 1.5 倍的刀宽。

（3）粗车时选择主轴转速 $n=600$r/min、进给量 $f=0.15\sim0.2$mm/r、切削深度 $a_p\approx2$mm 为宜；精车时选择主轴转速 $n=800$r/min、进给量 $f=0.1\sim0.15$mm/r、切削深度 $a_p=0.5\sim1$mm 为宜（实际工作时，可查车工手册确定切削用量）。

（4）根据技术要求，图纸未标注的倒角应加工为 $0.5\times45°$。

2. 零件加工

1）车削零件左端

（1）装刀对中：将 45°与 90°外圆车刀装在刀架上，并对准工件旋转中心。

（2）装夹工件：用三爪自定心卡盘装夹工件外圆并进行校正，毛坯伸出长度≥40mm。

（3）调节车床主轴转速与进给量。

（4）开动车床，加冷却液，车削零件左端。

① 车端面：左端面对刀并车削端面至整面见光即可，表面粗糙度为 $Ra3.2\mu m$。

② 车外圆：外圆对刀，粗车外圆 $\phi 24mm$、长度≥35mm 至尺寸，表面粗糙度为 $Ra6.3\mu m$；在 $\phi 24mm$ 的外圆上从右至左长度 22mm 处用车刀刻线，粗精车外圆 $\phi 16mm$、长度 22mm 至尺寸，表面粗糙度为 $Ra3.2\mu m$。

③ 倒角：加工倒角 $1\times45°$ 与 $0.5\times45°$。

2）调头车削零件右端

（1）装刀对中：将 45°与 90°外圆车刀、切断刀、螺纹刀装在刀架上，并对准工件旋转中心。

（2）装夹工件：用三爪自定心卡盘装夹工件 $\phi 16mm$ 处外圆并进行校正。

（3）调节机床主轴转速与进给量。

（4）开动车床，加冷却液，车削零件右端。

① 车端面：右端面对刀并车削端面至长度尺寸 85mm，表面粗糙度为 $Ra3.2\mu m$。

② 车外圆：外圆对刀，在 $\phi 24mm$ 外圆上从右至左长度 50mm 处用车刀刻线，粗精车外圆 $\phi 20mm$、长度 50mm 至尺寸，表面粗糙度为 $Ra3.2\mu m$；在 $\phi 20mm$ 外圆上从右至左长度 35mm 处用车刀刻线，粗车外圆 $\phi 15.8mm$、长度 35mm 至尺寸，表面粗糙度 $Ra6.3\mu m$。

③ 切槽：选择转速为 $n\approx300r/min$，切槽刀左刀尖与工件右端面对刀，退刀并向左移动 35mm，转动中溜板，刀具主切削刃与工件外圆对刀，横向进刀切削槽深 2mm。

④ 倒角：加工倒角 $2\times45°$ 与 $0.5\times45°$。

⑤ 车螺纹：调整机床螺纹加工螺距 $P=2mm$，选择转速为 $n\approx200r/min$，螺纹刀外圆对刀并退至安全位置，压上开合螺母；开启车床，切削深度分五次加工完成，分别为 1mm、0.8mm、0.5mm、0.2mm、0.1mm，加工完成后光刀 1 或 2 刀，检验。

3. 检测工件

检测工件质量合格后卸下工件。

4. 注意事项

（1）台阶平面和外圆相交处要清角，防止产生凹坑和出现小台阶。

（2）台阶平面出现凹凸，其原因可能是车刀没有从里到外横向切削或车刀装夹主偏角小于 90°，或是刀架、车刀、滑板等发生了移位。

（3）多台阶工件的长度测量，应从一个基准面量起，防止累积误差。

（4）为了保证工件质量，调头装夹时要求垫铜皮，并使用磁力百分表校正同轴度。

5. 加工评价

车削阶梯轴的成绩评定见表 1-9。

表 1-9　阶梯轴评分记录表

一、工具、设备的操作评分记录表(20 分)

序号	考察范围	考察项目	配分	评分标准	得分
1	工具、设备的操作	合理使用常用刀具	4	违反一次扣 2 分	
2		合理使用常用量具	4	违反一次扣 2 分	
3		正确操作自用车床	6	违反一次扣 2 分	
4	独立性	独立操作自用车床	6	违反一次扣 3 分	

二、安全及其他评分记录表(10 分)

1	安全、文明生产	严格执行车工安全操作规程	4	违反一次扣 2 分	
2		严格执行文明生产的规定	4	违反一次扣 2 分	
3		工、量具摆放整齐,工作场地干净整洁	2	违反一次不得分	

三、工件质量评分表(70 分)

1	外圆 $\phi 24$mm	2	超差不得分	
2	外圆 $\phi 20_{-0.1}^{0}$mm	6	超差不得分	
3	外圆 $\phi 16_{0}^{+0.1}$mm	6	超差不得分	
4	长度 85 ± 0.1mm	4	超差不得分	
5	长度 $22_{0}^{+0.15}$mm	6	超差不得分	
6	长度 $50_{-0.15}^{0}$mm	6	超差不得分	
7	螺纹长度 30mm	2	超差不得分	
8	螺纹 M16	10	大径超差扣 2 分	
			螺距超差扣 2 分	
			螺纹未到退刀槽扣 2 分	
			螺纹表面有毛刺扣 2 分	
			牙型歪斜或断齿扣 2 分	
9	表面粗糙度 $Ra3.2$(4 处)	8	超差不得分(4 处×2 分)	
10	倒角 $1\times45°$	2	超差不得分	
11	倒角 $2\times45°$(2 处)	4	超差不得分(2 处×2 分)	
12	倒角 $0.5\times45°$(2 处)	4	超差不得分(2 处×2 分)	
13	退刀槽 5mm×2mm	4	超差不得分(2 处×2 分)	
14	同轴度 0.025mm	6	超差不得分	
合计		100		

1.5　习　　题

1.5.1　知识链接习题

(1) 何谓切削用量三要素?它们是怎样定义的?

(2) 使用游标卡尺测量工件时,应注意哪些事项?

(3) 游标卡尺使用前为什么要对零?请对工件进行实际测量。

(4) 切屑类型有哪几种?各种类型切屑的形成条件是什么?切屑形状有哪几种?切

削塑性金属时,为了使切屑容易折断可以采用哪些措施?

(5) 切削力是怎样产生的? 为什么要研究切削力?

(6) 切削热是怎样传出的? 切削热对切削加工有什么影响? 影响切削热传出的因素有哪些?

(7) 简述车刀的装夹步骤和要求。

(8) 图 1-48 所示为普通车床加工常用的刀具、夹具、量具。

① 试述项目 1 的加工需要用到下图中的哪几个工具(数字后需标出名称)?

② 简述选择的原因。

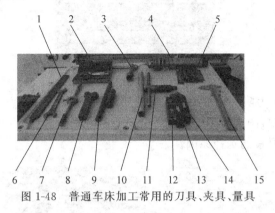

图 1-48　普通车床加工常用的刀具、夹具、量具

1.5.2　技能链接习题

(1) 图 1-49 所示为 CA6140A 型车床主轴箱与进给箱的各手柄位置,现在选择如图 1-50 所示中的 0.15mm/r 的进给量,需要将图 1-49 中的 1~6 号手柄分别旋至什么位置?(请详细描述)

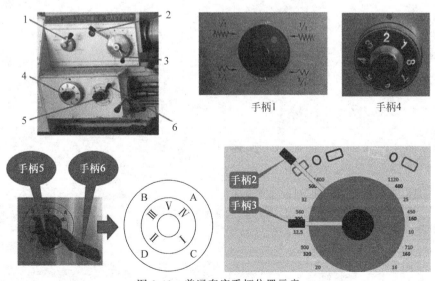

图 1-49　普通车床手柄位置示意

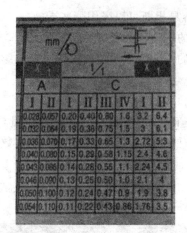

图 1-50 普通车床机床进给量铭牌

（2）图 1-51 所示为阶梯轴加工完成后的实体图。

① 在加工过程中，图中所圈三处的切削三要素分别是多少？

② 简述切削三要素的选择原因。

图 1-51 阶梯轴实物

榔头组件车削加工

本项目的教学目的为培养学生具备合理安排加工工艺的能力,同时根据加工工艺在普通车床上独立完成较复杂零件的加工,为将来胜任复杂零件加工操作技能和机械加工工艺知识的应用奠定良好的基础。

本项目已知材料为 45 钢棒料。根据零件图,制定零件加工工艺,正确选择加工所需的刀具、夹具、量具及辅助工具,合理选择工艺参数,在普通车床上进行实际加工,最后对加工后的零件进检测、评价。

2.1 项目知识链接

2.1.1 车床传动系统

1. 卧式车床的传动系统

车床的运动分为工件旋转和刀具直进两种运动。前者为主运动,是由电动机经带轮和齿轮等传至主轴产生的。后者称为进给运动,是由主轴经齿轮等传至光杠或丝杠,从而带动刀具移动产生的。进给运动又分为纵向进给运动和横向进给运动两种。纵向进给运动是指车刀沿车床主轴轴向的移动,横向进给运动是指车刀沿主轴径向的移动。

1) 常用的传动机构

传递运动和动力的机构称为传动机构。车床上常用的传动机构有带传动、齿轮传动和蜗杆(蜗轮)传动。如果主动轮(轴)的转速为 n_1,从动轮(轴)的转速度为 n_2,则 n_2/n_1 称为传动比,用 i 表示。

(1) 带传动。带传动利用传动带与带轮之间的摩擦作用将主动轮的转动传至从动轮,如图 2-1 所示。在机床传动中,一般用 V 带传动。

若主动轮的直径和转速分别为 d_1 和 n_1,从动轮的直径和转速分别为 d_2 和 n_2,则带轮的圆周速度 v_1、v_2 和传动带的运动速度 $v_带$ 大小一样,即

$$v_带 = v_1 = v_2$$

因为 $$\pi \cdot n_1 d_1 = \pi \cdot n_2 d_2$$

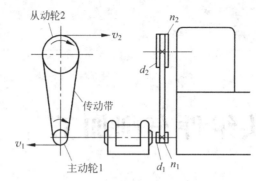

图 2-1 带传动

所以
$$i=\frac{n_2}{n_1}=\frac{d_1}{d_2} \tag{2-1}$$

由式(2-1)可知,带传动中带轮的转速与直径成反比。

带传动的优点是传动平稳,不受轴间距离的限制,结构简单,制造和维护都很方便;且当过载时,传动带打滑,可起到保护作用。其缺点是传动中有打滑现象,无法保持准确的传动比,且有摩擦损失,传动效率低,传动机构所占空间较大。

(2) 齿轮传动。齿轮传动依靠轮齿之间的啮合,把主动轮的转动传递到从动轮,如图 2-2 所示。若主动轮的齿数和转速分别为 z_1 和 n_1,从动轮的齿数和转速分别为 z_2 和 n_2,则

$$n_1 z_1 = n_2 z_2, \quad i=\frac{n_2}{n_1}=\frac{z_1}{z_2} \tag{2-2}$$

由式(2-2)可知,在齿轮传动中,齿轮的转速与齿数成反比。

齿轮传动的优点是结构紧凑,传动比准确,可传递较大的圆周力,传动效率高(98%～99%)。其缺点是制造比较复杂,制造质量不高时传动不平稳,有噪声。

2) 传动链

将若干传动机构依次组合起来,即成为一个传动系统,也称为传动链。如图 2-3 所示,运动自轴Ⅰ输入,转速为 n_1,经带轮 d_1、d_2 传至轴Ⅱ;经圆柱齿轮 z_1、z_2 传至轴Ⅲ;经锥

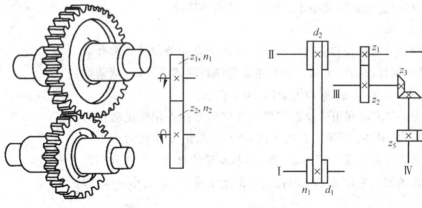

图 2-2　齿轮传动　　　　　　　　图 2-3　传动链

齿轮 z_3、z_4 传至轴 IV；经圆柱齿轮 z_5、z_6 传至轴 V；再经蜗杆 k 及蜗轮 z_7 传至轴 VI，最后将运动传出。

若已知主动轴 I 的转速、带轮的直径和各齿轮的齿数，可确定传动系统中任何一轴的转速。如求轴 VI 的转速 n_{VI}，可按下式计算。

$$n_{\mathrm{VI}} = n_{\mathrm{I}} \frac{d_1 \cdot z_1 z_3 z_5 k}{d_2 \cdot z_2 z_4 z_6 z_7} = n_{\mathrm{I}} i_1 i_2 i_3 i_4 i_5$$

即

$$i_{总} = \frac{n_{\mathrm{VI}}}{n_{\mathrm{I}}} = i_1 i_2 i_3 i_4 i_5$$

2. CA6140 型卧式车床的主运动传动链

机床运动是通过传动系统实现的。CA6140 型卧式车床的各种运动可通过传动框图表示出来。如图 2-4 所示，CA6140 型卧式车床有 4 种运动，就有 4 条传动链，即主运动传动链、纵横向进给运动传动链、车削螺纹传动链及刀架快速移动传运链。

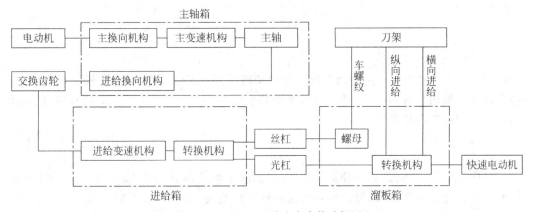

图 2-4　CA6140 型卧式车床传动框图

主运动传动链的两端件是主电动机与主轴，其功能是把动力源的运动及动力传给主轴，并满足车床主轴变速和换向的要求。

(1) 两端件为电动机—主轴。

(2) 计算位移。计算位移是指传动链首末件之间相对运动量的对应关系。CA6140 型卧式车床的主动动传动链是一条外联系传动链，电动机与主轴各自转动时运动量的关系为各自的转速，即

$$1450\mathrm{r/min}(主电动机)—n\mathrm{r/min}(主轴)$$

(3) 传动路线表达式。主运动由主电动机(7.5kW,1450r/min)经 V 带传至轴 I 而输入主轴箱。轴 I 上安装有双向多片离合器 $\mathrm{M_1}$，以控制主轴的启动、停转及旋转方向。$\mathrm{M_1}$ 与左边摩擦片结合时，空套的双联齿轮 51、56 与轴 I 一起转动，实现主轴正转；$\mathrm{M_1}$ 与右边摩擦片结合时，由齿轮 50 与轴 I 一起转动，齿轮 50 通过轴 VII 的齿轮 34 带动轴 II 上的齿轮 30，实现主轴反转(主轴反转一般不用于切削，而是用于切螺纹时，为防止下一刀"乱扣"，使车刀沿螺旋线退回，保持高转速，以节省辅助时间)；当两边摩擦片都脱开时，则轴 I 空转，此时主轴静止不动。当主轴 VI 的滑移齿轮 50 处于左边位置时，轴 III 的运动

直接由齿轮 63 传至与主轴用花键连接的滑移齿轮 50，从而带动主轴以高速旋转；当主轴 Ⅵ 的滑移齿轮 50 右移，与轴Ⅲ—Ⅳ—Ⅴ脱开，再经齿轮副 $\frac{26}{58}$ 使主轴获得中、低转速。其传动路线表达式为

$$
\text{电动机} - \frac{\phi 130}{\phi 230} - \text{I} -
\begin{bmatrix}
\overrightarrow{M_1} - \begin{bmatrix} \dfrac{56}{38} \\ \dfrac{51}{43} \end{bmatrix} \\
M_1 \text{ 中间（停）} \\
\overrightarrow{M_1} - \dfrac{50}{34} \times \dfrac{34}{30}
\end{bmatrix}
- \text{II} -
\begin{bmatrix} \dfrac{39}{41} \\ \dfrac{22}{58} \\ \dfrac{30}{50} \end{bmatrix}
- \text{III} -
$$

$$
\begin{bmatrix}
\overrightarrow{M_2} \begin{bmatrix} \dfrac{20}{80} \\ \dfrac{50}{50} \end{bmatrix} \\
\overleftarrow{M_2} - \dfrac{63}{50}
\end{bmatrix}
- \text{IV} -
\begin{bmatrix} \dfrac{20}{80} \\ \dfrac{51}{50} \end{bmatrix}
- \text{V} - \dfrac{26}{58} - \text{Ⅵ 轴}
$$

（4）主轴转速级数。由传动系统图和传动路线表达式可以看出，当主轴正转时，适用各滑移齿轮轴向位置的各种不同组合，主轴共可得 $2 \times 3 \times (1+2 \times 2) = 30$ 种转速，但由于轴Ⅲ—Ⅴ间的四种传动比为

$$
u_1 = \frac{50}{50} \times \frac{51}{50} \approx 1, \quad u_2 = \frac{20}{80} \times \frac{51}{50} \approx \frac{1}{4}, \quad u_3 = \frac{50}{50} \times \frac{20}{80} = \frac{1}{4}, \quad u_4 = \frac{20}{80} \times \frac{20}{80} = \frac{1}{4}
$$

其中，轴Ⅲ—Ⅴ间只有三种不同的传动比，故主轴实际获得 $2 \times 3 \times (1+3) = 24$ 级不同的正转转速。同理，可以算出主轴的反转转速级数为 $3 \times (1+3) = 12$（级）。

（5）运动平衡式。主运动的运动平衡式为

$$
n_{\text{总}} = 1450 \times \frac{130}{230} \times (1-\varepsilon) u_{\text{I—II}} u_{\text{II—III}} u_{\text{III—Ⅵ}}
$$

式中，$n_{\text{总}}$——主轴转速（r/imin）；ε——Ｖ带传动的滑动系数，近似取 $\varepsilon = 0.02$；$u_{\text{I—II}}$、$u_{\text{II—III}}$、$u_{\text{III—Ⅵ}}$——分别是轴Ⅰ—Ⅱ、Ⅱ—Ⅲ、Ⅲ—Ⅵ间的传动比。

实现一台机床所有运动的传动链组成了该机床的传动系统，如图 2-5 所示。

2.1.2　机械制造工艺基础知识

1. 生产过程和工艺过程

1）生产过程

工业产品的生产过程是指产品由原材料转变成成品之间各个相互关联的劳动过程的总和。生产过程包括以下主要内容。

（1）物质准备过程是指原材料的购买、运输、保管工作等。

（2）技术准备过程包括产品的市场预测、新产品开发、产品或零件的结构设计、绘制装配图和零件图等工作。

（3）毛坯制作过程是指零件毛坯的产生过程，即铸造、锻造、型材、焊接等。

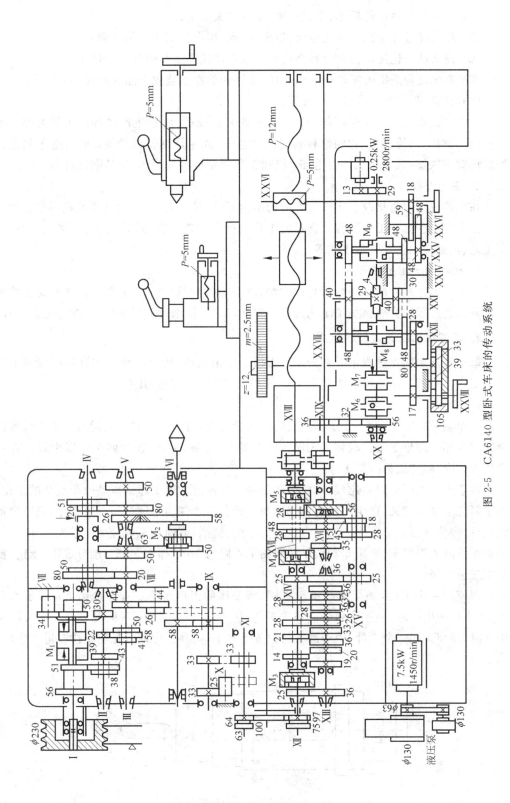

图 2-5　CA6140 型卧式车床的传动系统

（4）机械加工过程包括车、铣、刨、磨、钻等机械加工。

（5）热处理过程包括零件的退火、正火、回火、淬火及调质等热处理方法等。

（6）检验过程包括初检、中检、终检等检验零件或产品是否合格的过程。

（7）装配过程是指由零件组装成部件、零件和部件组装成产品的过程。

（8）安装、调试及售后服务过程等。

由于产品不是在一个生产部门或一个企业来完成的，所以生产过程的主要内容也不尽相同。例如，在炼钢厂，它的原材料是铁碳合金，成品是钢锭或铁锭；而铸造车间原材料是钢锭或铁锭，成品则是零件毛坯；机加工车间原材料是毛坯，成品则是合格零件。

2）工艺过程

在生产过程中直接改变零件或产品的结构形状、尺寸大小、表面性质及相对位置的那一部分生产过程称为工艺过程。常见的工艺过程有铸造工艺、锻造工艺、焊接工艺、机加工工艺、热处理工艺及装配工艺等。

3）机械加工工艺过程

在加工工艺过程中采用金属切削方法，改变零件形状、大小，使之符合技术要求的那一部分工艺过程称为机械加工工艺过程。例如，车削、铣削、刨削、磨削、钻削等工艺过程。

2. 机械加工工艺过程的组成

每个零件在加工过程中需要分成若干道工序来完成，所以组成工艺过程的最基本单元是工序。每道工序又可分为几个工步、几次走刀、几次安装、几个工位。

1）工序

一个或一组工人，在一个工作地或同一台设备上，对一个工件或同时对几个工件所连续完成的那一部分工艺过程称为工序。以上工人、设备、工件、连续四个要素中只要有一个要素改变，即变成另一道工序。

由于组成工序的因素比较多，要想区分一个零件由几道工序组成是一个复杂的工作。为了简化工序的定义，在生产现场往往以加工设备是否变动来区分另一道工序，只要设备改变后，即构成另一道工序。如轴类零件的车削、铣削、磨削加工可分为三道工序，而车削轴类零件时如果粗车、半精车和精车时采用了不同的车床，那么又把车削分成粗、半精、精加工三道工序。

即使同一个工件，如果生产批量不同，所安排的工序也不一样。如图 2-6 所示的零件，当小批量生产时，其工序划分应安排车削、铣削、磨削 3 道工序（见表 2-1）。而大批量生产时，即使是同一个工件，由于加工的数量增多了，则其工序划分见应安排 5 道工序（见表 2-2）。

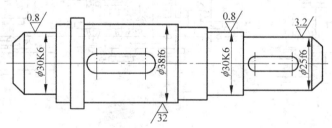

图 2-6　减速器中输出轴零件图

表 2-1　阶梯轴工艺过程（生产批量较小时）

工 序 号	工 序 内 容	设 备
1	车端面、外圆、钻中心孔、车槽和倒角	车床
2	铣键槽、去毛刺	铣床
3	磨外圆	磨床

表 2-2　阶梯轴工艺过程（生产批量较大时）

工 序 号	工 序 内 容	设 备
1	两端同时铣端面、钻中心孔	铣端面、钻中心孔机床
2	车所有外圆、车槽和倒角	普通车床
3	铣键槽	铣床
4	去毛刺	钳工台
5	磨外圆	磨床

在表 2-1 的工序 1 中，先车一个工件的一端，然后调头装夹，再车工件的另一端，这属于一道工序。如果先车好一批工件的一端，然后调头再车这批工件的另一端，这时对每个工件来说，两端的加工已不连续，所以即使在同一台车床上加工也应算作两道工序。

工序不仅是制定工艺过程的基本单元，也是指定时间定额、配备工人、安排作业计划和进行质量检验的基本单元。

2）工步

工步是指加工时，在一道工序内其加工表面、切削刀具、切削用量都不变的条件下所完成的那部分工序内容。以上三要素只要其中任一要素改变则成为另一个工步。一道工序可以只有一个工步，也可以分为几个工步。但在加工多个平行孔时，如图 2-7 所示，虽然加工表面改变了，但只要四个孔的结构、尺寸及技术要求一样，而且是连续加工的，通常就看成是一个工步，即钻 4-ϕ15mm 孔。

另外，为了提高生产率，当用几把刀具同时加工几个表面的工步时，称为复合工步，如图 2-8 所示，此时复合工步应视为一个工步。

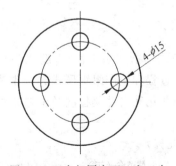

图 2-7　四个相同表面一个工步

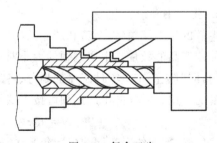

图 2-8　复合工步

3）走刀

在一个工步内，若遇到加工余量比较大时，则需要分几次加工。在加工表面、切削刀具、切削用量都不变的情况下每加工一次则称为一次走刀。一个工步内可分为一次走刀或几次走刀。

4) 安装

工件在加工时,每定位、夹紧、拆卸一次,称为一次安装。在一道工序内,工件可能只需要一次安装,也可能需要几次安装才能完成其加工内容。如在普通车床上车削轴类零件的两端面及中心孔(表 2-1 所示工序 1)时,就需要分两次安装:先装夹工件的一端,车端面、钻中心孔,称为安装 1;再调头装夹,车工件的另一端面、钻中心孔,称为安装 2。

由于工件多次安装会产生较大的累积误差,所以工件加工时,尽可能减少安装次数。

5) 工位

为了减少安装次数,加工时常采用各种专用夹具,使工件在一次安装中先后处于几个待加工位置进行加工,那么工件所处的每一个待加工位置称为一个工位。图 2-9 所示为利用回转工作台在一次安装过程中循序完成安装拆卸工件、钻孔、扩孔、铰孔四工位加工的实例。

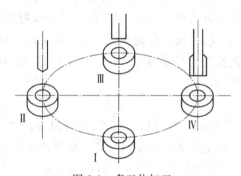

图 2-9 多工位加工

工位Ⅰ—装卸工件;工位Ⅱ—钻孔;工位Ⅲ—扩孔;工位Ⅳ—铰孔

为了提高生产效率,减少安装累计误差,加工时尽可能采用多工位加工。多工位加工适合于大批、大量生产。

3. 生产类型和工艺特征

1) 生产纲领

零件的生产纲领(件/年)和产品的年产量(台/年)均是指在一年、一季度或一月内生产零件或产品的数量。生产纲领的大小对零件的加工过程和生产组织形式起着非常重要的作用,同时它决定了零件工序的划分、各工序所需专业化和自动化程度及工艺方法和加工设备的选用。零件的生产纲领可按下式计算。

$$N = Qn(1 + \alpha\%)(1 + \beta\%) \tag{2-3}$$

式中,N——零件的生产纲领(件/年);Q——产品的年产量(台/年);n——每台产品中该零件的数量(件/台);α——零件的备品率;β——零件的废品率。

2) 生产类型

生产类型与生产纲领的关系见表 2-3。不同机械产品的零件质量要求见表 2-4。

表 2-3　生产类型与生产纲领的关系

生产类型	生产纲领(台/年或件/年)			工作地每月担负的工序数
	小型机械或轻型零件	中型机械或中型零件	重型机械或重型零件	
单件生产	≤100	≤10	≤5	不作规定
小批生产	100～500	10～150	5～100	不作规定
中批生产	500～5000	150～500	100～300	20～40
大批生产	5000～50000	500～5000	300～1000	10～20
大量生产	50000	5000	1000	1

注：小型、中型和重型机械可分别以缝纫机、机床和轧钢机为代表。

表 2-4　不同机械产品的零件质量要求　　　　　　单位：kg

机械产品类型	零件的质量		
	轻型零件	中型零件	重型零件
小型机械	≤4	4～30	＞30
中型机械	≤15	15～50	＞50
重型机械	≤100	100～2000	＞2000

　　为了便于组织生产和提高劳动生产率，取得更好的经济效益，现代工业趋向于专业化协作，即将一种产品的若干个零部件分散到若干专业化厂家进行生产，总装厂只生产主要零部件及进行总装调试，如汽车、摩托车行业大都采用这种模式进行生产。

　　生产类型是企业(或车间、工段等)生产专业化程度的分类。企业的生产类型取决于零件的生产纲领。生产类型对工艺过程的规划与制定有较大的影响。根据生产纲领的大小，企业的生产形式可分为如下三种基本类型。

　　(1) 大量生产。大量生产是指产品生产的数量很大，但品种较少，大多数工作地点长期地按一定规律进行某一个零件的某一个工序的加工，如汽车、轴承及标准件等零件的生产。大量生产主要针对定型产品。

　　(2) 成批生产。成批生产是指一年中分批轮流地制造几种不同的产品，每种产品都有一定的数量，工作地点的加工对象周期性地重复，如机床、电动机的生产。成批生产可分为小批、中批和大批生产三种。

　　(3) 单件生产。单件生产是指产品品种多，而每一品种的结构、尺寸不同且产量很少，各个工作地的加工对象经常改变且很少重复的生产类型。各种试制产品、机修零件、专用工夹量具等均属于这一生产类型。单件生产主要针对不定型产品。

　　在一个企业中，生产纲领决定了生产类型。但不同的产品尺寸大小和结构复杂程度对划分生产类型也有影响。

　　3) 工艺特征

　　生产类型不同，产品和零件的制造工艺、所选用的设备及工艺装备、所采取的技术措施、达到的技术经济效果也不一样。各种生产类型的工艺特征见表 2-5。

表 2-5　各种生产类型的工艺特征

工 艺 特 征	生 产 类 型		
	单件、小批生产	中批生产	大批、大量生产
加工对象	经常变换	周期性变换	固定不变
零件的互换性	用修配法,钳工修配,缺乏互换性	大部分具有互换性。装配精度要求高时,采用装配法和调整法,也可用修配法	具有广泛的互换性。装配精度较高时,采用分组装配和调整法
毛坯的制造方法与加工余量	木模手工造型及自由锻造。毛坯精度低,加工余量大	部分采用金属模机器造型及模锻。毛坯精度和加工余量中等	广泛采用机器造型、模锻或其他高效方法。毛坯精度高,加工余量小
机床设备及其布置形式	通用机床。按机床类别采用机群式布置	部分通用机床和高效机床。按工件类别分工段排列设备	广泛采用高效专用机床及自动机床。按流水线和自动线排列设备
工艺装备	大多采用通用工具、标准附件、通用刀具和万能量具。靠划线和试切达到精度要求	部分采用专用夹具,部分靠找正装夹达到精度要求。较多采用专用刀具和量具	广泛采用专用夹具、复合刀具、专用量具或自动检验装置。靠调整法达到精度要求
对工人技术要求	需技术水平较高的工人	需一定技术水平的工人	对调整工人的技术水平要求高,对操作工人水平要求较低
工艺文件	有工艺过程卡,关键工序要求有工序卡	有工艺过程卡,关键零件要求有工序卡	有工艺过程卡和工序卡,关键工序要有调整卡和检验卡
成本	较高	中等	较低

　　工艺过程的制定必须结合现有生产条件、生产类型等各方面的综合因素后全面考虑,才能在保证产品质量的前提下,制定出技术上先进、经济上合理的工艺方案。

　　随着科学技术的发展和生产技术的进步,产品更新换代周期越来越短,品种规格不断增多,多品种小批量的生产类型将会越来越多。

4. 机械加工工艺规程

1）机械加工工艺规程的作用

　　机械加工工艺规程简称工艺规程,是规定零件加工工艺过程和操作方法的工艺文件。它是在具体的生产条件下,将最合理或较合理的工艺过程与操作方法,按规定的形式制成工艺文本,用来指导生产的技术文件。工艺规程是机械制造厂最主要的技术文件,它一般包括以下内容:工件加工工艺路线及所经过的车间和工段;各工序的内容及采用的机床和工艺工装;工件的检验项目及检验方法;切削用量;工时定额及工人的技术等级等。

　　工艺规程有以下几方面的作用。

　　(1) 工艺规程是指导生产的主要技术文件。合理的工艺规程是在总结生产实践的基础上,依据工艺理论和工艺实验制定的,是指导现场生产的依据。它体现了一个企业或部门的集体智慧。因此,严格按工艺规程组织生产是保证产品质量、提高生产效率的前提。

(2) 工艺规程是生产组织管理、计划工作的依据。在生产管理中,产品投产前原材料及毛坯的供应、通用工艺装备、机械负荷的调整、专用工艺装备的设计与制造、作业计划的编排、劳动力的组织以及生产成本的核算等,都是以工艺规程作为依据的。

(3) 工艺规程是新建或改建工厂或车间的基本资料。在新建、扩建或改造工厂或车间时,只有依据生产纲领和工艺规程,才能正确地确定生产所需要的机床和其他设备的种类、规格和数量;确定车间面积、机床布置、生产工人的工种、等级和数量及辅助部门的安排等。

2) 机械加工工艺规程的编制

生产类型不同,所用工艺规程的格式和内容也不相同。通常将工艺规程的内容填入一定的卡片中,即成为生产准备和生产过程所依据的工艺文件。各种工艺文件的格式见表 2-6～表 2-8。

表 2-6 机械加工工艺过程卡片

工厂	机械加工工艺过程卡片		产品型号		零部件图号			共 页
			产品名称		零部件名称			第 页
材料牌号		毛坯种类		毛坯外形尺寸		每毛坯件数	每台件数	备注
工序号	工序名称	工序内容			车间	工段	设备	工艺装备	工时
									准终	单件
					编制(日期)	审核(日期)	会签(日期)	
标记	处记	更改文件号	签字	日期				

表 2-7 机械加工工艺卡片

工厂	机械加工工艺卡片	产品型号		零部件图号		共 页
		产品名称		零部件名称		第 页
材料牌号	毛坯种类	毛坯外形尺寸	每毛坯件数	每台件数	备注	
工序	装夹	工步	工序内容	同时加工零件数	切削用量				设备名称及编号	工艺装备名称及编号			技术等级	工时定额	
					切削深度/mm	切削速度/(m/min)	每分钟转数或往复次数	进给量/mm		夹具	刀具	量具		单件	准终
									编制(日期)	审核(日期)	会签(日期)			
标记	处记	更改文件号		签字	日期										

表 2-8　机械加工工序卡片

工厂	机械加工工序卡片	产品型号		零部件图号		共　页
		产品名称		零部件名称		第　页

材料牌号		毛坯种类		毛坯外形尺寸		每毛坯件数		每台件数		备注	

车间	工序号	工序名称	材料牌号
毛坯种类	毛坯外形尺寸	每批件数	每台件数
设备名称	设备型号	设备编号	同时加工件数
夹具编号		夹具名称	冷却液
			工序工时

工步号	工步内容	工艺装备	主轴转速 /(r/min)	切削速度 /(m/min)	走刀量 /(mm/r)	吃刀深度 /mm	走刀次数	工时定额	
								机动	辅助
			编制(日期)	审核(日期)	会签(日期)				

标记	处记	更改文件号	签字	日期					

（1）工艺过程卡片。机械加工工艺过程卡片的格式与包含的内容见表 2-6。它是制定其他工艺文件的基础,也是生产技术准备、编制作业计划和组织生产的依据。由于各工序的说明较简单,一般不直接指导工人操作,而是作为生产管理方面使用。在单件小批生产中,则以这种卡片指导生产而不再编制较详细的其他工艺文件。

（2）工艺卡片。机械加工工艺卡片的格式与内容见表 2-7。它是以工序为单位详细说明整个工艺过程的工艺文件,是用来指导工人生产和帮助车间管理人员与技术人员掌握整个零件加工过程的一种主要技术文件,广泛应用于成批生产的零件和小批生产中的重要零件。

（3）工序卡片。机械加工工序卡片的格式与内容见表 2-8。它是在工艺过程卡片的基础上,按每道工序所编制的、用来具体指导工人操作的一种工艺文件。它用于大批量生产中所有的零件,中批生产中复杂产品的关键零件以及单件小批生产中的关键工序。

3）制定工艺规程的原则、原始资料及步骤

（1）制定工艺规程的原则。

制定工艺规程的原则是优质、高产、低消耗,即在保证产品质量的前提下,尽可能提高生产率和降低成本。同时,还应在充分利用本企业现有生产条件的基础上,尽可能采用国内外先进工艺技术和检测技术,并保证有良好的劳动条件。

由于工艺规程是直接指导生产和操作的重要文件,因此工艺规程要求正确、完整、统一、清晰,所用的术语、符号、计量单位、编号都需要符合相应的标准。

(2) 制定工艺规程的原始资料。

① 产品装配图和零件图及产品验收的质量标准。

② 零件的生产纲领及投产批量、生产类型。

③ 毛坯和半成品的资料、毛坯制造方法、生产能力及供货状态等。

④ 现场的生产条件。

⑤ 国内外同类产品的有关工艺资料等。

(3) 制定工艺规程的步骤。

制定工艺规程的主要步骤如下。

① 图样分析。

② 选择毛坯。

③ 拟定工艺路线。

④ 确定各工序所用机床及工艺装备。

⑤ 确定各工序的加工余量及工序尺寸。

⑥ 确定各工序的切削用量和工时定额。

⑦ 填写工艺文件。

5. 零件的工艺分析

零件图是制定工艺规程最基本的原始资料之一。对零件图的分析是否透彻,将直接影响所制定工艺规程的科学性、合理性和经济性。分析零件图,主要从零件技术要求分析和工艺结构合理性分析两个方面进行。

1) 零件的技术要求分析

分析零件的技术要求是制定工艺规程的重要环节。只有认真地分析零件的技术要求,分清主次后,才能合理地选择每一加工表面应采用的加工方法和加工方案,以及整个零件的加工路线。零件技术要求分析主要有以下几方面的内容。

(1) 尺寸精度分析。包括所有被加工表面和不加工表面的尺寸精度分析,尤其是尺寸精度要求较高的重要加工表面首先要找出来,如零件上的重要表面、尺寸精度要求最高的表面。

(2) 形位精度分析。找出零件图中有相互形状精度要求和相互位置精度要求的表面,并分析形位精度的基准是哪些表面。

(3) 表面粗糙度及其他表面质量要求的分析。

(4) 工件选材分析。

(5) 热处理要求和其他方面要求(如动平衡、去磁等)的分析。

在认真分析了零件的技术要求后,结合零件的结构特点,对零件的加工工艺过程便有了一个初步的轮廓。加工表面的尺寸精度、表面粗糙度和有无热处理要求,决定了该表面的最终加工方法,进而得出中间工序和粗加工工序所采用的加工方法。

分析零件的技术要求时,还要结合零件在产品中的作用,审查技术要求规定得是否合理,有无遗漏和错误,如发现不妥之处,应与设计人员协商解决。

2) 零件的结构及其工艺性分析

(1) 零件的表面组成分析。零件的结构千差万别,但都是由一些基本表面和特形表面所组成。基本表面主要有内外圆柱面、平面等;特形表面主要是指成形表面。首先分析组成零件的基本表面和特形表面,然后针对每一种基本表面和特形表面,选择出相应的加工方法。如对于平面,可以选择刨削、铣削、拉削或磨削等方法进行加工;对于孔,可以选择钻削、铰削、车削、镗削、拉削或磨削等方法进行加工;对于外圆表面应选择车削、磨削加工;而对于特形表面,则可以选择成形刀具、专用设备或数控机床来进行加工。

(2) 零件各表面的组合情况分析。对于零件结构分析的另一方面是分析零件表面的组合情况和尺寸大小。组合情况和尺寸大小的不同,形成了各种零件在结构特点上和加工方案选择上的差别。在机械制造业中,通常按零件结构特点和工艺过程的相似性,将零件大体上分为轴类、箱体类、盘体类零件等。

(3) 零件的工艺结构合理性分析。零件的工艺结构合理性是指零件的结构在保证使用要求的前提下,是否能以较高的生产率和最低的成本而方便地制造出来的特性。许多功能相同而结构不相同的零件,它们的加工方法与制造成本往往差别很大,所以应仔细分析零件的结构工艺性。

零件机械加工工艺性对比示例表.pdf

定位基准的确定.pdf

机械加工工艺路线的拟定.pdf

2.1.3 车床加工基本工艺(锥面、成形表面、表面修饰)

1. 车锥面

将工件车削成圆锥表面的方法称为车锥面。常用车锥面的方法有宽刀法、转动小刀架法、尾座偏移法、靠模法等几种。

(1) 宽刀法。车削较短的圆锥时,可以用宽刀法直接车出,如图 2-10 所示。其工作原理实质上是属于成形法,所以要求切削刃必须平直,切削刃与主轴轴线的夹角应等于工件圆锥半角 $\alpha/2$。同时要求车床有较好的刚性,否则易引起振动。当工件的圆锥斜面长度大于切削刃长度时,可以用多次接刀方法加工,但接刀处必须平整。

(2) 转动小刀架法。当加工锥面不长的工件时,可用转动小刀架法车削。车削时,将小滑板下面的转盘上螺母松开,把转盘转至所需要的圆锥半角 $\alpha/2$ 的刻线上,与基准零线对齐,然后固定转盘上的螺母,如果锥角不是整数,可在锥附近估计一个值,试车后逐步找正,如图 2-11 所示。

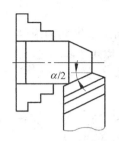

转动小刀架车锥面方法及原理.mp4

图 2-10 用宽刀法车锥面

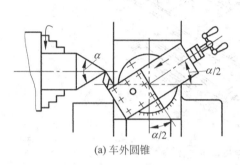

(a) 车外圆锥

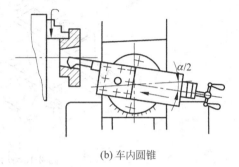

(b) 车内圆锥

图 2-11 用转动小刀架法车锥面

（3）尾座偏移法。如图 2-12 所示，当车削锥度小、锥形部分较长的圆锥面时，可以用尾座偏移法。此方法可以自动走刀，但缺点是不能车削整圆锥和内锥体以及锥度较大的工件。将尾座上滑板横向偏移一个距离 S，使偏位后两顶尖连线与原来两顶尖中心线相交一个 $\alpha/2$ 的角度，尾座的偏向取决于工件大小头在两顶尖间的加工位置。

尾座偏移法.mp4

尾座的偏移量与工件的总长有关，尾座的偏移量可用下列公式计算。

$$S = \frac{D-d}{2l} \times L \tag{2-4}$$

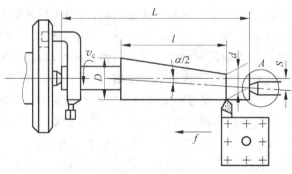

图 2-12 用尾座偏移法车锥面

式中，S——尾座偏移量；l——零件锥体部分长度；L——工件总长度；D、d——锥体大头直径和锥体小头直径。

床尾的偏移方向，由工件的锥体方向决定。当工件的小端靠近床尾处，床尾应向里移动；反之，床尾应向外移动。

　　（4）靠模法。如图 2-13 所示，靠模板装置是车床加工圆锥面的附件。当较长的外圆锥和圆锥孔的精度要求较高而批量又较大时，常采用靠模法。

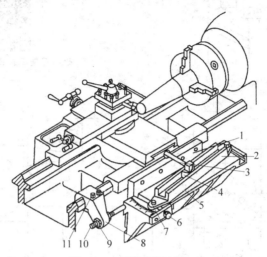

图 2-13　用靠模板车锥面

1—基座；2—靠模板（靠尺）；3—横向丝杠和上滑块；4—下滑块；5—靠模台；6—螺钉；
7—调整螺钉；8—夹紧装置；9—螺母；10—拉杆；11—紧固螺钉

　　这种方法是利用锥度靠模装置，使车刀在纵向进给的同时，相应地产生横向运动。两个方向进给运动合成，使刀尖轨迹与工件轴线的所成夹角，正好等于圆锥半角 $\alpha/2$，从而车出内、外圆锥面。

　　基座 1 用螺钉固定在床鞍的后侧面上随之移动。靠模台 5 的侧面有燕尾形导轨与基座配合，工作时拉杆 10 和夹紧装置 8 相连而固定不动。它的上面装有可转动的靠模板（靠尺）2，其倾斜角度可按工件圆锥半角 $\alpha/2$ 调整。中溜板丝杠在靠近手柄的一头，分成用键连接可自由伸缩的两段。因此当床鞍作纵向进给时，下滑块 4 便沿靠模板（靠尺）2 滑动，而上滑块则连同丝杠与中溜板作横向进给运动，从而实现圆锥面的加工。若转动手柄使丝杠旋转，仍能使中溜板移动以调节背吃刀量。当不需要使用靠模时，只要将紧固螺钉 11 旋松，在纵向进给时，大溜板便会带动整个附件一起移动，使靠模装置失去作用。

　　靠模法的优点：内、外、长、短圆锥面都可车削，且可自动进给，靠板校准工作也很简便，经过校准，一批工件的锥度误差可稳定在较小的公差范围内。其缺点：工件的圆锥半角一般应小于 $12°$，否则滑块在靠板上会因阻力太大而不能滑动自如，从而影响整个装置的正常工作。因此，一般适宜于小锥度工件的成批或大量生产。

　　检验圆锥面的锥度或锥角时，对于配合的圆锥面可用锥形量规。对于非配合的圆锥面可用游标量角器。

　　2. 钻中心孔

　　（1）中心孔的形式与选用。中心孔是保证轴类零件安装、定位的重要工艺结构，和顶尖配合从而保证轴类零件的加工精度。常用的形式有 A 型（不带保护锥）、B 型（带保护锥)和 C 型(带保护锥及螺纹),如图 2-14 所示。中心孔的尺寸由工件直径与重量大小决定,使用时可查阅《中心孔》(GB/T 145—2001)确定。

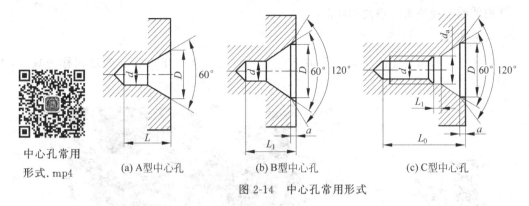

中心孔常用
形式.mp4

(a) A型中心孔   (b) B型中心孔   (c) C型中心孔

图 2-14 中心孔常用形式

(2)钻中心孔的方法。直径在 6mm 以下的 A 型、B 型中心孔通常用中心钻直接钻出(见图 2-15),中心钻一般用高速钢制成。

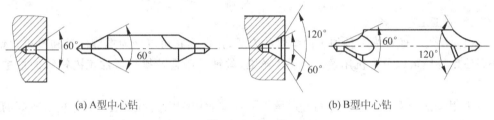

(a) A型中心钻   (b) B型中心钻

图 2-15 中心钻

(3)钻孔。在车床上对实心坯料上的孔加工,首先要用钻头钻孔。在车床上还可以进行扩孔和铰孔。钻孔的公差等级为 IT10 以下,表面粗糙度 Ra 的值为 $12.5\mu m$,多用于粗加工孔。在车床上加工直径较小而精度和表面粗糙度要求较高的孔,通常采用钻、扩、铰的方法。

在车床上钻孔如图 2-16 所示,工件装夹在卡盘上,麻花钻安装在尾座套筒锥孔内。转动尾座上的手柄使钻头沿工件轴线进给,工件旋转,这一点与钻床上钻孔是不同的。钻孔前,先车平端面并车出一个中心坑或先用中心钻钻中心孔作为引导。钻孔时,摇动尾座

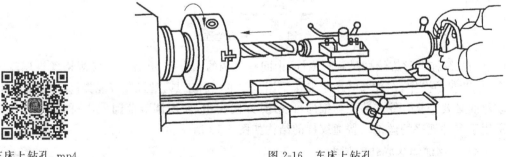

车床上钻孔.mp4

图 2-16 车床上钻孔

手轮使钻头缓慢进给，注意经常退出钻头排屑。钻孔进给不能过猛，以免折断钻头。使用高速钢钻头钻削钢料时必须加注切削液，钻削铸铁等脆性材料时，一般可加少量的煤油；使用硬质合金钻头可不使用切削液。

3. 攻丝

在一定的扭矩作用下将丝锥旋入要钻的底孔中加工出内螺纹的过程称为攻丝，如图 2-17 所示。

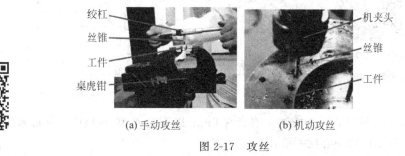

攻丝.mp4

(a) 手动攻丝　　　(b) 机动攻丝

图 2-17　攻丝

1）加工工艺装备

（1）丝锥。丝锥为一种加工内螺纹的刀具，按照形状可以分为螺旋丝锥和直刃丝锥，按照使用环境可以分为机用丝锥和手用丝锥，丝锥是制造业操作者加工内螺纹的最主要工具。

机用丝锥和手用丝锥是切制普通螺纹的标准丝锥。中国习惯上把制造精度较高的高速钢磨牙丝锥称为机用丝锥，把碳素工具钢或合金工具钢的滚牙（或切牙）丝锥称为手用丝锥，实际上两者的结构和工作原理基本相同。通常，丝锥由工作部分和柄部构成。工作部分又分为切削部分和校准部分，前者磨有切削锥，担负切削工作，后者用以校准螺纹的尺寸和形状，柄部有方台，用来传递切削扭力。直刃丝锥加工容易，精度略低，切削速度较慢，产量较大，一般用于普通车床、钻床及攻丝机的螺纹加工用。直刃丝锥的结构如图 2-18 所示。

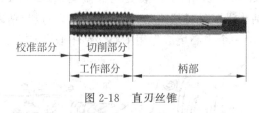

图 2-18　直刃丝锥

（2）绞杠。丝锥绞杠是一根横杠，中间有可调的四方孔，孔径与相应规格丝锥尾端配套，可以双手操作，在攻丝时用来夹持手用丝锥的一种工具，丝锥铰杠能提高工作效率，是攻丝的必要工具。绞杠装上丝锥即可使用，方便实用，使用调节范围大，一种型号的铰杠适用于多种规格的丝锥。普通绞杠的结构如图 2-19 所示。

2）攻丝前螺纹底孔的加工

底孔一般是指用丝锥攻内螺纹之前所预制的孔，即加工件的内置圆孔，最底或最面上

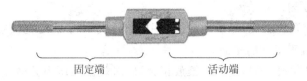

固定端　　　　　活动端

图 2-19　普通绞杠

的圆形孔洞。若底孔直径与内螺纹直径一致,材料扩张时就会卡住丝锥,这时丝锥容易折断;若底孔直径与内螺纹直径过大,就会使攻出的螺纹牙型高度不够而形成废品。螺纹配合根据不同的国际标准,需要有相应的配合公差,可以查钳工手册。底孔如果是沉孔还需考虑攻丝排屑影响。

丝锥在攻螺纹的过程中,切削刃主要是切削金属,但还有挤压金属的作用,因而造成金属凸起并向牙尖流动的现象,所以攻螺纹前,钻削的孔径(底孔)应大于螺纹内径。

底孔的直径可查钳工手册(见表 2-9)或按下面的经验公式计算。

脆性材料(铸铁、青铜等):　　　钻孔直径 $D_1 = D$(螺纹外径)$-1.1P$(螺距)

塑性材料(钢、紫铜等):　　　　钻孔直径 $D_1 = D$(螺纹外径)$-P$(螺距)

表 2-9　常用螺纹、螺距、底孔对照表　　　　　　单位:mm

公称直径	螺距	底径
M3	0.5(标准)	2.459
M4	0.7(标准)	3.242
M5	0.8(标准)	4.134
M6	1.0(标准)	4.917
M8	1.25(标准)	6.647
	1.0(细牙)	6.917
M10	1.5(标准)	8.376
	1.0(细牙)	8.917
M12	1.75(标准)	10.106
	1.5(细牙)	10.376
	1.0(细牙)	10.917
M14	2.0(标准)	11.835
	1.5(细牙)	12.376
	1.0(细牙)	12.917
M16	2.0(标准)	13.835
	1.5(细牙)	14.376
	1.0(细牙)	14.917
M20	2.5(标准)	17.294
	2.0(细牙)	17.835
	1.0(细牙)	18.917

3) 攻丝的加工方法

(1) 划线、打螺纹底孔。

(2) 工件上螺纹底孔的孔口要倒角,这样可以使丝锥开始攻丝时容易嵌入,并可以防止孔口的螺纹牙崩裂。

（3）工件夹位置要正确，尽量使螺纹孔中心线置于水平或竖直位置，使攻丝容易判断丝锥轴线是否垂直于工件的平面。

（4）在攻丝开始时，要尽量把丝锥放正，然后对丝锥加压力并转动绞杠，当切入1～2圈时，仔细检查和校正丝锥的位置。一般切入3～4圈螺纹时，丝锥位置应正确无误。之后，只需转动绞杠，而不应再对丝锥施加压力，否则螺纹牙形将被损坏。

（5）攻丝时，每扳转绞杠1/2～1圈，就应倒转约1/2圈，使切屑碎断后容易排出，并可减少切削刃因粘屑而使丝锥轧住的现象。

（6）遇到攻不通的螺孔时，可在丝锥上做好深度标记，并经常退出丝锥，排除孔中的切屑，否则会因切屑使丝锥折断或达不到深度要求。

（7）攻塑性材料的螺孔时，要加润滑冷却液。对于钢料，一般用机油或浓度较大的乳化液，要求较高时可用菜油或二硫化钼等。对于不锈钢，可用30号机油或硫化油。

（8）攻丝时，必须以头锥、二锥顺序攻削至要求尺寸。攻丝过程中换用后一支丝锥时，要用手先旋入已攻出的螺纹中，至不能再旋进时用绞杠扳转。在末锥攻完退出时，要避免快速转动绞杠，应用手旋出，以保证已攻好的螺纹质量不受影响。

（9）机动攻丝时，丝锥与螺孔要保持同轴性。丝锥的校准部分不能全部出头，否则在反车退出丝锥时会产生乱牙。

（10）机动攻丝时的切削速度，一般钢料为6～15m/min；调质钢或较硬的钢料为5～10m/min；不锈钢为2～7m/min；铸铁为8～10m/min。在相同材料的情况下，丝锥直径小取较高值，丝锥直径大取较低值。

4. 套扣

在一定扭矩的作用下，用板牙在圆杆上切削出外螺纹的加工过程如图2-20所示。

套扣.mp4

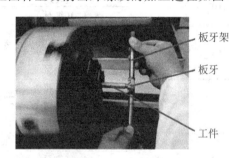

板牙架
板牙
工件

图2-20　手动套扣

1）加工工艺装备

（1）板牙。

板牙相当于一个具有很高硬度的螺母，螺孔周围制有几个排屑孔，一般在螺孔的两端磨有切削锥。板牙按外形和用途分为圆板牙、方板牙、六角板牙和管形板牙（见图2-21（a））。其中以圆板牙应用最广，规格范围为M0.25～M68mm。当加工出的螺纹中径超出公差时，可将板牙上的调节槽切开，以便调节螺纹的中径。板牙可装在板牙扳手中手动加工螺纹,也可装在板牙架中在机床上使用。板牙加工出的螺纹精度较低,但由于结构简单、使用方便,在单件、小批量生产和修配中仍得到广泛应用。板牙的外形如图 2-21(b)所示。

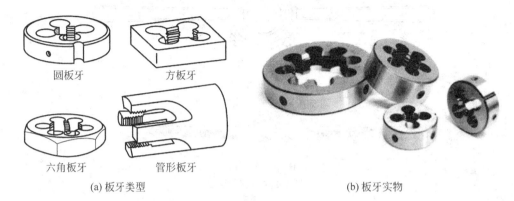

　　　　　　　(a) 板牙类型　　　　　　　　　　　　　　　　(b) 板牙实物

图 2-21　板牙

　　板牙由切削部分、定位部分和排屑孔组成,圆板牙螺孔的两端有 40°的锥度部分,这是板牙的定位部分,切削过程中起到导向和修光的作用;中间是板牙的切削部分,加工时完成切削任务;板牙的外圆有一条深槽和四个锥坑,用于在板牙架中定位和紧固板牙。板牙的结构如图 2-22 所示。

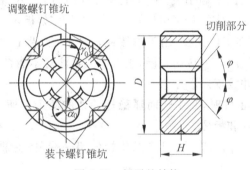

图 2-22　板牙的结构

　　(2) 板牙架。

　　用来夹持板牙、传递扭矩的手工旋转工具,不同外径的板牙应选用不同的板牙架。在操作过程中,将板牙放置于板牙架中间的凹槽中,然后旋紧紧固螺钉以固定板牙。板牙架的结构如图 2-23 所示。

　　2) 套扣前工件外圆的加工

　　(1) 工件外圆直径的加工。与攻螺纹相同,套扣时有切削作用,也有挤压金属的作用,故套扣前必须检查工件外圆的直径应稍小于螺纹大径,工件外圆直径可查钳工手册或按照如下经验公式计算:

$$D_1 = D - 0.13P$$

式中,D——螺纹大径(mm);P——螺距(mm)。

　　(2) 工件外圆端部的倒角加工。套扣前工件外圆端部应先加工出倒角,目的使板牙

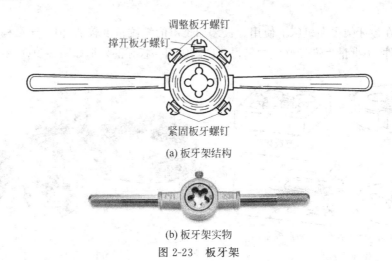

调整板牙螺钉
撑开板牙螺钉
紧固板牙螺钉

(a) 板牙架结构

(b) 板牙架实物

图 2-23　板牙架

更容易对准工件中心,同时也容易切入。倒角的长度应大于一个螺距,斜角为 15°～20°,如图 2-24 所示。

3) 套扣的加工方法

(1) 加工工件外圆直径与倒角,为套扣做准备。

(2) 在需要套扣的工件外圆处滴润滑油。

图 2-24　套扣前工件
外圆倒角

(3) 将螺纹板牙放入板牙架的内孔中,并且使板牙圆周上的小锥坑与板牙架内孔侧的小螺钉对准,旋紧板牙架上的螺钉,固定好板牙。

(4) 将板牙中心对准工件轴线,用手掌按住板牙后端,沿工件轴向施加压力,另一只手配合将板牙架做顺时针旋进,转动要慢,压力要大且注意不能歪斜,在板牙切入 2～3 圈后,应及时检查垂直度并校正。

(5) 板牙正常套上工件时,双手转而抓稳板牙架的两个手柄,不要施加压力,让板牙自然引进,以免损坏螺纹和板牙。

(6) 当加工到所需要的长度后,只要抓住板牙架一端,将主轴反转,则板牙会向后自动退出,即完成加工。

5. 表面修饰加工

工具和机器上的手柄捏手部分,需要滚花以增强摩擦力或增加零件表面美观。滚花是一种表面修饰加工方法,在车床上用滚花刀滚压而成。

普通车床滚花
加工.mp4

1) 花纹的种类

花纹有直纹和网纹两种形式,如图 2-25 所示。滚花花纹的形状及参数如图 2-26 所示。每种花纹有粗纹、中纹和细纹之分。花纹的粗细取决于模数 m 和节距的关系,即 $P=\pi \cdot m$。$m=0.2mm$ 是细纹,$m=0.3mm$ 是中纹,$m=0.4mm$ 和 $m=0.5mm$ 是粗纹,$2h$ 是花纹高度。

2) 滚花刀

滚花刀由滚轮与刀体组成,滚轮的直径为 20～25mm。滚花刀有单轮、双轮和六轮,如图 2-27 所示。单轮滚花刀用于滚直纹;双轮滚花刀有左旋和右旋滚轮各 1 个,用于滚

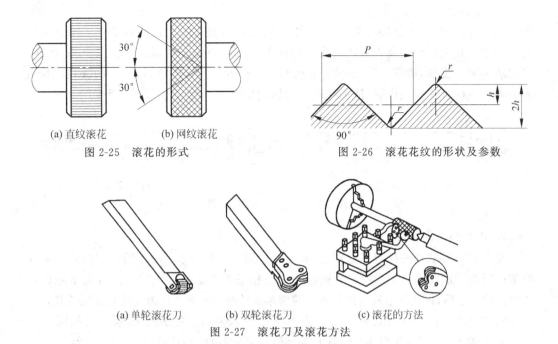

(a) 直纹滚花　　(b) 网纹滚花

图 2-25　滚花的形式

图 2-26　滚花花纹的形状及参数

(a) 单轮滚花刀　　(b) 双轮滚花刀　　(c) 滚花的方法

图 2-27　滚花刀及滚花方法

网纹；六轮滚花刀是在同一把刀体上装有三组粗细不等的滚花刀,使用时根据需要选用。

3) 滚花的注意事项

(1) 开始滚压时,必须使用较大的压力进刀,使工件刻出较深的花纹,否则易产生乱纹。

(2) 为了减小开始滚压的径向压力,可以使滚轮表面 1/3~1/2 的宽度与工件接触,如图 2-28 所示。这样滚花刀就容易压入工件表面,在停车检查滚花符合工件要求后,即可纵向机动进刀。如此反复滚压 1~3 次后,直至花纹凸出为止。

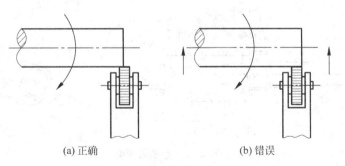

(a) 正确　　　　　　(b) 错误

图 2-28　滚花刀的横向进给位置

(3) 滚花时,切削速度应降低一些,一般为 5~10m/min。纵向进给量选大一些,一般为 0.3~0.6mm/r。

(4) 滚花时还需浇注切削油以润滑滚轮,并经常消除滚压轮产生的切屑。

2.1.4　工件的安装

1. 一夹一顶装夹工件

用两顶尖安装工件虽然有较高的精度,但是刚性较差。因此,一般轴类零件,特别是较重的工件,不宜用两顶尖法装夹,可采用一端用三爪自定心卡盘或四爪单动卡盘夹住,另一端用后顶尖顶住的装夹方法。为了防止由于切削力的作用而产生轴向位移,需在卡盘内装一限位支承,如图 2-29(a)所示;或利用工件的台阶作限位,如图 2-29(b)所示。这种一夹一顶的方法安全可靠,能承受较大的轴向切削力,因此,得到了广泛应用。

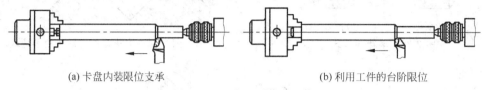

(a) 卡盘内装限位支承　　　　　　　(b) 利用工件的台阶限位

图 2-29　一夹一顶装夹工件

2. 用心轴装夹工件

盘套类零件的外圆相对孔的轴线,常有径向圆跳动的要求;两个端面相对孔的轴线,有端面圆跳动的要求。如果有关表面与孔无法在三爪自定心卡盘的一次装夹中完成,则需在孔精加工后,再装到心轴上进行端面的精车或外圆的精车。作为定位基准面的孔,其尺寸公差等级不应低于 IT8,$Ra \leqslant 1.6\mu m$,心轴在前、后顶尖的装夹方法与轴类零件相同。

心轴的种类很多,常用的有锥度心轴、圆柱心轴和可胀心轴等,如图 2-30 所示。

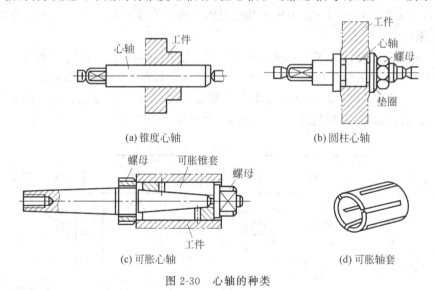

(a) 锥度心轴　　　　　　　(b) 圆柱心轴

(c) 可胀心轴　　　　　　　(d) 可胀轴套

图 2-30　心轴的种类

3. 用卡盘、顶尖配合中心架、跟刀架装夹工件

1) 中心架的使用

中心架有 3 个独立移动的支撑爪,可径向调节,为防止支撑爪与工件接触时损伤工件表面,支撑爪常用铸铁、尼龙或铜制成。中心架有以下几种使用方法。

(1) 中心架直接安装在工件中间(见图 2-31(a))。这种装夹方法可提高车削细长轴工件的刚性。安装中心架前,需先在工件毛坯中间车出一段安装中心架支承爪的凹槽,使中心架的支承爪与其接触良好,槽的直径略大于工件图样尺寸,宽度应大于支承爪。车削时,支承爪与工件处应经常加注润滑油,并注意调节支承爪与工件之间的压力,以防拉毛工件及摩擦发热。

对于较长的轴,在其中间车一支承凹槽困难时,可以使用过渡套代替凹槽,使用时要调节过渡套两端各有的 4 个螺钉,以校正过渡套外圆的径向圆跳动,符合要求后,才能调节中心架的支承爪。

(2) 一端夹住、一端搭中心架。车削大而长的工件端面、钻中心孔或车削长套筒类工件的内螺纹时,可采用图 2-31(b)所示的一端夹住、一端搭中心架的方法。

注意:搭中心架一端的工件轴线应找正到与车床主轴轴线同轴。

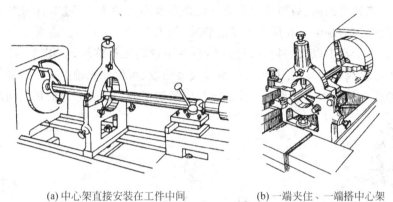

(a) 中心架直接安装在工件中间　　　　　(b) 一端夹住、一端搭中心架

图 2-31　中心架的使用

2) 跟刀架的使用

跟刀架有二爪跟刀架和三爪跟刀架两种。跟刀架固定在车床床鞍上,与车刀一起移动,如图 2-32 所示。

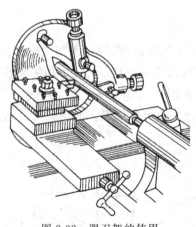

图 2-32　跟刀架的使用　　　　　跟刀架的使用.mp4

在使用跟刀架车削不允许接刀的细长轴时,要在工件端部先车出一段外圆,再安装跟刀架。支承爪与工件接触的压力要适当,否则车削时跟刀架可能不起作用,或者将工件卡得过紧等。

在使用中心架和跟刀架时,工件的支承部分必须是加工过的外圆表面,并要加机油润滑,工件的转速不能过高,以免工件与支承爪之间摩擦过热而烧坏或磨损支承爪。

2.2　拓展知识链接

2.2.1　工件的其他安装方式

1. 两顶尖装夹工件

用两顶尖装夹工件时,对于较长或必须经过多次装夹的轴类工件(如车削后还要铣削、磨削和检测),常用前、后两顶尖装夹。前顶尖装在主轴上,通过卡箍和拨盘带动工件与主轴一起旋转,后顶尖装在尾座上随之旋转,如图 2-33(a)所示。还可以用圆钢料车一个前顶尖,装在卡盘上以代替拨盘,通过鸡心夹头带动工件旋转,如图 2-33(b)所示。两顶尖装夹工件安装精度高,并有很好的重复安装精度(可保证同轴度)。

顶尖的作用是定中心和承受工件的重量以及切削力。顶尖分为前顶尖和后顶尖。

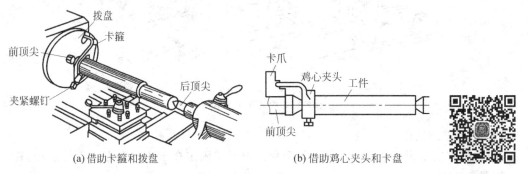

(a) 借助卡箍和拨盘　　　　(b) 借助鸡心夹头和卡盘

图 2-33　用两顶尖装夹工件　　　　　　　双顶尖装夹工作.mp4

1) 前顶尖

前顶尖随工件一起旋转,与中心孔无相对运动,因而不产生摩擦。前顶尖有两种类型:一种是装入主轴锥孔内的前顶尖,如图 2-34(a)所示,这种顶尖装夹牢靠,适用于批量生产;另一种是夹在卡盘上的前顶尖,如图 2-34(b)所示。它用一般钢材料车出一个台阶面与卡爪平面贴平夹紧,一端车出 60°锥面即可作顶尖。前顶尖的优点是制造装夹方便,定心准确;缺点是顶尖硬度不够,容易磨损,易发生移位,只适合小批量生产。

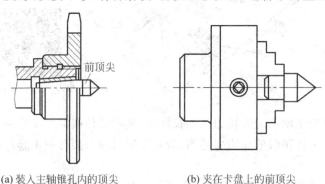

(a) 装入主轴锥孔内的顶尖　　　　(b) 夹在卡盘上的前顶尖

图 2-34　前顶尖

2）后顶尖

插入尾座套筒锥孔中的顶尖称为后顶尖。后顶尖有固定顶尖和回转顶尖两种。

（1）固定顶尖。固定顶尖也称为死顶尖，其优点是定心正确、刚性好、切削时不易产生振动；缺点是中心孔与顶尖之间是滑动摩擦，易产生高热，从而烧坏中心孔或顶尖（见图 2-35（a）），一般适宜于低速精切削。硬质合金钢固定顶尖（见图 2-35（b））在高速旋转下不易损坏，但摩擦产生的高热情况仍然存在，会使工件发生热变形；还有一种反顶尖，在尖部钻反向的小锥孔，用于支承细小的工件。

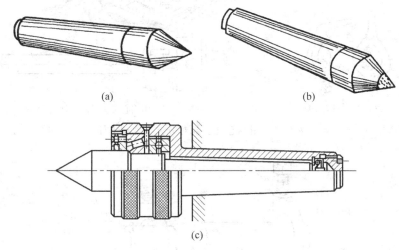

图 2-35　后顶尖

（2）回转顶尖。回转顶尖也称为活顶尖，为了避免顶尖与工件之间的摩擦，一般都采用回转顶尖支顶，如图 2-35（c）所示。其优点是转速高，摩擦小；缺点是定心精度和刚性稍差。

活顶尖的结构.mp4

2. 鸡心夹头、对分夹头

因为两顶尖对工件只起定心和支承作用，必须通过对分夹头（见图 2-36（a））或鸡心夹头（见图 2-36（b））上的拨杆装入拨盘的槽内，由拨盘提供动力来带动工件旋转。用鸡心夹头或对分夹头夹紧工件一端，拨杆伸出端外（见图 2-36（c））。

安装工件的方法：在轴的一端安装夹头（见图 2-37），稍微拧紧夹头的螺钉；另一端的中心孔涂上黄油。如果用活顶尖，就不必涂上黄油。对于已加工表面，装夹头时应该垫上一个开缝的小套或包上薄铁皮以免夹伤工件。

3. 用花盘安装工件

花盘是安装在车床主轴上并随之旋转的一个大圆盘，其端面有许多长槽，可穿入螺栓以压紧工件。花盘的端面需平整，且与主轴轴线垂直。

当加工大而扁且形状不规则的或刚性较差的工件时，为了保证加工面与安装平面平行，以及加工回转面轴线与安装平面垂直，可通过螺栓压板把工件直接压在花盘上加工，如图 2-38（a）所示。用花盘安装工件时，需要仔细找正。

有些复杂的零件要求加工孔的轴线与安装平面平行，或者要求加工孔的轴线垂直相

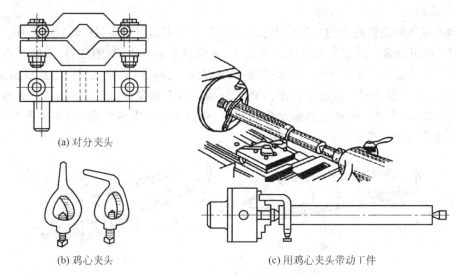

(a) 对分夹头

(b) 鸡心夹头

(c) 用鸡心夹头带动工件

图 2-36　用鸡心夹头或对分夹头带动工件

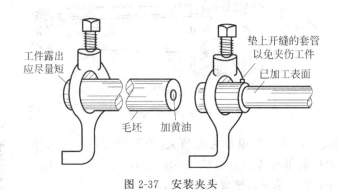

图 2-37　安装夹头

交时,可用花盘、弯板安装工件,如图 2-38(b)所示。弯板安装在花盘上要仔细地找正,工件安装在弯板上也需要找正。弯板要有一定的刚度。

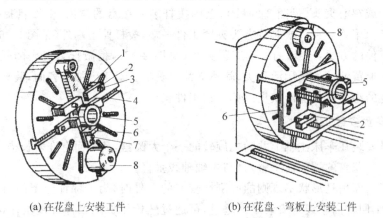

(a) 在花盘上安装工件

(b) 在花盘、弯板上安装工件

图 2-38　用花盘安装工件图

1—垫铁;2—压板;3—螺钉;4—螺钉槽;5—工件;6—弯板;7—顶丝;8—平衡铁

注意：用花盘或花盘弯板装夹工件时，需加平衡铁进行平衡，以减小旋转时的摆动。同时，机床转速不能太高。

4. 弹簧卡头

以工件外圆为定位基准，采用弹簧卡头装夹，如图2-39所示。弹簧套筒在压紧螺母的压力下向中心均匀收缩，使工件获得准确的定位并牢固地夹紧，所以工件也可获得较高的位置精度。

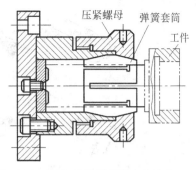

图2-39 工件用弹簧卡头装夹

2.2.2 成形面的切削

普通车床成形加工之一：成形车刀直进法.mp4

普通车床成形加工之二：双手联动法.mp4

1. 成形原理

把车刀刀刃磨成与工件成形面轮廓相同，即得到成形车刀（样板车刀），用成形车刀只需一次横向进给即可车出成形面。

2. 常用成形车刀

常用成形车刀有以下三种。

（1）普通成形车刀。普通成形车刀与普通车刀相似，只是磨成成形切削刃（见图2-40(a)）。精度要求较低时，可手动刃磨；精度要求较高时，应在工具磨床上刃磨。

（2）棱形成形车刀。棱形成形车刀由刀头和弹性刀体两部分组成（见图2-40(b)），两者用燕尾装夹，用螺钉紧固。按工件形状在工具磨床上用成形砂轮将刀头的成形切削刃磨出，此外还要将前刀面磨出一个等于径向前角与径向后角之和的角度。刀体上的燕尾槽做成具有一个等于径向后角的倾角，这样装上刀头后就有了径向后角，同时使前刀面也恢复到径向前角。

（3）圆形成形车刀。圆形成形车刀也由刀头和刀体组成（见图2-40(c)），两者用螺柱紧固。在刀头与刀体的贴合侧面都做出端面齿，这样可防止刀头转动。刀头是一个开有缺口的圆轮，在缺口上磨出成形切削刃，缺口面即前刀面，在此面上磨出合适的前角。当成形切削刃低于圆轮的中心，在切削时自然就产生了径向后角。因此，可按所需的径向后角 α_0（一般为 $6°\sim10°$）求出成形切削刃低于圆轮中心的距离 $H=D/2\sin\alpha_0$。其中，D 是圆轮直径。

棱形成形车刀和圆形成形车刀的精度高，使用寿命长，但是制造较复杂。

用成形车刀车削成形面时（见图2-40(d)），由于切削刃与工件接触面积较大，容易引

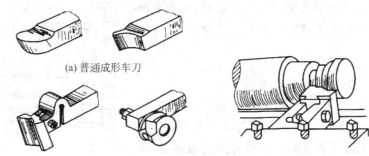

(a) 普通成形车刀

(b) 棱形成形车刀　　(c) 圆形成形车刀　　(d) 成形车刀车削成形面

图 2-40　成形车刀及车削成形面

起振动,所以应采取一定的防振措施。

车刀的特点:由于成形车刀的形状质量对工件的质量影响较大,因此对成形车刀要求较高,需要在专用工具磨床上刃磨,生产效率较高,工件质量有保证,用于批量生产。

3. 靠模法车成形面

尾座靠模和靠板靠模是两种主要的靠模成形法。

(1)尾座靠模是将一个标准样件(靠模 3)装在尾座套筒中,在刀架上装一把长刀夹,刀夹上装有车刀 2 和靠模板 4。车削时用双手操纵中、小滑板(如同双手进给控制法),使靠模板 4 始终贴在靠模 3 上并沿其表面移动,车刀 2 就可车出与靠模 3 相同形状的工件,如图 2-41 所示。

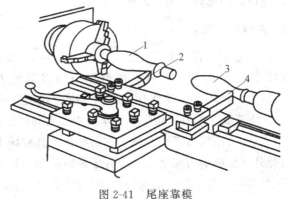

普通车床成形加工之三:靠模法.mp4

图 2-41　尾座靠模

1—工件;2—车刀;3—靠模;4—靠模板

(2)靠板靠模与尾座靠模车锥面相似,只是将锥度靠模换成了具有曲面槽的靠模,并将滑块改为滚柱。

如果没有靠模车床,也可利用卧式车床进行靠模车削,如图 2-42 所示。在床身扣面装上靠模支架 5 和靠模板 4,脱开中滑板与丝杠的连接,使滚柱 3 通过拉杆 2 与中滑板连接。将小滑板转过 90°,以代替中滑板作车刀横向位置调整控制背吃刀量。车削时,当床鞍纵向进给时,滚柱 3 就沿靠模板 4 的曲槽移动,并通过拉杆 2 使车刀随之作相应移动,于是在工件 1 上车出了成形面。

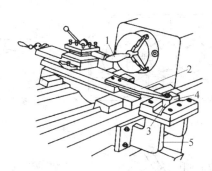

图 2-42 靠板靠模

1—工件；2—拉杆；3—滚柱；4—靠模板；5—靠模支架

2.2.3 车床维护与保养

1. 车床的日常维护

（1）每班次下班前应擦净车床导轨面（包括中滑板和小滑板），要求无油污、无切屑，并加油润滑，使车床清洁和整齐。

（2）床鞍、中滑板、小滑板部分，尾座、光杠、丝杠、轴承等，靠油孔注油润滑，每班次加油一次。

（3）要求每班次保持车床的三个导轨面及转动部位清洁、润滑油路畅通，油标、油窗清晰，并保持车床和场地整洁等。

2. 车床的润滑

为了使车床在工作中减少机件磨损，保持车床的精度，延长车床的使用寿命，必须对车床上所有摩擦部位进行定期润滑。根据车床各个零、部件在不同的受力条件下工作的特点，常采用以下几种润滑方式。

（1）浇油润滑车床露在外面的滑动表面。例如，车床的床身导轨面，中、小滑板导轨面和丝杠等，擦干净后用油壶浇油润滑。

（2）溅油润滑车床齿轮箱内等部位的零件，一般是利用齿轮转动时把润滑油飞溅到各处进行润滑，如图 2-43（a）所示。注入新油应用滤网过滤，油面不得低于油标中心线。一般每三个月换油一次。

（3）油绳润滑进给箱内的轴承和齿轮，除了用齿轮溅油法进行润滑外，还可用进给箱上部的储油槽，通过油绳进行润滑，如图 2-43（b）所示。因此，除了需要注意进给箱油标孔里油面的高低外，每班还需要给进给箱上部的储油槽适量加油一次。

（4）弹子油杯润滑车床尾座中、小滑板摇手柄转动轴承部位，一般采用这种方式，如图 2-43（c）所示。润滑时，用油嘴将弹子按下，滴入润滑油。弹子油杯润滑每班至少加油一次。

（5）油脂杯润滑车床交换齿轮箱的中间齿轮等部位，一般用油脂杯润滑，如图 2-43（d）所示。润滑时，先在油脂杯中装满油脂，当拧紧油杯盖时，润滑油脂就挤入轴承套内。油脂杯润滑每周加油一次，每班次旋转油杯盖一圈。

（6）油泵循环润滑这种方式是依靠车床内的油泵供应充足的油量进行润滑。

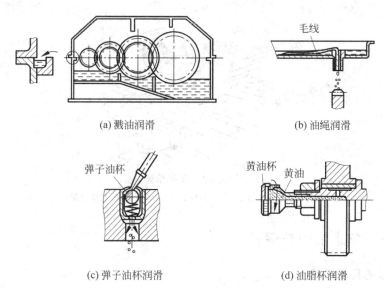

(a) 溅油润滑　　　　　　　　　(b) 油绳润滑

(c) 弹子油杯润滑　　　　　　　(d) 油脂杯润滑

图 2-43　车床的润滑方式

图 2-44 是 CA6140 型卧式车床的润滑系统图。润滑部位用数字标出,除了图中所注②处的润滑部位用 2 号钙基润滑脂进行润滑外,其余所圈数字用 L-AN46 全损耗系统用油润滑。由于长丝杠和光杠的转速较高,润滑条件较差,必须注意每班次加油,润滑油可以从轴承座上面的方腔中加入,如图 2-45 所示。

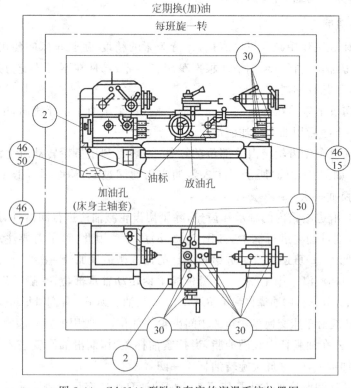

图 2-44　CA6140 型卧式车床的润滑系统位置图

项目2 榔头组件车削加工 **103**

3. 车床的安全使用规范

(1) 严格遵守车间规定的安全规则,操作前穿好衣服,戴好工作帽。

(2) 操作车床时不允许戴手套。

(3) 不准用手制动转动的卡盘。

(4) 用钩子和刷子清理车床上的切屑,不准用手直接清除切屑。

(5) 不允许在车床工作面及导轨面上敲击物件,床面上不允许直接放置工具和杂物。

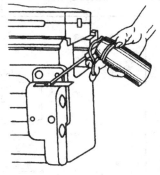

图 2-45　丝杠和光杠轴承润滑

(6) 工作时不允许无故离开机床,离开机床前必须停车。

(7) 车床变换速度前必须停车,否则将损坏齿轮或机构。

(8) 工件、刀具必须夹紧可靠。工件夹紧后,应及时拿掉扳手。

(9) 下班前必须清除切屑,按润滑图逐点进行润滑。

(10) 经常观察油标、油位,采用规定的润滑油及油脂,适时调整轴承和导轨的间隙。

(11) 工作结束后,切断机床总电源,刀架移到尾座一端。

2.3　项目技能链接

2.3.1　项目资讯

(1) 温习项目 2 相关知识链接。

(2) 联系项目加工内容,学习车工操作安全规范与岗位职责。

(3) 联系项目知识链接内容,分析榔头组件零件设计图结构工艺性(见图 2-46)。

① 根据图样和技术要求,了解图样上有关加工部位的尺寸精度、形状和位置精度、表面粗糙度要求。

- 榔头:该零件径向的基本尺寸为 ϕ20mm,尺寸公差为 0.1mm,轴线为径向的设计基准,左右锥面的锥度分别为 6°和 16°。轴向的最大基本尺寸为 78mm,尺寸公差 0.3mm,锥面部分的基本尺寸为 18mm 和 29mm,尺寸公差为 0.2mm。所有面的表面粗糙度为 $Ra6.3\mu m$。零件左右端面为轴向的设计基准。在锥面的根部有 2 个 $R2$ 的圆弧槽,榔头的中间有 1 个 M8 的螺纹孔。

- 榔头杆:该零件径向的柄部基本尺寸为 ϕ14mm,尺寸公差为 0.2mm;中间部分的基本尺寸为 ϕ12mm,尺寸公差为 0.1mm,轴线为径向的设计基准。轴向的最大基本尺寸为 210mm,尺寸公差为 0.3mm,柄部的基本尺寸为 90mm,右端螺纹部分的基本尺寸为 18mm,尺寸公差都是 0.2mm。所有面的表面粗糙度为 $Ra6.3\mu m$。零件左右端面为轴向的设计基准。榔头杆的柄部有网纹,右端有 M8 的外螺纹。

② 确定定位基准面。选择零件上的设计基准作定位基准面。基准面应首先加工,并用其作为加工其余各面时的定位基准面。

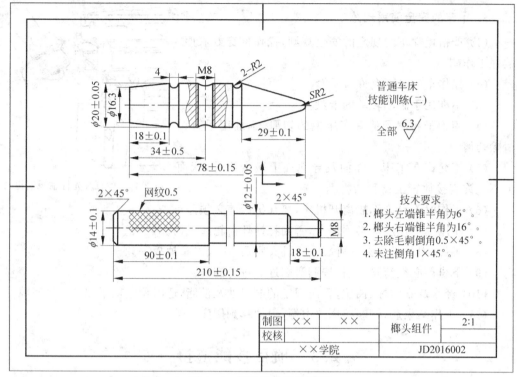

图 2-46　榔头组件设计图纸

2.3.2　决策与计划

1. 工艺路线

榔头车削加工工艺路线：1料—2车—3车—4钳—总检—入库（见图 2-47）。

榔头杆车削加工工艺路线：1料—2车—3车—总检—入库（见图 2-47）。

2. 机械加工工艺规程

（1）榔头机械加工工艺规程包括过程卡和工艺卡（见图 2-48）。

（2）榔头杆机械加工工艺规程包括过程卡和工艺卡（见图 2-49）。

3. 刀具选择

选择 45°与 90°外圆车刀（焊接刀具）、圆弧切槽刀、R2 成形车刀、滚花刀、钻头、丝锥与板牙。

4. 夹具的选择

选择机床自带的三爪自定心卡盘来装夹工件。

5. 切削用量的选用

参照《机械加工工艺手册》选取切削速度，根据表达式 $v=\pi \cdot d \cdot n/1000$，可计算出主轴的速度，本项目考虑到机床的刚性和强度，选用主轴转速：粗车时 $n=600\text{r/min}$，精车时 $n=800\text{r/min}$；进给量：粗车时 $f=0.15\sim0.2\text{mm/r}$，精车时 $f=0.1\sim0.15\text{mm/r}$；背吃刀量：粗车时 $a_p=2\text{mm}$、精车时 $a_p=0.5\sim1\text{mm}$。

产品名称 _____

生产任务号 _____

工艺文件编号 _____

工 艺 文 件

工艺文件名称： _____工艺路线_____

零、部、组(整)件名称： _____榔头组件_____

零、部、组(整)件代号： _____lt-00_____

编制部门 _____××系_____

单　　位 _____××学院_____

更改标记	序号	零(部)件名称		本组件数量	每产品数量	备件数量	主制部门	工艺过程及经过生产部门	备注
		代号	名称						
	1	lt-01	榔头组件1	1	1		实	1料—2车—3车—4钳—总检—入库	
	2	lt-02	榔头组件2	1	1		实	1料—2车—3车—总检—入库	

工艺路线表　产品型号 lt　零(部)件图号 lt-00　工艺文件编号
产品名称 榔头　零(部)件名称 榔头组件

编制	日期	校对	日期	会签	日期

更改标记	更改单号	签字	日期	更改标记	更改单号	签字	日期

图 2-47　加工工艺路线

产品名称 ___锤头___

生产任务号 _____

工艺文件编号 [   ]

工 艺 文 件

工艺文件名称：___机械加工工艺规程___

零、部、组(整)件名称：___锤头组件1___

零、部、组(整)件代号：___lt-01___

编制部门 ___××系___

单 位 ___××学院___

机械加工工艺过程卡 (首页)		产品型号	lt	零(部)件图号		lt-01		共5页
		产品名称	锤头	零(部)件名称		锤头组件1		第1页

材料牌号	45		毛坯种类	型材	毛坯外形尺寸	$\phi 26 \times 90$	每毛坯件数	1	每台件数		1	备注		
更改标记	车间	工序号	工序名称	工序内容					设备及工装				工时定额	
									名称	设备编号	工装编号		准终	单件
	实	1	料											
	实	2	车	车端面，车外圆，车外锥；						CA6140A				
	实	3	车	车端面，车外锥；						CA6140A				
	实	4	钳	划、钻、攻螺纹M3；						JZ-25				
				总检。										
				入库。										
									编制	日期	校对	日期	会签	日期
更改标记	更改单号	签字	日期	更改标记	更改单号	签字	日期							

图 2-48 加工工艺规程

机械加工工艺卡 (首页)			产品型号		lt		零(部)件图号			lt-01		共5页
			产品名称		榔头		零(部)件名称			榔头组件1		第2页
材料牌号	45	毛坯种类	型材	毛坯外形尺寸		$\phi26\times90$		每毛坯件数	1	每台件数	1	备注
更改 标记	工序号	工步号			工序(工步)名称及内容					设备及工装		
										名称	设备编号	工装编号
	1		料									
			$\phi26\times90$，1件；									
	2		车							CA6140A		
		2.1	三爪装夹毛坯外径，找正夹紧，车端面见光，表面粗糙度6.3；									游标卡尺
												0～125/0.02
		2.2	车外圆至尺寸$\phi20\pm0.05$，表面粗糙度6.3；									
		2.3	车16.3°外锥，保证尺寸18 ± 0.1，车$SR2$，保证尺寸29 ± 0.1，									
			表面粗糙度6.3；									
			车$R2$半圆槽，表面粗糙度6.3；									
	3		车							CA6140A		
		3.1	调头，三爪装夹$\phi20$外圆(垫铜片)，找正夹紧；									
						编制		日期		校对	日期	会签	日期
更改标记	更改单号	签字	日期	更改标记	更改单号	签字	日期					

机械加工工艺卡 (续页)			产品型号		lt		零(部)件图号			共5页
			产品名称		榔头		零(部)件名称		榔头组件1	第3页
材料牌号	45	毛坯种类	型材	毛坯外形尺寸		$\phi26\times90$	每毛坯件数	1	每台件数	1	备注
更改 标记	工序号	工步号			工序(工步)名称及内容			设备及工装		
								名称	设备编号	工装编号
		3.2	车5.9°外锥，保证尺寸18 ± 0.1，$\phi16.3$车$R2$半圆槽，表面粗							游标卡尺
			糙度6.3；							0～125/0.02
			检：尺寸$\phi20\pm0.05$，16.3°，34.1，$SR2$，29 ± 0.1，78 ± 0.15， 5.9°，18 ± 0.1。							
	4		钳					JZ-25		
		4.1	划M8中心位置线；							
		4.2	钻M8螺纹底孔($\phi7$)；							
		4.3	攻M8螺纹孔，表面粗糙度6.3；							
			检：M8螺纹孔位置及尺寸。							
					编制		日期	校对	日期	会签	日期
更改标记	更改单号	签字	日期	更改标记	更改单号	签字	日期			

图　2-48(续)

机械加工工艺卡 (续页)			产品型号	lt	零(部)件图号		lt-01		共5页
			产品名称	榔头	零(部)件名称		榔头组件1		第4页
材料牌号	45	毛坯种类	型材	毛坯外形尺寸	$\phi26\times90$	每毛坯件数	1	每台件数	1	备注

更改 标记	工 序 号	工 步 号	工序(工步)名称及内容	设备及工装		
				名称	设备编号	工装编号
			总检:尺寸$\phi20\pm0.05$, 16.3°, 34.1, $SR2$, 29 ± 0.1, 78 ± 0.15, 5.9°;			
			18 ± 0.1, M8, 表面粗糙度6.3;			
			入库。			

					编制	日期	校对	日期	会签	日期
更改标记	更改单号	签字	日期	更改标记	更改单号	签字	日期			

工艺附图		产品型号	lt	零(部)件图号	lt-01	共5页
		产品名称	榔头	零(部)件名称	榔头组件1	第5页

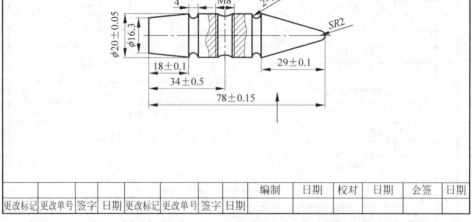

						编制	日期	校对	日期	会签	日期
更改标记	更改单号	签字	日期	更改标记	更改单号	签字	日期				

图 2-48(续)

产品名称 _____榔头_____

生产任务号 _____

工艺文件编号 [   ]

工 艺 文 件

工艺文件名称： _____机械加工工艺规程_____

零、部、组(整)件名称： _____榔头组件2_____

零、部、组(整)件代号： _____lt-02_____

编制部门 _____××系_____

单 位 _____××学院_____

机械加工工艺过程卡 (首页)			产品型号	lt	零(部)件图号		lt-02		共4页	
			产品名称	榔头	零(部)件名称		榔头组件2		第1页	

材料牌号	45	毛坯种类	型材	毛坯外形尺寸	$\phi16\times225$	每毛坯件数	1	每台件数	1	备注	

更改标记	车间	工序号	工序名称	工序内容		设备及工装			工时定额	
					名称	设备编号	工装编号	准终	单件	
实		1	料							
实		2	车	车端面，车外圆，车螺纹；	CA6140A					
实		3	车	车端面，滚花；	CA6140A					
				总检。						
				入库。						
					编制	日期	校对	日期	会签	日期

更改标记	更改单号	签字	日期	更改标记	更改单号	签字	日期			

图 2-49 加工工艺规程

机械加工工艺卡 (首页)		产品型号	lt	零(部)件图号		lt-02		共4页
		产品名称	榔头	零(部)件名称		榔头组件2		第2页
材料牌号	45	毛坯种类	型材	毛坯外形尺寸	$\phi16\times225$	每毛坯件数 1	每台件数 1	备注

更改标记	工序号	工步号	工序(工步)名称及内容	设备及工装		
				名称	设备编号	工装编号
	1		料			
			$\phi16\times225$,1件;			
	2		车	CA6140A		
		2.1	三爪装夹毛坯外径,找正夹紧,车端面见光,打顶尖孔A1.5,			游标卡尺
			表面粗糙度6.3;			
						0~300/0.02
		2.2	一夹一顶,车外圆至尺寸$\phi14\pm0.10$,表面粗糙度6.3;			
		2.3	车$\phi12\pm0.05$,保证尺寸120(120=210-90),表面粗糙度6.3;			
		2.4	车M8螺纹,保证尺寸18 ± 0.1,倒角C2,表面粗糙度6.3;			
	3		车	CA6140A		
		3.1	调头,三爪装夹$\phi12$外圆(垫铜片),找正夹紧;平端面,			
			保证尺寸210 ± 0.15;			

					编制	日期	校对	日期	会签	日期
更改标记	更改单号	签字	日期	更改标记	更改单号	签字	日期			

机械加工工艺卡 (续页)		产品型号	lt	零(部)件图号		lt-02		共4页
		产品名称	榔头	零(部)件名称		榔头组件2		第3页
材料牌号	45	毛坯种类	型材	毛坯外形尺寸	$\phi16\times225$	每毛坯件数 1	每台件数 1	备注

更改标记	工序号	工步号	工序(工步)名称及内容	设备及工装		
				名称	设备编号	工装编号
			打顶尖孔A1.5;倒角C2,表面粗糙度6.3;			游标卡尺
		3.2	一夹一顶,接车$\phi14\pm0.10$外圆,保证尺寸90 ± 0.1,滚花m0.5。			0~300/0.02
			检:尺寸$\phi14\pm0.10$,$\phi12\pm0.05$,M8,18 ± 0.1,210 ± 0.15;			
			总检:检以上各工序尺寸。			
			入库。			

					编制	日期	校对	日期	会签	日期
更改标记	更改单号	签字	日期	更改标记	更改单号	签字	日期			

图 2-49(续)

工艺附图		产品型号	lt	零(部)件图号	lt-02	共4页
		产品名称	榔头	零(部)件名称	榔头组件2	第4页

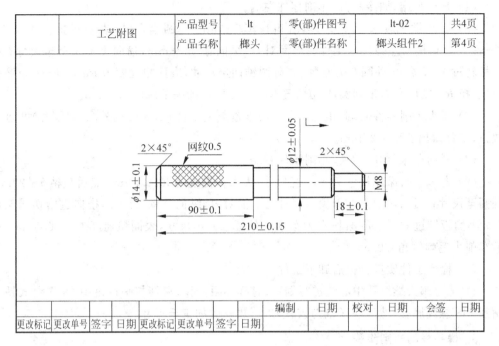

						编制	日期	校对	日期	会签	日期
更改标记	更改单号	签字	日期	更改标记	更改单号	签字	日期				

图 2-49(续)

6. 工件的装夹

夹持长度留出必要的加工长度后再预留5mm左右的退刀距离即可。

7. 量具的选择

量具选用游标卡尺(0~300/0.02mm)。

8. 计划

根据工艺路线及机械加工工艺规程内容制定任务完成实施计划。

2.3.3 实施

1. 毛坯的选择

根据榔头组件机械加工工艺规程要求,选择45钢棒料,榔头的尺寸为$\phi 26 \times 90$mm,榔头杆的尺寸为$\phi 16 \times 225$mm。

2. 榔头的车削步骤

(1)装刀对中:将45°与90°外圆车刀、圆弧切槽刀、R2成形车刀装在刀架上,并对准工件旋转中心。

(2)装夹工件:用三爪自定心卡盘装夹工件外圆并进行校正,毛坯伸出长度≥56mm。

(3)调节机床主轴转速与进给量。

(4) 开动车床,加冷却液,车削零件左端。

(5) 先车端面使整面见光,然后粗精车 $\phi20$mm 外圆至尺寸,表面粗糙度为 $Ra6.3\mu$m;圆弧切槽刀左刀尖与工件右端面对刀,纵向移动 33mm,横向进给切槽至尺寸;小溜板转过 16°,换 90°外圆车刀车削 16°外圆锥面至尺寸,表面粗糙度为 $Ra6.3\mu$m;小溜板复位,换 $R2$ 成形车刀车削圆球 $SR2$ 至尺寸;最后车削去毛刺倒角 $C0.5$。

(6) 调头车削零件右端,用三爪自定心卡盘装夹工件 $\phi20$mm 的外圆(垫铜片)并进行校正,工件露出长度$\geqslant27$mm。

(7) 开动车床,加冷却液,车削零件右端。

(8) 先车端面保证长度 78mm 至尺寸,表面粗糙度为 $Ra6.3\mu$m;然后粗精车 $\phi20$mm 外圆至尺寸;圆弧切槽刀左刀尖与工件右端面对刀,纵向移动 22mm,横向进给切槽至尺寸;小溜板转过 6°,换 90°外圆车刀车削 6°外圆锥面至尺寸,表面粗糙度为 $Ra6.3\mu$m;最后车削去毛刺倒角 $C0.5$。

(9) 检测工件质量合格后卸下工件。

(10) 对榔头螺纹孔中心线进行划线、打样冲眼操作,夹持与平口钳中,操作台式钻床钻削 M8 螺纹底孔,然后换丝锥与绞杠,进行攻丝的加工至尺寸。

3. 榔头杆的车削步骤

(1) 装刀对中:将 45°与 90°外圆车刀装在刀架上,并对准工件旋转中心。

(2) 装夹工件:用三爪自定心卡盘装夹工件外圆并进行校正,毛坯伸出长度为 20mm左右,车端面至尺寸,同时在工件左右端面钻削中心孔。然后夹持工件右端,尾座顶尖顶工件左端中心孔,工件露出长度$\geqslant100$mm。

(3) 调节机床主轴转速与进给量。

(4) 开动车床,加冷却液,车削零件左端 $\phi14$mm 外圆处。

(5) 粗车外圆 $\phi14$mm 至尺寸,表面粗糙度为 $Ra6.3\mu$m;然后车削倒角 $C2$。

(6) 调头车削零件右端,用三爪自定心卡盘装夹工件 $\phi14$mm 外圆(垫铜片)并进行校正。尾座顶尖顶工件左端中心孔,工件露出长度$\geqslant130$mm。

(7) 开动车床,加冷却液,车削零件右端。

(8) 在 $\phi14$mm 外圆上从右至左长度 120mm 处用车刀刻线,粗精车 $\phi12$mm 外圆至尺寸;在 $\phi12$mm 外圆上从右至左长度 18mm 处用车刀刻线,粗精车 $\phi7.8$mm 外圆至尺寸;然后车削倒角 $C2$,未注倒角 $C1$、去除毛刺倒角 $C0.5$。

(9) 检测工件质量合格后卸下工件。

(10) 调节机床主轴转速约为 120r/min,进给量约为 0.1mm/r。

(11) 用三爪自定心卡盘装夹工件 $\phi12$mm 外圆(垫铜片)并进行校正,尾座顶尖顶工件左端中心孔,使用滚花刀加工 $\phi14$mm 处的网纹。

(12) 用三爪自定心卡盘装夹工件 $\phi12$mm 外圆(垫铜片)并进行校正,使用板牙与板牙架加工 M8 外螺纹。

2.3.4　检查与评价

（1）每完成一道工序，都要使用游标卡尺等量具对工件进行工序间的检测，检测内容为工序内容中要求达到的尺寸、形位、表面质量精度等（详见机械加工工艺规程）。

（2）最后进行总检，检测内容为各工序内容中要求达到的尺寸、形位、表面质量精度等（详见机械加工工艺规程）；并在零件质量检测结果报告单上填写检测结果。

（3）组内同学自评。

（4）小组互评成绩。

（5）网络平台学习与作业评价。

（6）教师依据项目评分记录表做出评价。

2.4　拓展技能链接

2.4.1　拓展项目：锥度变径销轴

（1）锥度变径销轴设计图纸如图 2-50 所示。

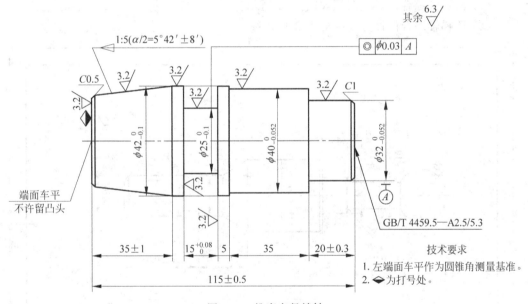

图 2-50　锥度变径销轴

（2）锥度变径销轴评分标准见表 2-10。

表 2-10　锥度变径销轴评分标准

序号	检 测 项 目	配分	评 分 标 准	检测结果	得分
1	检测尺寸 $\phi 42_{-0.1}^{0}$ mm	5	超差不得分		
2	检测表面粗糙度 $Ra\,3.2\,\mu m$	4	超差不得分		
3	检测尺寸 $\phi 40_{-0.052}^{0}$ mm	10	每超差 0.01mm 扣 5 分		

续表

序号	检 测 项 目	配分	评 分 标 准	检测结果	得分
4	检测表面粗糙度 $Ra\,3.2\mu m$	4	超差不得分		
5	检测尺寸 $\phi 32_{-0.052}^{\ 0}$ mm	10	每超差 0.01mm 扣 5 分		
6	检测表面粗糙度 $Ra\,3.2\mu m$	4	超差不得分		
7	检测尺寸 $\phi 25_{-0.1}^{\ 0}$ mm	8	每超差 0.01mm 扣 2 分		
8	检测表面粗糙度 $Ra\,3.2\mu m$	4	超差不得分		
9	检测尺寸 $\phi 15_{0}^{+0.08}$ mm	10	每超差 0.02mm 扣 5 分		
10	检测表面粗糙度 $Ra\,3.2\mu m$	8	1 处超差扣 4 分		
11	检测锥度 $1:5(\alpha/2 = 5°42' \pm 8')$	10	每超差 2′ 扣 4 分		
12	检测表面粗糙度 $Ra\,3.2\mu m$	4	超差不得分		
13	检测圆柱素线直线度	4	超差 0.01mm 扣 2 分		

2.4.2 拓展项目：阶梯轴综合件

（1）阶梯轴综合件设计图纸如图 2-51 所示。

（2）阶梯轴综合件评分标准见表 2-11。

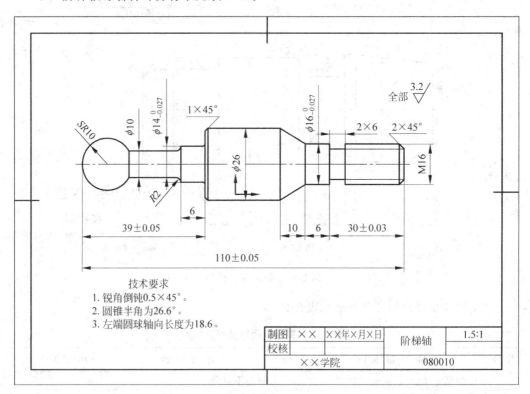

图 2-51 阶梯轴综合件

表 2-11　阶梯轴综合件评分记录表

一、工艺装备操作评分记录表(12 分)

序号	考察范围	考察项目	配分	评分标准	得分
1	工具、设备的操作	合理使用常用刀具	4	违反一次扣 2 分	
2		合理使用常用量具	4	违反一次扣 2 分	
3		正确操作自用车床	2	违反一次扣 2 分	
4	独立性	独立操作自用车床	2	违反一次扣 2 分	

二、职业素养评分记录表(12 分)

5	安全、文明生产	严格执行安全操作规程	6	违反一次扣 3 分	
6		严格执行文明生产的规定	6	违反一次扣 3 分	

三、工艺文件相关评分记录表(10 分)

7	工艺文件应用	工艺文件与加工方法一致性	4	每处不一致扣 2 分	
8		工艺文件与加工参数一致性	6	每处不一致扣 3 分	

四、工件加工质量评分表(66 分)

1	外圆 ϕ26mm	2	超差不得分	
2	外圆 ϕ16mm	4	超差不得分	
	外圆 ϕ14mm	4	超差不得分	
	外圆 ϕ10mm	2	超差不得分	
3	长度 110mm	2	超差不得分	
4	长度 30mm	3	超差不得分	
5	长度 10mm	2	超差不得分	
	长度 6mm(右)	2	超差不得分	
	长度 39mm	3	超差不得分	
	长度 6mm(左)	3	超差不得分	
6	表面粗糙度 Ra3.2(6 处)	12	超差不得分(6 处×2 分)	
7	倒角 0.5×45°(2 处)	2	超差不得分(2 处×1 分)	
8	倒角 1×45°	1	超差不得分	
	倒角 2×45°	1	超差不得分	
	退刀槽 2mm×6mm	2	超差不得分	
9	外螺纹 M16	10	大径超差扣 2 分	
			螺距超差扣 2 分	
			螺纹未到退刀槽扣 2 分	
			螺纹表面有毛刺扣 2 分	
			牙型歪斜或断齿扣 2 分	
10	圆弧 R2	3	超差不得分	
11	圆球 SR10	8	圆球面成形 90%扣分,成形 50%～90%扣 4 分,低于 50%不得分	
	合　　计	100		

2.5 习　　题

2.5.1　知识链接习题

(1) 何谓工艺过程? 说出常见的工艺过程有哪些。

(2) 什么是粗、精基准? 粗、精基准选择的原则是什么?

(3) 简述六点定位原理。

(4) 机械加工工艺过程划分加工阶段的原因是什么?

(5) 在车削重要的轴类零件时,为什么轴上的主要项目在精车时安排在最后工序进行?

(6) 有传动系统如图 2-52 所示,试计算:①车刀的运动速度(m/min);②主轴转一周时,车刀移动的距离(mm/r)。

(7) 图 2-53 所示为某机床的传动系统图,已知各齿轮齿数,电动机转速 $n=1450$r/min,带传动效率=0.98。求:①系统的传动路线表达式;②输出轴Ⅱ的转速级数;③轴Ⅱ的极限转速。

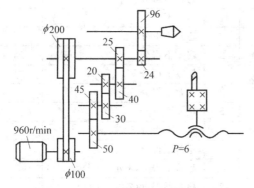

图 2-52　车床传动系统图

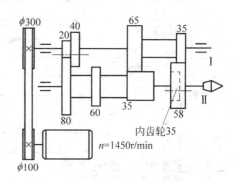

图 2-53　机床的传动系统图

(8) 阶梯轴结构如图 2-54 所示,已知条件如下。

① 当小批量生产时,其粗加工过程如下。

a. 车左端面,钻中心孔,用卧式车床。

b. 夹右端,顶左端中心孔,粗车左端台阶,用卧式车床。

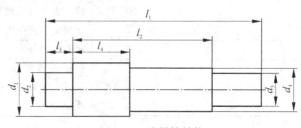

图 2-54　阶梯轴结构

c. 车右端面,钻中心孔,用卧式车床。

d. 夹左端,顶右端中心孔,粗车右端台阶。

② 当大批量生产时,其粗加工过程如下:

a. 铣两端面,同时钻两端中心孔,专用铣钻机床。

b. 粗车外圆各台阶面,用卧式车床。

试分析上述两种生产类型的粗加工由哪几道工序、工步、安装组成?

2.5.2 技能链接习题

(1) 图 2-55 所示为普通车床加工常用的刀具、夹具、量具。

① 试述榔头的加工需要用到图 2-55 中的哪几个工具(数字后需标出名称)?

② 榔头杆的加工需要用到图 2-55 中的哪几个工具(数字后需标出名称)?

③ 简述选择的原因。

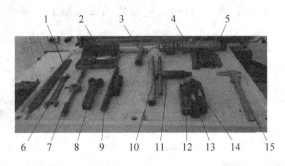

图 2-55 普通车床加工常用的刀具、夹具、量具

(2) 图 2-56 为项目 2 加工完成的两个榔头杆,其中 1 号榔头杆为合格产品,2 号榔头杆为不合格产品。

① 图示部位的加工需要用到的刀具名称是什么?

② 图示部位加工的工序名称叫什么?

③ 2 号榔头杆不合格的主要的原因是什么?

(a) 1号榔头杆

(b) 2号榔头杆

图 2-56 榔头杆

(3) 图 2-57 为项目 2 加工完成的榔头杆。

① 右端螺纹加工的工序名称叫什么?

② 右端螺纹加工所使用的工具是什么?

③ 图示榔头杆的头部与榔头要旋合在一起,但是实际上榔头的底部不能旋合至图示螺纹部分的根部。这是什么原因造成的? 应该如何改进?

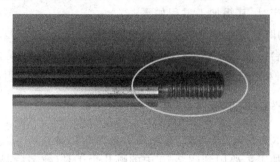

图 2-57 榔头杆螺纹部分

(4) 图 2-58 为项目 2 的加工图纸(图 2-58(a))与加工完成的榔头实体(2-58(b)),现根据图纸在表 2-12 中编写出图 2-58(b)标记位置的车床加工工序卡。

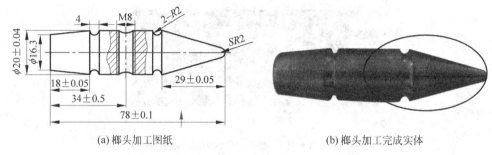

(a)榔头加工图纸   (b)榔头加工完成实体

图 2-58 榔头

表 2-12 车床加工工序卡

工步号	工步内容	刀 具			夹具	主轴转速/ (r/min)	进给速度/ (mm/转)	切削深度/ mm
		类型	材料	规格				
1								
2								
3								
4								
5								
6								
7								
8								

阶梯配合件车削加工

本项目的教学目的为培养学生具备合理安排加工工艺的能力,同时根据加工工艺在普通车床上独立完成复杂零件的加工,为将来胜任工作岗位的知识要求和技能要求奠定良好的基础。

本项目已知材料为 45 钢棒料。根据零件图,制定零件加工工艺,正确选择加工所需的刀具、夹具、量具及辅助工具,合理选择工艺参数,在普通车床上进行实际加工,最后对加工后的零件进检测、评价。

3.1　项目知识链接

加工余量的确定.pdf

工序尺寸及其公差的确定.pdf

3.1.1　车床基本工艺(车内孔)

在车床上对工件的孔进行车削的方法称为车孔(又称镗孔),车孔是对锻出、铸出或钻出的孔的进一步加工。车孔可以部分地纠正原来孔轴线的偏斜,可以作为粗加工,也可以作为精加工。车孔的表面粗糙度 Ra 的值为 $3.2 \sim 1.6 \mu m$。

1. 内孔车刀

车孔分为车通孔和车不通孔,如图 3-1 所示,内孔车刀也分为通孔车刀和不通孔车刀两种。通孔车刀的主偏角为 $45° \sim 75°$,副偏角为 $10° \sim 20°$;不通孔或台阶孔车刀主偏角大于 $90°$,常取 $92° \sim 95°$;另外,刀尖至刀杆背面的距离必须小于孔径 R 的一半,否则无法车平孔底平面。

当车刀纵向进给至孔底时,需作横向进给车平孔底平面,以保证孔底平面与孔轴线垂直。选择内孔车刀时,车刀杆应尽可能粗一些;安装车刀时,伸出刀架的长度应尽量小,一般取大于工件孔长为 $4 \sim 10mm$ 即可;

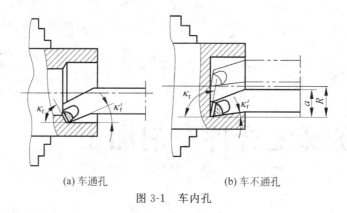

(a) 车通孔   (b) 车不通孔

图 3-1 车内孔

内孔车刀后角应略大些,取 8°~12°,为避免刀杆后刀面与孔壁相碰,一般可磨成双重后角;前刀面上需刃磨断屑槽。

2. 车刀的装夹

装夹内孔车刀,原则上刀尖高度应与工件中心等高,实际加工时要适当调整。精加工时,刀尖装得要略高于主轴中心,使工作后角增大,以免颤动和扎刀;粗加工时,刀尖略低于工件中心,以增加前角。

3. 车削用量选择

车孔时,因刀杆细、刀头散热体积小,且不加切削液,所以进给量 f 和背吃刀量 a_p 应比车外圆时小些,需进行多次走刀,生产率较低。粗车通孔时,当孔快要车通时,应停止机动进给,改用手动进给,以防崩刃。

3.1.2 工艺装备:千分尺、内径量表

1. 千分尺

1) 外径千分尺的结构原理

常用外径千分尺的结构原理见表 3-1。其固定套管上的刻线轴向长 0.5mm/格。微分筒圆锥面上刻线沿周向等分 50 格。测微螺杆的螺距为 0.5mm,微分筒与测微螺杆连接在一起,因此微分筒每回转一圈,测微螺杆连同微分筒轴向移动一个螺距 0.5mm。微分筒每转 1 格,则测微螺杆与微分筒轴向移动 0.01mm。

千分尺的使用和
读数方法.mp4

表 3-1 外径千分尺结构原理

名称	图示	功用
千分尺	砧座 测微螺杆 固定套管 微分筒 棘轮 尺架 锁紧手柄 螺钉 隔热板	千分尺的精度为 0.01mm。主要用于测量精度要求较高的情况。常用的类型有外径千分尺、内径千分尺、深度千分尺、公法线千分尺等

2）外径千分尺的使用方法与注意事项

（1）使用方法。

① 零位检查。使用前应擦净砧座和测微螺杆的端面,校正千分尺零位的准确性。

- 0～25mm 的外径千分尺,可转动棘轮,使砧座端面和测微螺杆的端面贴平,当棘轮发出响声后停止转动,观察微分筒零线和固定套管基准线是否对齐。
- 25～50mm、50～75mm、75～100mm 外径千分尺可通过附件标准样柱进行零位检查。

② 测量。

- 擦净工件被测表面、外径千分尺砧座和测微螺杆的端面。
- 左手握尺架,右手转动微分筒,使测微螺杆端面靠近工件被测表面。
- 转动棘轮,使测微螺杆端面与工件被测表面接触,直到棘轮打滑发出响声为止。
- 读出尺寸数值。

（2）注意事项。

① 根据工件被测尺寸正确选择外径千分尺的规格。

② 使用外径千分尺测量前应校正零位。

③ 测量时,当测微螺杆端面接近工件被测表面后,只能使用棘轮转动使其接触。退出接触时则反转微分筒。

④ 不准用外径千分尺测量粗糙表面。

⑤ 必须等机床停稳后才能测量。

⑥ 若需要取下千分尺再识读,则应先扳动锁紧手柄,锁住测微螺杆。

3）外径千分尺的读数方法

外径千分尺的读数方法和示例见表 3-2。

表 3-2 外径千分尺的读数方法和示例　　　　　　　单位：mm

步骤	1	2	3
内容	读出整数值	读出小数值	得出结果
方法 示例	读出固定套筒上露出的刻线最大值	找出微分筒上与固定套筒基准线对齐的刻线,用此刻线的格数乘以 0.01mm	将读出的整数值与小数值相加
	8	0.52	8.52
	10	0.25	10.25
	10	0.75	10.75

2. 内径量表

内径百分表的安装
与使用布局.mp4

内径量表是一种测量内孔直径的量具,是内径百分表与内径千分表的统称(需换表头)。常用的规格有:$\phi 10\sim 18$、$\phi 18\sim 35$、$\phi 35\sim 50$、$\phi 50\sim 100$、$\phi 50\sim 160$、$\phi 100\sim 160$、$\phi 160\sim 250$。

1) 内径量表的结构原理

内径量表是内量杠杆式测量架和百分表的组合,是将测头的直线位移变为指针的角位移的计量器具,用比较测量法测量或检验零件的内孔、深孔直径及其形状精度。常见的内径百分表的结构原理见表 3-3。

表 3-3　内径百分表的结构原理

名称	图　示	功　用
内径百分表	提杆　挡块　表盘　小指针　大指针　套筒　测量杆　测量头　内径百分表表头　锁紧螺钉　绝热把手　大管　固定测量头　连接杆　量棒　内径百分表	常用于内孔尺寸的测量与检验,测量精度为 0.01mm

2) 内径百分表的使用

(1) 使用前检。

① 检查表头的相互作用和稳定性。

② 检查活动测量头和可换测量头表面光洁,连接稳固。

(2) 读数方法。

① 读百分表时,要在主指针停止摆动后再开始读数,读数时,眼睛的视线要垂直于表盘,正对主指针来读数,偏视会造成读数误差。

② 测量时,观察指针转过的刻度数目,乘以分度值得出测量尺寸。

(3) 使用方法。

① 把百分表插入量表直管轴孔中,压缩百分表一圈,紧固。

② 选取并安装可换测量头,紧固。

③ 测量时手握隔热装置。

④ 根据被测尺寸调整零位。用已知尺寸的环规或平行平面(千分尺)调整零位,以孔轴向的最小尺寸或平面间任意方向内均最小的尺寸对 0 位,然后反复测量同一位置 2 或 3 次后检查指针是否仍与 0 位对齐,如不齐则重调。为读数方便,可用整数来定 0 位位置。

⑤ 测量时,摆动内径百分表,找到轴向平面的最小尺寸(转折点)来读数。

⑥ 测量杆、测量头、百分表等配套使用,不要与其他表混用。

3.2　拓展知识链接

工件材料的切削加工性.pdf

3.2.1　切削用量的选择

选择合理的切削用量是切削加工中十分重要的环节,它对保证加工质量、降低加工成本和提高生产率有着非常重要的意义。切削条件不同,切削用量的合理值有较大的变化。切削用量的合理值是指在充分发挥机床、刀具的性能,保证加工质量的前提下,获得高的生产率和低的加工成本的切削用量值。

选择切削用量时,要综合考虑其对切削过程、生产率和刀具寿命的影响,最后确定一个合理值。粗加工时,由于要尽量保证较高的生产率和必要的刀具寿命,应优先选择大的背吃刀量 a_p,其次根据机床动力刚性限制条件选取尽可能大的进给量 f,最后根据刀具寿命确定合适的切削速度 v_c;精加工时,由于要保证工件的加工质量,应选用较小的进给量 f 和背吃刀量 a_p,选用尽可能高的切削速度 v_c。

1. 背吃刀量 a_p 的选择

粗加工时,在机床功率足够时,应尽可能选取较大的背吃刀量,最好一次进给将该工序的加工余量全部切完。当加工余量太大、机床功率不足、刀具强度不够时,可分两次或多次走刀将余量切完。切削表层有硬皮的铸、锻件或切削不锈钢等加工硬化较严重的材料时,应尽量使背吃刀量 a_p 越过硬皮或硬化层深度,以保护刀尖。半精加工和精加工时的背吃刀量是根据加工精度和表面粗糙度要求,由粗加工后留下的余量确定的。如半精车时选取 $a_p=0.5\sim2.0\text{mm}$,精车时选取 $a_p=0.1\sim0.8\text{mm}$。

2. 进给量 f 的选择

粗加工时,进给量 f 的选择主要受切削力的限制。在机床-刀具-夹具-工件工艺系统的刚度和强度良好的情况下,可选择较大的进给量值;在半精加工和精加工时,由于进给量对工件已加工表面的表面粗糙度值影响很大,进给量一般取值较小。

3. 切削速度 v_c 的选择

粗加工时,背吃刀量和进给量都较大,切削速度受合理刀具寿命和机床功率的限制,一般取较小值;反之精加工时选择较高的切削速度。选择切削速度时,还应考虑工件材料、刀具材料(如用硬质合金车刀精车时,一般采用较高的切削速度,$v_c > 80\text{m/min}$;用高速钢车刀精车时,一般选择较低的切削速度,$v_c < 5\text{m/min}$)以及切削条件等因素。

在实际生产中,往往是已知工件直径,根据工件材料、刀具材料和加工要求等因素选定切削速度,再将切削速度换算成车床主轴转速,以便调整车床。

【例 3-1】 在 CA6140 型车床上车削 $\phi 260\text{mm}$ 的带轮外圆,选择切削速度 90m/min,求主轴转速。

解: $\qquad n = 1000 v_c / (\pi \cdot d) = 1000 \times 90 / (3.14 \times 260) = 110(\text{r/min})$

计算出车床主轴转速后,应选取与铭牌上接近的较小的转速。故车削该工件时,应选取 CA6140 型卧式车床铭牌上接近的较小转速,即选取 $n = 100\text{r/min}$ 作为车床的实际转速。

切削用量的选取方法有计算法和查表法。在大多数情况下,切削用量应根据给定的条件按有关切削用量手册中推荐的数值选取。

3.2.2　切削液的选择

在切削过程中合理使用切削液,可以改善切屑、工件与刀具的摩擦状况,降低切削力和切削温度,减少刀具磨损,抑制积屑瘤的生长,从而提高生产率和加工质量。

1. 切削液的作用

切削液主要起冷却和润滑的作用,同时还具有良好的清洗和防锈功用。

(1) 冷却作用。切削液的冷却作用,主要靠热传导带走大量的热来降低切削温度。一般来说,水溶液的冷却性能最好,油类最差,乳化液介于两者之间而接近于水溶液。

(2) 润滑作用。切削液渗透到切削区后,在刀具、工件、切屑界面上形成润滑油膜,减小摩擦。润滑性能的强弱取决于切削液的渗透能力、形成润滑膜的能力和强度。

(3) 清洗作用。在加工脆性材料形成崩碎切屑或加工塑性工件形成粉末切屑(如磨削)时,要求切削液具有良好的清洗作用和冲刷作用。清洗作用的好坏,与切削液的渗透性、流动性和使用的压力有关。为了提高切削液的清洗能力,及时冲走碎屑及磨粉,在使用时往往给予一定的压力,并保持足够的流量。

(4) 防锈作用。为了减小工件、机床、刀具受周围介质(空气、水分等)的腐蚀,要求切削液具有一定的防锈作用。防锈作用的好坏,取决于切削液本身的性能和加入的防锈添加剂的作用。在气候潮湿地区,对防锈作用的要求显得更为突出。

2. 切削液的种类

金属切削加工中,最常用的切削液可分为水溶性切削液和油溶性切削液两大类,见表 3-4。

3. 切削液的选择

切削液品种繁多、性能各异,在切削加工时应根据工件材料、刀具材料、加工方法和加工要求的具体情况合理选用,以取得良好的效果。另外,还要求切削液无毒无异味、绿色环保、不影响人身健康、不变质及具有良好的化学稳定性等。

表 3-4 切削液的种类、成分、性能、作用和用途

	种 类		成 分	性能和作用	用 途
水溶性切削液	水溶液		以软水为主,加入防锈剂、防霉剂,有的还加入油性添加剂、表面活性剂以增强润滑性	主要起冷却作用	常用于粗加工
	乳化液		配制成 3%~5% 的低含量乳化液	主要起冷却作用,但润滑和防锈性能较差	用于粗加工、难加工的材料和细长工件的加工
			配制成高含量乳化液	提高其润滑和防锈性能	精加工用高含量乳化液
			加入一定的极压添加剂和防锈添加剂		用高速钢刀具粗加工和对钢料精加工时用极压乳化液;钻削、铰削和加工深孔等半封闭状态下,用黏度较小的极压乳化液
	合成切削液		由水、各种表面活性剂和化学添加剂组成,如国产 DX148 多效合成切削液有良好的使用效果	冷却、润滑、清洗和防锈性能较好,不含油,可节省能源,有利于环保	国内外推广使用的高性能切削液,国外的使用率达到 60%,在我国工厂中的使用也日益增多
油溶性切削液	切削油	矿物油	L-AN15、L-AN22、L-AN32 全损耗系统用油	润滑作用较好	在普通精车削、螺纹精加工中使用甚广
			轻质柴油、煤油等	煤油的渗透和清洗作用较突出	在精加工铝合金、铸铁和高速钢铰刀铰孔中使用
		动植物油	食用油	能形成较牢固的润滑膜,其润滑效果比纯矿物油好,但易变质	应尽量少用或不用
		复合油	矿物油与动植物油的混合油	润滑、渗透和清洗作用均较好	应用范围广
	极压切削油		在矿物油中添加氯、硫、磷等极压添加剂和防锈添加剂配制而成。常用的有氯化切削油和硫化切削油	它在高温下不破坏润滑膜,具有良好的润滑效果,防锈性能也得到了提高	使用高速钢刀具对钢料精加工时,用钻削、铰削和加工深孔等半封闭状态下工作时,用黏度较小的极压切削油

(1)根据工件材料选用。切削钢料等塑性材料需用切削液,切削铸铁等脆性材料可不用切削液,后者使用切削液的作用不明显,反而会弄脏工作场地和使碎屑黏附在机床导轨与滑板间造成阻塞和擦伤。切削高强度钢、高温合金等难切削材料时,应选用极压切削油或极压乳化液;切削铜、铝及其合金时,不能使用含硫的切削液,因为硫对其有腐蚀作用。

(2)根据刀具材料选用。高速钢刀具热硬性差,粗加工时应选用以冷却作用为主的切削液,主要目的是降低切削温度,但在中、低速精加工切削时(包括铰削、拉削、螺纹加工、剃齿等),应选用润滑性能好的极压切削油或高浓度的乳化液或复合油,但必须连续、

充分浇注,以免刀具因冷热不均匀产生较大内应力而导致破裂。

(3)根据加工方法选用。对于钻孔、攻螺纹、铰孔和拉削等,由于导向部分和校准部分与已加工表面摩擦较大,通常选用乳化液、极压乳化液和极压切削油。成形刀具、螺纹刀具及齿轮刀具应保证有较高的寿命,通常选用润滑性能好的切削油、高浓度的极压乳化液或极压切削油。磨削加工,由于磨屑微小而且磨削温度很高,故选用冷却和清洗性能好的切削液,如水溶液、乳化液。磨削难加工材料时,宜选用有一定润滑性能的水溶液和极压乳化液。

(4)根据加工要求选用。粗加工时,金属切除量大,切削温度高,应选用冷却作用好的切削液;精加工时,为保证加工质量,宜选用润滑作用好的极压切削液。

4. 使用切削液的注意事项

(1)油状乳化液必须用水稀释后才能使用。但乳化液会污染环境,应尽量选用环保型切削液。

(2)切削液必须浇注在切削区域内,如图 3-2 所示,因为该区域是切削热源。

(3)控制好切削液的流量。流量太小或断续使用,起不到应有作用;流量太大,则会造成切削液浪费。

(4)加注切削液的方法可以采用浇注法和高压冷却法。浇注法是一种简便易行、应用广泛的方法,一般车床均有这种冷却系统,如图 3-3(a)所示;高压冷却法是以较高的压力和流量将切削液喷向切削区,如图 3-3(b)所示,这种方法一般用于半封闭加工或车削难加工材料。

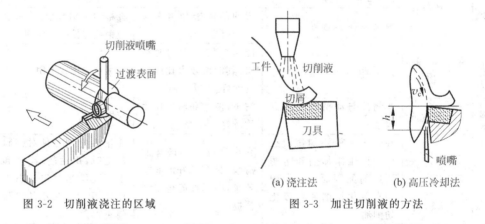

图 3-2　切削液浇注的区域　　　　图 3-3　加注切削液的方法

3.3　项目技能链接

3.3.1　项目资讯

(1)温习项目 3 相关知识链接。

(2)联系项目加工内容,学习车工操作安全规范与岗位职责。

(3)联系项目知识链接内容,分析阶梯配合件零件设计图结构工艺性,如图 3-4 所示。

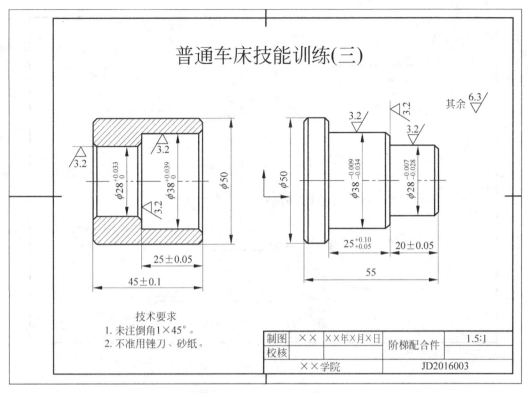

图 3-4 榫头组件设计图纸

(4) 根据图样和技术要求，了解图样上有关加工部位的尺寸精度、形状和位置精度、表面粗糙度要求。

① 阳件：该零件径向的最大基本尺寸为 ϕ50mm，此处为自由公差；阶梯部分的基本尺寸为 ϕ38mm 与 ϕ28mm，尺寸公差分别为 0.025mm 和 0.021mm，轴线为径向的设计基准，轴向的最大基本尺寸为 55mm，此处为自由公差；阶梯部分的基本尺寸为 25mm 和 20m，尺寸公差分别为 0.05mm 和 0.1mm；其中三个面的表面粗糙度为 $Ra3.2\mu m$，其余三个面的表面粗糙度为 $Ra6.3\mu m$。零件右端面为轴向的设计基准。

② 阴件：该零件径向的外圆基本尺寸为 ϕ50mm，此处为自由公差；内孔部分的基本尺寸为 ϕ38mm 与 ϕ28mm，尺寸公差分别为 0.039mm 和 0.033mm，轴线为径向的设计基准，轴向的最大基本尺寸为 45mm，尺寸公差为 0.2mm；内孔阶梯部分的基本尺寸为 25mm，尺寸公差分别为 0.1mm；其中三个面的表面粗糙度为 $Ra3.2\mu m$，其余三个面的表面粗糙度为 $Ra6.3\mu m$。零件右端面为轴向的设计基准。

(5) 确定定位基准面。选择零件上的设计基准作定位基准面。基准面应首先加工，并用其作为加工其余各面时的定位基准面。

3.3.2 决策与计划

(1) 工艺路线。

分组讨论，拟定工艺路线（见图 3-5）。

```
产品名称 _____          工艺文件编号

生产任务号 _____


              工 艺 文 件


         工艺文件名称： _____

      零、部、组(整)件名称： _____

      零、部、组(整)件代号： _____


              编制部门 _____×× 系_____

              单  位 _____×× 学院_____
```

工艺路线表				产品型号			零(部)件图号			工艺文件编号
				产品名称			零(部)件名称			

更改标记	序号	零(部)件名称		本组件数量	每产品数量	备件数量	主制部门	工艺过程及经过生产部门	备注
		代号	名称						

							编制	日期	校对	日期	会签	日期
更改标记	更改单号	签字	日期	更改标记	更改单号	签字	日期					

图 3-5　加工工艺路线

（2）机械加工工艺规程。

根据工艺路线确定切削参数，填写机械加工工艺规程（见图 3-6）。

产品名称 _____

生产任务号 _____

工艺文件编号 _____

工 艺 文 件

工艺文件名称： _____机械加工工艺规程_____

零、部、组(整)件名称： _____

零、部、组(整)件代号： _____

编制部门 _____××系_____

单 位 _____××学院_____

机械加工工艺过程卡 (首页)		产品型号		零(部)件图号				共 页	
		产品名称		零(部)件名称				第 页	
材料牌号		毛坯种类		毛坯外形尺寸		每毛坯件数		每台件数	备注

更改标记	车间	工序号	工序名称	工序内容	设备及工装			工时定额	
					名称	设备编号	工装编号	准终	单件

				编制	日期	校对	日期	会签	日期

更改标记	更改单号	签字	日期	更改标记	更改单号	签字	日期

图 3-6 加工工艺规程

（3）根据工艺路线及机械加工工艺规程内容制定任务完成实施计划，根据实施计划对零件进行机械加工。

3.3.3　项目实施

参考项目 1 和项目 2 的实施环节,根据项目 3 加工的工艺要求,自行选择项目 3 加工所需的毛坯,制定项目 3 的加工步骤。

3.3.4　检查与评价

(1) 每完成一道工序,都要使用游标卡尺等量具对工件进行工序间的检测,检测内容为工序内容中要求达到的尺寸、形位、表面质量精度等(详见机械加工工艺规程)。

(2) 最后进行总检,检测内容为各工序内容中要求达到的尺寸、形位、表面质量精度等(详见机械加工工艺规程);并在零件质量检测结果报告单上填写检测结果。

(3) 组内同学自评。

(4) 小组互评成绩。

(5) 网络平台学习与作业评价。

(6) 教师依据项目评分记录表做出评价。

3.4　拓展技能链接:轴套配合类零件综合练习

设计图纸如图 3-7～图 3-11 所示。

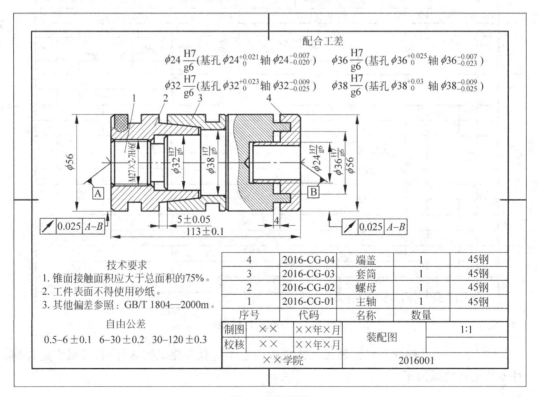

图 3-7　装配图

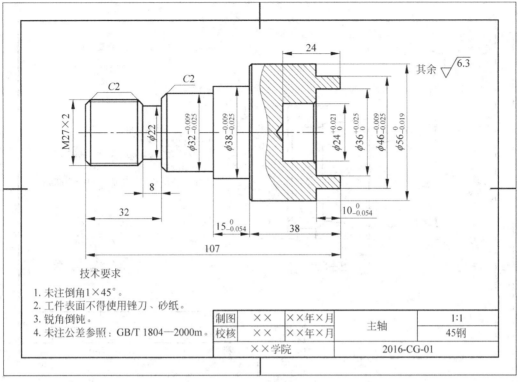

图 3-8　零件图 1

技术要求

1. 未注倒角 1×45°。
2. 工件表面不得使用锉刀、砂纸。
3. 锐角倒钝。
4. 未注公差参照：GB/T 1804—2000m。

制图	××	××年×月	主轴	1:1
校核	××	××年×月		45钢
××学院			2016-CG-01	

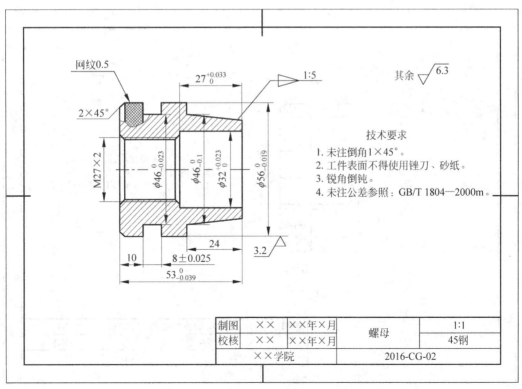

技术要求

1. 未注倒角 1×45°。
2. 工件表面不得使用锉刀、砂纸。
3. 锐角倒钝。
4. 未注公差参照：GB/T 1804—2000m。

制图	××	××年×月	螺母	1:1
校核	××	××年×月		45钢
××学院			2016-CG-02	

图 3-9　零件图 2

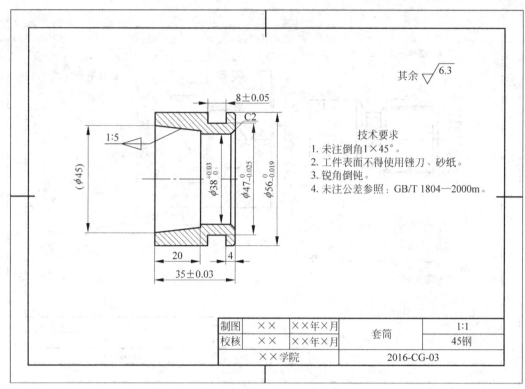

图 3-10　零件图 3

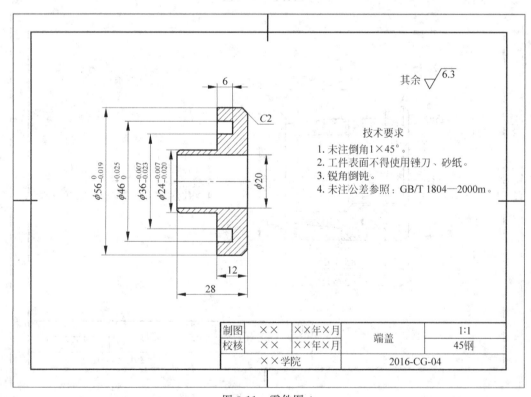

图 3-11　零件图 4

轴套配合类零件成绩评定见表 3-5。

表 3-5 装配件评分标准

姓名				总分			
安全、文明生产10分			配分	10	得分		
序号	名称	测 试 项 目	配分	评分标准	测量结果	得分	备注
1		外圆φ22	1				
2		外圆φ32	2				
3		外圆φ38	2				
4		外圆φ36	2				
5		外圆φ46	2				
6		外圆φ56	1				
7		外圆φ24	2				
8		螺纹 M27×2	2				
9		长度 107	0.5				
10	Part 1	长度 38	0.5				
11	主轴	长度 8	0.5	超差不得分			
12		长度 15	2				
13		长度 10	2				
14		长度 32	0.5				
15		长度 24	0.5				
16		Ra6.3	1				
17		倒角 C2(3处)	1.5				
18		倒角 C1	0.5				
19		锐角倒钝	1				
合计			24.5				
1		外圆φ46(槽底)	1				
2		外圆φ46(锥底)	1				
3		外圆φ56	1				
4		外圆φ32	2				
5		螺纹 M27×2	2				
6		长度 53	1				
7		长度 10	0.5				
8	Part 2	长度 8	1				
9	套筒	长度 24	0.5	超差不得分			
10		长度 27	1				
11		倒角 C2	0.5				
12		锥度 1:5	2				
13		网纹 0.5	2				
14		Ra3.2 Ra6.3	3				
15		倒角 C1	1				
16		锐角倒钝	1				
合计			20.5				

续表

序号	名称	测 试 项 目	配分	评分标准	测量结果	得分	备注
1		外圆 $\phi 47$	1				
2		外圆 $\phi 56$	1				
3		外圆 $\phi 38$	2				
4		长度 8	1				
5		长度 4	0.5				
6	Part 3	长度 35	1				
7	螺母	长度 20	0.5	超差不得分			
8		锥度 1：5	2				
9		倒角 C2	0.5				
10		$Ra6.3$	1				
11		倒角 C1	0.5				
12		锐角倒钝	1				
合计			12				
1		外圆 $\phi 24$	2				
2		外圆 $\phi 36$	2				
3		外圆 $\phi 46$	2				
4		外圆 $\phi 56$	1				
5		外圆 $\phi 20$	1				
6	Part 4	长度 12	0.5				
7	端盖	长度 28	0.5	超差不得分			
8		长度 6	0.5				
9		倒角 C2	0.5				
10		$Ra6.3$	1				
11		倒角 C1	0.5				
12		锐角倒钝	1				
合计			12.5				
1		$M27\times 2-\dfrac{7H}{7e}$	3				
2		$\phi 32\dfrac{H7}{g6}$	2				
3							
4		$\phi 38\dfrac{H7}{g6}$	2				
5							
6		$\phi 24\dfrac{H7}{g6}$	2	超差不得分			
7							
8	配合	$\phi 36\dfrac{H7}{g6}$	2				
9		113 ± 0.1	2				
		5 ± 0.05	2				
		$4(\pm 0.1)$	1				
10		接触面积≥75%	3	≥50%得 1分 <50%得 0分			
		⟋ 0.025 $A-B$	1.5	超差不得分			
合计			20.5				

3.5 习　　题

3.5.1　知识链接习题

(1) 使用外径千分尺测量工件时,应注意哪些事项?

(2) 百分表的安装方式有哪几种? 使用百分表测量工件时,应注意哪些事项?

(3) 比较游标卡尺、百分表及量规的使用特点。

(4) 如图 3-12 所示,在车床上加工套筒类零件的内孔,保证尺寸 A_Σ,试计算测量工序尺寸及其公差。

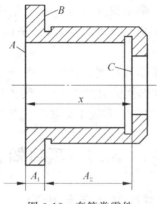

图 3-12　套筒类零件

3.5.2　技能链接习题

(1) 图 3-13 所示为项目 3 加工完成的阶梯配合件实物。

① 实体加工时应先加工轴件还是先加工套件? 为什么?

② 实体加工时对于轴件上的 A、B 两处,应先加工哪处? 为什么?

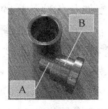

图 3-13　阶梯配合件实物

(2) 图 3-13 所示为阶梯配合件加工完成后的实体图。

① 在轴件加工过程中,图示 A、B 两处的切削三要素分别是多少?

② 在套件加工过程中,对应图示 A、B 两处的内孔面的切削三要素分别是多少?

③ 简述切削三要素的选择原因是什么?

四方体铣削加工

本项目培养学生独立完成箱体类零件铣削加工的工作能力,为将来胜任零件的铣削加工技术工作,具备平面加工的工程实践能力奠定良好的基础。

本项目主要学习铣削加工安全生产常识;认识铣床基本结构、掌握铣床操作;合理选择铣削加工刀具,装夹定位方式,铣削三要素;正确理解零件加工工艺规程,掌握平面加工工艺特点及加工范围。

4.1 项目知识链接

4.1.1 铣削加工工作内容

1. 铣削加工范围

铣削加工就是以铣刀的旋转运动做主运动,与工件或铣刀的进给运动相配合,切去工件上多余材料的一种切削加工。铣床就是用铣刀进行切削加工的机床。

铣削加工之所以在金属切削加工中占有较大的比重,主要是因为在铣床上配以不同的配件及各种各样的刀具,可以加工形状各异、大小不同的多种表面,如平面、斜面、台阶面、垂直面、特形面、沟槽(直槽、T形槽、燕尾槽、V形槽)、键槽、螺旋槽、齿形以及成形面等,此外,利用分度装置还可加工需周向等分的花键、齿轮、螺旋槽等。在铣床上还可以进行钻孔、铰孔和铣孔等工作。

铣削加工时,铣刀旋转做主运动,工件或铣刀的直线移动为进给运动。铣削加工的典型表面如图 4-1 所示。

2. 铣削加工能达到的精度和工艺特点

(1) 多刀多刃切削。铣刀是一种多刃刀具,加工时,同时切削刀齿较多,既可以采用阶梯铣削,又可以采用高速铣削,故铣削加工的生产效率较高。但铣刀也存在下述两个方面的问题;一是刀齿容易出现径向圆跳动,这将造成刀齿负荷不等,磨损不均匀,影响已加工表面质量;二是刀

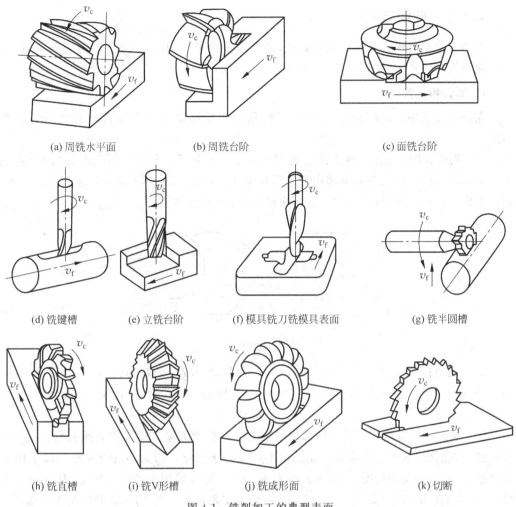

(a) 周铣水平面　　　　(b) 周铣台阶　　　　(c) 面铣台阶

(d) 铣键槽　　(e) 立铣台阶　　(f) 模具铣刀铣模具表面　　(g) 铣半圆槽

(h) 铣直槽　　(i) 铣V形槽　　(j) 铣成形面　　(k) 切断

图 4-1　铣削加工的典型表面

齿的容屑空间必须足够,否则会损坏刀齿。

（2）断续切削。铣削时每个刀齿都在断续切削,尤其是面铣,铣削力波动大,故振动是不可避免的。当振动的频率与机床的固有频率相同或成倍数时,振动最为严重,从而使加工表面的表面粗糙度值增大。另外,当高速铣削时,刀齿还要经受周期性的冷、热冲击,容易出裂纹和崩刃,使刀具寿命下降。

（3）加工精度。铣削加工可以针对多种型面,尺寸计算较多,主要用于零件的粗加工和半精加工,其精度范围一般为 IT11~IT8,表面粗糙度为 $Ra\,12.5\sim0.4\,\mu m$。

（4）刀具。铣削时,每个刀齿都是短时间的周期性切削,虽然有利于刀齿散热和冷却,但周期性的热变形将会引起切削刃的热疲劳裂纹,造成切削刃剥落和崩碎。另外,各种刀杆使铣刀装刀复杂。

（5）切屑。铣刀每个刀齿的切削都是断续的,切屑比较碎小,加之刀齿之间又有足够的容屑空间,故铣削加工排屑容易。

4.1.2　铣削方式

采用合适的铣削方式可以减少振动,使铣削过程平稳,并可提高工件的表面质量、铣刀寿命及铣削生产率。

1. 周铣和端铣

在铣削加工中,由于使用的刀具不同,我们将铣削加工分为周铣和端铣两种铣削方式。

(1)周铣。图 4-2 所示为用圆柱铣刀周铣平面的例子,周铣是利用铣刀圆周齿切削的一种铣削方式。周铣时只有圆周刃进行切削,已加工表面实际上是由许多圆弧所组成,加工表面残留面积多,故周铣后的表面粗糙度 Ra 值比端铣大。

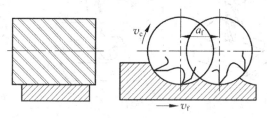

图 4-2　周铣示意

周铣用的铣刀多用高速钢制成,切削时刀轴要承受较大的弯曲力,其刚性又差,切削用量受到一定的限制,切削速度 $v_c < 30\text{m/min}$。周铣的适应性强,能铣平面、沟槽、齿轮和成型面等。

(2)端铣。端铣是利用铣刀端部齿切削的一种铣削方式。端铣的表面粗糙度 Ra 值比周铣小,能获得较光洁的表面。端铣的生产率高于周铣。因为端铣刀大多可以采用硬质合金刀头,刀杆受力情况好,不易产生变形,因此,可以采用大的切削用量,其中切削速度 v_c 可达 150m/min。端铣的适应性差,一般仅用来铣削平面,特别适合铣削大平面。

2. 顺铣和逆铣

在采用周铣平面的铣削方式中,根据铣刀旋转方向与工件进给方向的不同,铣削又可分为顺铣和逆铣两种方式。

(1)顺铣。周铣时,铣刀接触工件时的旋转方向和工件的进给方向相同的铣削方式叫顺铣,如图 4-3(a)所示。顺铣时,每齿的切削厚度由最大到零,刀齿和工件之间没有相对滑动,容易切削,加工表面的粗糙度值小,刀具的寿命也较长。顺铣时,铣刀对工件的作用力在垂直方向的分力始终向下,有利于工件的夹紧和铣削的顺利进行。但刀齿作用在工件上的水平分力与进给方向相同,如图 4-4(a)所示,当其大于工作台和导轨之间的摩擦力时,就会把工作台连同丝杠向前拉动一段距离,这段距离等于丝杠和螺母间的间隙,因而将影响工件的表面质量,严重时还会损坏刀具,造成事故,所以很少使用。

(2)逆铣。铣刀接触工件时的旋转方向与进给方向相反的铣削方式叫逆铣,如图 4-3(b)所示,逆铣时,每齿切削厚度由零到最大。切削刃在开始时不能立刻切入工件,而要在工件已加工表面上滑行一小段距离,因此,工件表面冷硬程度加重,表面粗糙度变大,刀具磨损

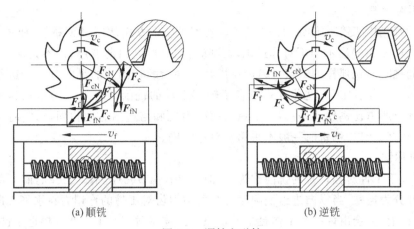

(a) 顺铣　　　　　　　　　　　　(b) 逆铣

图 4-3　顺铣和逆铣

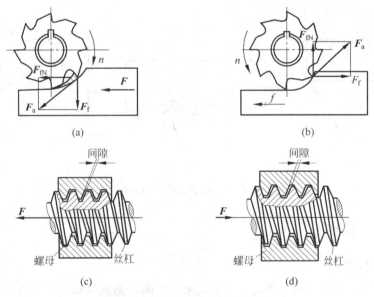

(a)　　　　　　　　　　　　　　(b)

(c)　　　　　　　　　　　　　　(d)

图 4-4　顺铣和逆铣切削力方向

加剧。铣刀对工件的作用力在垂直方向的分力向上,见图 4-4(b),不利于工件的夹紧。但水平分力的方向与进给方向相反,有利于工作台的平稳运动。

由上述可以看出,顺铣虽然有不少优点,但因其容易引起振动,仅能对表面无硬皮的工件进行加工,并且要求铣床装有调整丝杠和螺母间隙的顺铣装置,所以只在铣削余量较小、产生的切削力不超过工作台和导轨间的摩擦力时,才采用顺铣。在其他情况下,尤其加工具有硬皮的铸件、锻件毛坯时和使用没有间隙调整装置的铣床时,都要采用逆铣。

3. 对称铣和不对称铣

在采用端铣平面的铣削方式中,根据铣刀与工件相对位置的不同,铣削又可分为对称铣和不对称铣两种方式。

1）不对称铣

工件的铣削宽度偏向端铣刀回转中心一侧时的铣削方式,称为不对称铣,如图 4-5(a)和(b)所示。图 4-5(a)所示为不对称逆铣,切削时,切削厚度由薄变厚,但不是从零开始,所以,没有周铣时逆铣那样的缺点。刀齿作用在工件上的切削力的纵向分力和进给方向相反,可以防止工作台窜动,这种方式适宜于较窄工件的铣削。图 4-5(b)所示为不对称顺铣,顺铣部分所占比例较大,各刀齿上纵向切削力之和与进给方向相同,切削时容易拉动工作台和丝杠,所以,端铣时一般不采用不对称顺铣。

2）对称铣

铣刀处于工件对称位置的铣削称为对称铣,如图 4-5(c)所示。工件的前半部分为顺铣,后半部分为逆铣,当纵向进给铣削时,前、后两刀齿对工件的作用力在水平方向的分力有一部分抵消,不会出现拉动工作台窜动现象。对称铣适用于工件宽度接近于铣刀直径,且铣刀齿数较多的情况下。

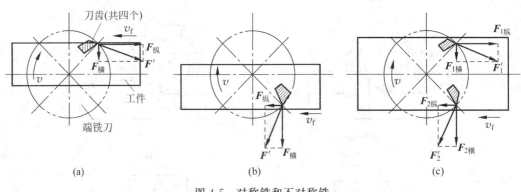

图 4-5   对称铣和不对称铣

4.1.3   铣床

1. 常用铣床

（1）卧式升降台铣床。卧式升降台铣床有沿床身垂直导轨运动的升降台,工作台可随升降台作上下垂直运动、在升降台上可作纵向和横向运动;铣床主轴与工作台台面平行。这种铣床使用方便,适用于加工中小型零件。典型卧式升降台铣床的型号为 X6132。

（2）立式升降台铣床。立式升降台铣床与卧式升降台铣床主要的差异是铣床主轴与工作台台面垂直。典型立式升降台铣床的型号为 X5032。

（3）万能工具铣床。万能工具铣床有水平主轴和垂直主轴,工作台作纵向和垂直方向运动,横向运动由主轴实现。这种铣床能完成多种铣削工作,用途广泛,特别适合于加工各种夹具、刀具、工具、模具和小型复杂零件。典型万能工具铣床的型号为 X8126。

（4）龙门铣床。龙门铣床属于大型铣床,铣削动力安装在龙门导轨上,有垂直主轴箱和水平主轴箱,可作横向和升降运动。工作台直接安置在床身上,载重量大,可加工重型零件,但只能作纵向运动。典型龙门铣床型号为 X2010。

除上述四种常用铣床外,使用较广泛的还有仿形铣床、数控铣床、专用铣床等。

2. X6132 型卧式万能升降台铣床的主要部件及其功用

X6132 型卧式万能升降台铣床(见图 4-6)功率大,转速高,变速范围大,刚性好,操作方便,通用性强。它可以将横梁移到床身后面,在主轴端部装上万能立铣头进行立铣加工,铣刀可回转任意角度,扩大加工范围,可以加工中小型平面、特形表面、各种沟槽和小型箱体上的孔等。

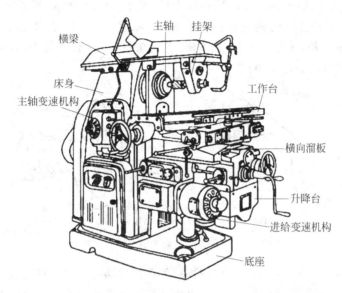

图 4-6 X6132 型卧式万能升降台铣床

(1) 主轴变速机构。主轴变速机构安装在床身内,其功用是将电动机的转速通过齿轮变速,变换成 18 种不同转速,传递给主轴,以适应各种转速的铣削要求。

(2) 床身。床身是机床的主体,用来安装和连接机床其他部件。床身正面有垂直导轨,工作台可沿导轨上、下移动。床身顶部有燕尾形水平导轨,横梁可沿床身顶部燕尾形导轨水平移动。床身内部装有主轴机构和主轴变速机构等。

(3) 横梁。横梁上可安装挂架,并沿床身顶部燕尾形导轨移动。

(4) 主轴。主轴用来实现主运动,是前端带锥孔的空心轴,孔的锥度为 7∶24,用来安装刀杆和铣刀。由变速机构驱动主轴连同铣刀一起旋转。

(5) 挂架。铣刀杆一端安装在主轴锥孔内,外端安装在挂架上,以增强刀杆的刚性。

(6) 工作台。用来安装工件或铣床夹具,带动工件实现纵向进给运动。

(7) 横向溜板。用来带动工作台实现横向进给运动。横向溜板与工作台之间设有回转盘,可使工作台在水平面内作±45°范围内的转动。

(8) 升降台。用来支承横向溜板和工作台,带动工作台上、下移动。升降台内部装有进给电动机和进给变速机构。

(9) 进给变速机构。用来调整和变换工作台的进给速度,以适应铣削的需要。

(10) 底座。用来支持床身,承托铣床全部重量,装盛切削液。

3. X6132 型铣床的操作规范

1）工作台纵向、横向和垂直方向的手动进给操作

垂直（上、下）手动进给手柄如图 4-7(a)所示，纵向、横向手动进给手柄外形如图 4-7(b)所示。操作时，将手柄分别接通其手动进给离合器，摇动手柄，带动工作台分别做各方向的手动进给运动。顺时针方向摇动手柄，工作台前进（前上升）；反之，则后退（或下降）。纵向、横向刻度盘的圆周刻线 120 格，每摇 1 转，工作台移动 6mm，所以每摇过 1 格，工作台移动 0.05mm；垂直方向刻度盘的圆周刻线 40 格，每摇 1 转，工作台上升（或下降）2mm，因此，每摇 1 格，工作台上升（或下降）也是 0.05mm。摇动各手柄，通过刻度盘控制工作台在各进给方向的移动距离。

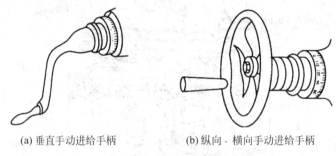

(a) 垂直手动进给手柄　　　　　(b) 纵向、横向手动进给手柄

图 4-7　手动进给手柄

当摇动手柄使工作台在某一方向按要求的距离移动时，若将手柄摇过头，则不能直接退回到刻线处，必须将手柄反转大半圈，再重新摇到要求的数值。不使用手动进给时应将手柄与离合器脱开。

2）主轴变速操作（见图 4-8）

（1）将变速手柄 1 下压，使手柄的榫块从固定环 2 的槽内脱出，再将手柄外拉，使榫块落入固定环 2 的槽内，手柄处于脱开位置Ⅰ。

（2）然后转动转速盘 3，使所选择转速值对准指针 4。

（3）将手柄下压并快速推到位置Ⅱ，使冲动开关 6 瞬时接通，电动机瞬时转动，以利于变速齿轮顺利啮合，再由位置Ⅱ慢速将手柄推至Ⅲ，使手柄的榫块落入固定环的槽内，变速操作完毕。

转速盘上有 30～1500r/min 的转速 18 挡。主轴变速操作时，连续变换速度不许超过 3 次。如果必须进行变速，则应间隔 5min，以免因启动电流过大，烧坏电动机。

3）进给变速操作

进给变速操作见图 4-9，先向外拉出进给变速手柄 1，然后转动手柄，带动进给速度盘 2 旋转，当所需要的进给速度值对准指针 3 时，将进给变速手柄推进，工作台就按选定的进给速度做自动进给运动，共有 18 级速度。

4）工作台纵向、横向、垂直方向的机动进给操作

工作台的纵向、横向、垂直方向的机动进给操纵手柄都有两副，是联动的复式操纵机构。纵向机动进给操纵手柄有三个位置，即"向右进给""向左进给"和"停止"，扳动手柄，手柄指向就是工作台的机动进给方向，如图 4-10 所示。

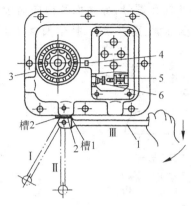

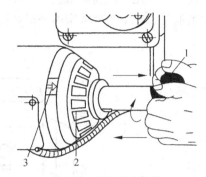

图 4-8　主轴变速操作
1—变速手柄；2—固定环；3—转速盘；
4—指针；5—螺钉；6—开关

图 4-9　进给变速操作
1—变速手柄；2—转速盘；3—指针

横向和垂直方向的机动进给由同一手柄操纵，该操纵手柄有五个位置，即"向里进给""向外进给""向上进给""向下进给"和"停止"。扳动手柄，手柄指向就是工作台的机动进给方向，如图 4-11 所示。

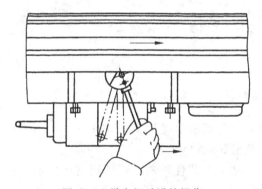

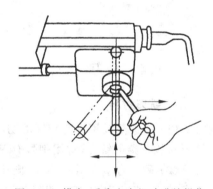

图 4-10　纵向机动进给操作

图 4-11　横向、垂直方向机动进给操作

工作台的上下、左右、前后的机动进给运动，是靠各操纵手柄接通电动机的电气开关，使电动机正转或反转获得的。因此，操作时一次只能操纵实现一个方向的机动进给运动。为了保证机床设备的安全，X6132 型铣床的纵向与横向机动进给控制系统，装有电气保护互锁装置，而横向与垂直方向机动进给之间的互锁是由单手柄操纵的机械动作保证。铣削时，为了减少振动，保证工件的加工精度，避免因铣削力的作用使工作台在某一进给方向产生位置变动，应对不使用的进给机构给予固定。例如，纵向进给铣削时，除工作台纵向紧固螺钉松开外，横向溜板紧固手柄和垂直进给紧固手柄应旋紧。工作完毕，将其松开。在纵向、横向和垂直三个进给方向，各有两块机动进给停止挡铁，其作用是停止工作台的机动进给运动。挡铁应安装在限位柱范围内，不准随意拆掉，以防止出现机床事故。

5）X6132 型铣床的润滑

X6132 型卧式万能升降台铣床的主轴变速箱，进给变速箱都采用自动润滑，机床开动后可以通过观察油标来了解润滑情况。工作台纵向丝杠和螺母,导轨面和横向溜板导轨等采用手动液压泵注油润滑。如工作台纵向丝杠两端轴承、垂直导轨、挂架轴承等采用油枪注油润滑。X6132 型铣床的润滑如图 4-12 所示。

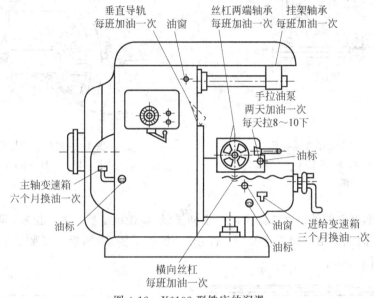

图 4-12　X6132 型铣床的润滑

4.1.4　铣刀

1. 铣刀材料

(1) 高速工具钢具有较好的切削性能,其适宜的切削速度为 16～35m/min。用于制造形状较复杂的铣刀,常用牌号有 W18Cr4V、W6Mo5Cr4V2 等。

(2) 硬质合金钢耐磨性好,低速时切削性能差;工艺性较差。切削速度比高速工具钢高 4～7 倍,可用作高速切削和硬材料切削的刀具。通常是将硬质合金刀片以焊接或机械夹固的方法固定在铣刀刀体上。

常用的硬质合金有钨钴(YG)类,牌号有 YG8、YG6、YG3、YG8C,可切削铸铁、青铜等;钨钛钴(YT)类,牌号有 YT5、YT15、YT30 等,可切削碳钢等;钨钛钽(铌)钴类,常用牌号有 YW1、YW2 等,可切削高强度合金钢、不锈钢、耐热钢,也可切削一般钢材等。

2. 铣刀的种类

铣刀的分类方法很多,根据铣刀安装方法的不同可分为两大类,即带孔铣刀和带柄铣刀。带孔铣刀多用在卧式铣床上,带柄铣刀多用在立式铣床上。带柄铣刀又分为直柄铣刀和锥柄铣刀。

1) 常用的带孔铣刀

(1) 圆柱铣刀:其刀齿分布在圆柱表面上,通常分为直齿和斜齿两种,主要用于铣削平面。由于斜齿圆柱铣刀的每个刀齿是逐渐切入和切离工件的,故工作较平稳,加工表面的粗糙度数值小,但有轴向切削力产生。

（2）圆盘铣刀：即三面刃铣刀、锯片铣刀等。三面刃铣刀主要用于加不同宽度的直角沟槽及小平面、台阶面等。锯片铣刀用于铣窄槽和切断。

（3）角度铣刀：具有各种不同的角度，用于加工各种角度的沟槽及斜面等。

（4）成形铣刀：其切削刃呈凸圆弧、凹圆弧、齿槽形等。用于加工与切刃形状对应的成形面。

各种带孔铣刀如图 4-13 所示。

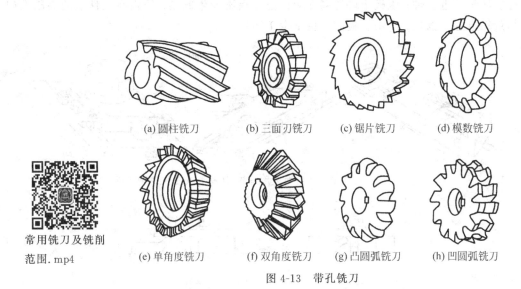

(a) 圆柱铣刀　　(b) 三面刃铣刀　　(c) 锯片铣刀　　(d) 模数铣刀

常用铣刀及铣削
范围.mp4

(e) 单角度铣刀　　(f) 双角度铣刀　　(g) 凸圆弧铣刀　　(h) 凹圆弧铣刀

图 4-13　带孔铣刀

2）常用的带柄铣刀

（1）立铣刀：立铣刀有直柄和锥柄两种，多用于加工沟槽、小平面、台阶面等。

（2）键槽铣刀：专门用于加工封闭式键槽。

（3）T 形槽铣刀：专门用于加工 T 形槽。

（4）镶齿面铣刀：一般刀盘上装有硬质合金刀片，加工平面时可以进行高速铣削，以提高工作效率。

各种带柄铣刀如图 4-14 所示。

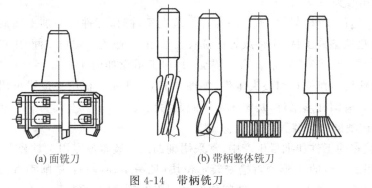

(a) 面铣刀　　　　　　　(b) 带柄整体铣刀

图 4-14　带柄铣刀

铣刀的安装.pdf

4.1.5　铣削加工方法

1. 工件的安装

1) 在铣床工作台上用螺栓、压板装夹

尺寸较大或形状特殊的工件通常采用螺栓、压板装夹,如图 4-15 和图 4-16 所示。螺栓要尽量靠近工件;压板垫块的高度应保证压板不发生倾斜;压板在工件上的夹压点应尽量靠近加工部位;所用压板的数目不少于两块。

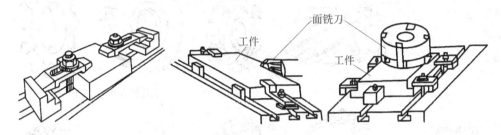

图 4-15　在铣床工作台面上用螺栓、压板装夹工件铣削平面

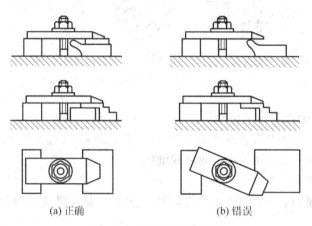

(a) 正确　　　　　　　　　　(b) 错误

图 4-16　用压板装夹工件

2) 用机用平口钳装夹

机用平口钳装夹适用于外形尺寸不大的工件。装夹工件时,工件的被加工面需高出钳口,否则要用平行垫铁垫高工件,工件放置的位置要适当,一般置于钳口中间,用机用平口钳装夹工件可铣削平面、平行面、垂直面和斜面,其加工示意如图 4-17(a) 和 (b) 所示;加工斜面时,还可以使用可倾平口钳装夹工件,如图 4-17(c) 所示。机用平口钳可用于装夹矩形工件,也可以装夹圆柱形工件,是铣床常用的通用夹具。

3) 用专用夹具或辅助定位装置装夹

在连接面数量较多的工件和批量生产中,常采用辅助定位装置或专用夹具装夹工件。如铣削平行面可利用工作台的 T 形槽直槽安装定位块(见图 4-18(a));铣削垂直面常利用角铁(弯板)装夹工件(见图 4-18(b));铣削斜面可利用斜垫块定位(见图 4-18(c));批

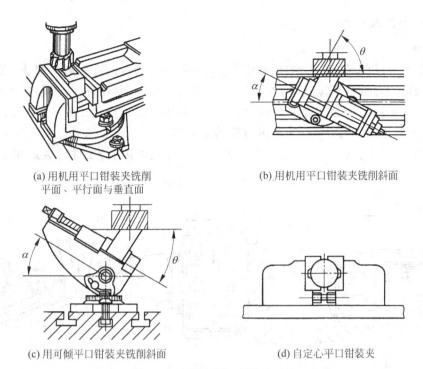

(a) 用机用平口钳装夹铣削
平面、平行面与垂直面

(b)用机用平口钳装夹铣削斜面

(c) 用可倾平口钳装夹铣削斜面

(d) 自定心平口钳装夹

图 4-17 用机用平口钳装夹工件

量生产中铣削斜面用专用夹具装夹工件(见图 4-18(d));铣削圆柱面上的小平面或键槽时,可使用 V 形块定位,特点是对中性好(见图 4-18(e))等。

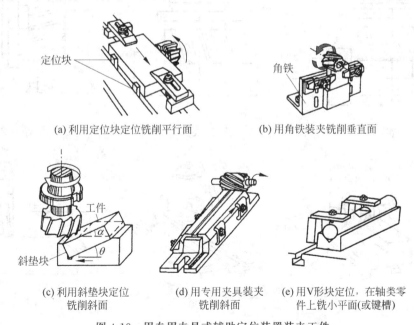

(a) 利用定位块定位铣削平行面

(b) 用角铁装夹铣削垂直面

(c) 利用斜垫块定位
铣削斜面

(d) 用专用夹具装夹
铣削斜面

(e) 用V形块定位, 在轴类零
件上铣小平面(或键槽)

图 4-18 用专用夹具或辅助定位装置装夹工件

2. 铣削基本工艺

1）铣平面

铣平面可以用圆柱铣刀或面铣刀进行,如图 4-19 所示。在一般情况下,面铣刀可以采用硬质合金进行高速铣削,并由于面铣刀的刀杆短、刚性好,故不易产生振动,可切除切削层的厚度和深度较大,所以面铣生产率和加工质量均比周铣高,目前加工平面,尤其是较大的平面,一般都采用面铣的方式加工。周铣的优点是一次能切除较大的铣削层深度,另外在混铣时由于铣削速度受到周铣的限制,工件的表面粗糙度值比面铣小。

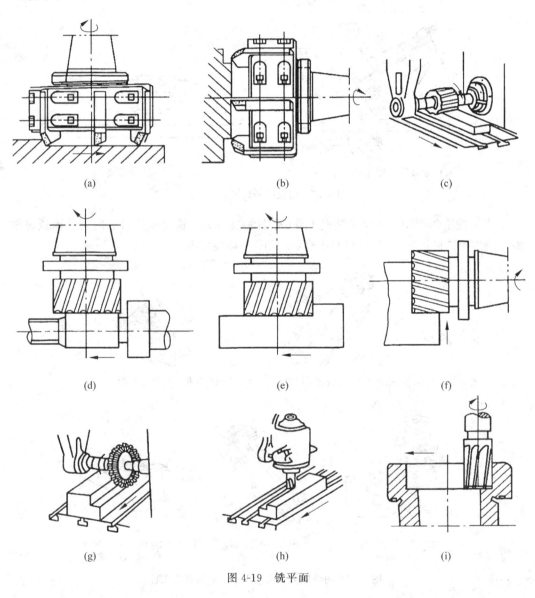

图 4-19　铣平面

六面体工件装在机用平口钳中,铣削垂直平面的步骤如图 4-20 所示。

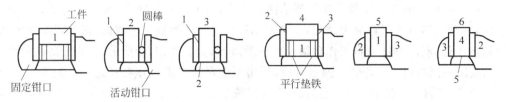

图 4-20　铣削垂直平面的步骤

2）铣台阶面

（1）铣刀的选择。台阶面由两个互相垂直的平面组成，这两个平面是同一把铣刀的不同切削刃同时加工出来的，两平面是否垂直主要由刀具保证。

① 在卧式铣床上用三面刃铣刀铣台阶面时，因铣刀单侧受力，会出现让刀现象。应将铣刀靠近主轴安装，并使用吊架支承刀杆另一端，以提高工艺系统刚性。铣刀外径 D 应符合以下条件，即

$$D > 2t + d$$

式中，t——台阶深度（mm）；d——套筒外直径（mm）。

如图 4-21 所示，尽可能使铣刀的宽度 B 大于台阶宽度 E。如上述条件均满足，选择尽量小的铣刀外径。

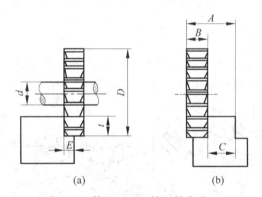

图 4-21　使用三面刃铣刀铣台阶面

② 铣削垂直面较宽而水平面较窄的台阶面时，可采用立式铣刀在立式铣床上铣削（见图 4-22），也可采用在卧式铣床上安装万能立铣头的方法铣削；铣削垂直面较窄而水平面较宽的台阶面时，可采用面铣刀铣削（见图 4-23）。

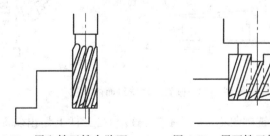

图 4-22　用立铣刀铣台阶面　　图 4-23　用面铣刀铣台阶面

（2）铣台阶的操作步骤。如铣削单件双台阶时，工件安装好后，可先开动铣床使铣刀旋转，移动工作台使工件靠近铣刀，使铣刀端面切削刃微擦到工件侧面，记下刻度读数，纵向退出工件，利用刻度盘将工作台横向移动距离 E，如图 4-21(a) 所示，并调整高低尺寸 t，开始铣削一侧的台阶。铣完一侧台阶后，利用刻度盘将横向工作台移动一个距离 $A(A=B+C)$，铣削另一侧台阶。如果台阶较深，应沿着靠近台阶的侧面分层铣削（见图 4-24）。若是批量铣削两侧对称的台阶，可采用两把三面刃铣刀联合加工（见图 4-25）。

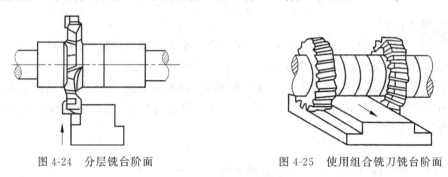

图 4-24　分层铣台阶面　　　　　　图 4-25　使用组合铣刀铣台阶面

4.2　拓展知识链接：铣削工艺

1. 铣斜面

（1）倾斜工件铣斜面。将工件倾斜所需的角度安装并铣削斜面，适用于在主轴不能扳转角度的铣床上铣削斜面，常用的铣削方法如图 4-26 所示。

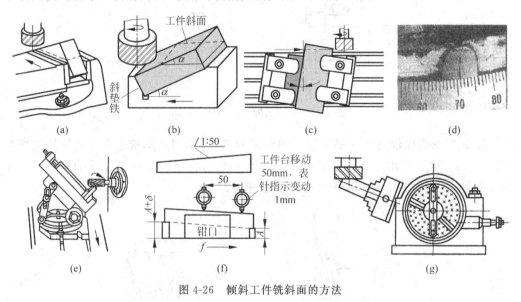

图 4-26　倾斜工件铣斜面的方法

① 按划线装夹工件铣削斜面（见图 4-26(a)）。在工件上划出斜面的加工线后，在平口钳上装夹工件，用划线盘校正工件上的加工线与工作台台面平行，再夹紧工件即可加

工。此方法操作简单,适用于低精度的单件小批生产。

② 采用斜垫铁铣削斜面(见图 4-26(b))。斜垫铁宽度应小于工件宽度,斜度应与工件斜度相同。先将斜垫铁垫在平口钳钳体导轨面上,再将工件夹紧。此方法可一次完成对工件的校正和夹紧;在铣削一批工件时,铣刀不需因工件的更换而重新调整高度,大大提高了批量生产的生产效率。

③ 利用靠铁铣削斜面(见图 4-26(c))。先在工作台台面上安装一块倾斜的靠铁,用百分表校正其斜度符合规定要求,然后将工件的基准面靠向斜靠铁的定位面,再将压板将工件压紧后铣削。此方法适用于尺寸较大的工件。

④ 偏转平口钳钳体铣削斜面(见图 4-26(d))。松开回转式平口钳钳体的紧定螺钉,将钳身上的零线相对回转盘底座上的刻线扳转所需的角度,然后将钳体固定,装夹工件铣斜面。

⑤ 用可倾平口钳铣削斜面(见图 4-26(e))。调整倾斜面铣削斜面。

⑥ 用不等高垫铁铣斜面(见图 4-26(f))。先按斜度计算出相应长度间的高度差 δ,然后在相应长度间反向垫不等高垫铁,夹紧后加工。此方法适合铣削很小的斜面。

⑦ 倾斜分度头主轴铣斜面(见图 4-26(g))。主轴跟着回转壳体在水平线以下 6°至水平线以上 90°范围以内调整倾斜角度,工件由安装在主轴上的卡盘夹持。

(2) 倾斜铣刀铣斜面。在可扳转角度主轴的立式铣床上或安装了万能立铣头的卧式铣床上,将安装的铣刀倾斜一个角度,就可按照要求铣斜面。

① 采用立铣刀圆周刃铣斜面(见图 4-27(a))。当标注角度 θ 为锐角,基准面与工作台面平行时,主轴所扳角度 α 为标注角度的余角($\alpha = 90° - \theta$)。

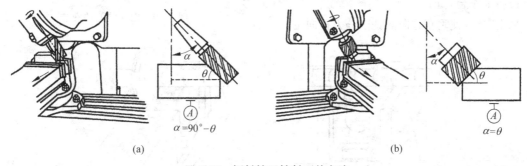

(a)　　　　　　　　　　　　　　　　(b)

图 4-27　倾斜铣刀铣斜面的方法

② 采用面铣刀端面刃铣斜面(见图 4-27(b))。当标注角度 θ 为锐角,基准面与工作台面平行时,主轴所扳角度 α 与标注角度 θ 相同。

(3) 角度铣刀铣斜面。对于批量生产的窄长的斜面工件,比较适合使用角度铣刀进行铣削,如图 4-28 所示。

2. 工件的切断

(1) 刀具的选用和安装。工件的切断用的铣刀是锯片铣刀。如图 4-29 所示,为增加刀杆的刚性,锯片铣刀应尽量靠近主轴或挂架安装;不要在铣刀与刀杆之间安装键,依靠刀杆垫圈与铣刀两侧端面间的摩擦力带动铣刀旋转,可在靠近进刀螺母的垫圈内装键,以

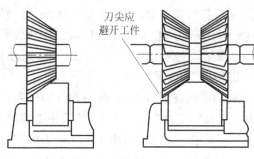

图 4-28　角度铣刀铣削斜面

有效防止铣刀松动；铣刀安装后应保证刀齿的径向和端面圆跳动不超过规定值才可使用。

（2）工件的装夹。

① 用平口钳装夹。工件在钳口上的夹紧力方向应平行于槽侧面（夹紧力方向与槽的纵向平行），避免工件夹住铣刀，如图 4-30 所示。

② 用压板装夹切断工件。此方法适合加工大型工件及其板料的切断。如图 4-31 所示，压板下的垫铁应略高于工件，有条件的应使用定位靠铁定位。工件的切缝应选在 T 形槽上方，以免损伤工作台台面。另外，切断薄而长的工件时多采用顺铣，使垂直方向的铣削分力指向工作台面。

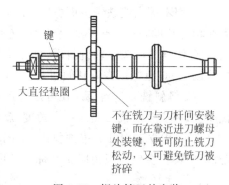

键
大直径垫圈

不在铣刀与刀杆间安装键，而在靠近进刀螺母处装键，既可防止铣刀松动，又可避免铣刀被挤碎

图 4-29　锯片铣刀的安装

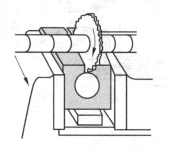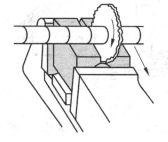

(a) 装夹错误，易夹刀　　(b) 装夹正确，不夹刀

图 4-30　工件进行切断时夹紧力的方向

（3）切断铣削工艺。切断时应尽量采用手动进给，进给速度要均匀。若需采用机动进给，切入或切出还是需要手动进给，进给速度不宜太快，并将不使用的进给机构锁紧。切削钢件时，应充分浇注切削液。

3. 铣 V 形槽和 T 形槽

（1）铣 V 形槽。通常先选用锯片铣刀加工出底部的窄槽，然后可以用双角铣刀、立铣刀、三面刃铣刀或单角铣刀完成 V 形槽的加工，如图 4-32 所示。

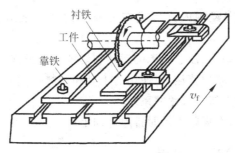

图 4-31 用压板装夹工件

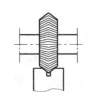

(a) 双角铣刀铣V形槽

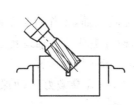

(b) 转动立铣刀铣V形槽

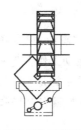

(c) 转动工件铣V形槽

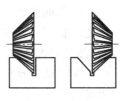

(d) 单角铣刀铣V形槽

图 4-32 铣 V 形槽

(2) 铣 T 形槽。先用立铣刀或三面刃铣刀铣出直角槽,然后再用 T 形槽铣刀铣 T 形槽,此时铣削用量应选得小一些,而且要注意充分冷却,最后用角度铣刀铣倒角,如图 4-33 所示。

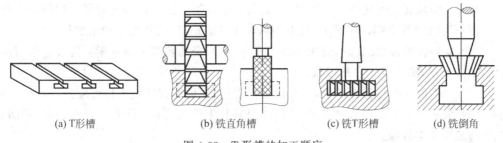

(a) T形槽   (b) 铣直角槽   (c) 铣T形槽   (d) 铣倒角

图 4-33 T 形槽的加工顺序

4.3 项目技能链接

4.3.1 岗位职责

(1) 严格遵守劳动纪律,按时上下班,坚守工作岗位。

(2) 掌握铣削技能,能够胜任铣床操作工作。

(3) 根据生产计划进行产品制造。

(4) 在生产过程中进行质量控制,使产品满足质量要求。

(5) 在生产过程中进行持续改进,提高生产效率。

(6) 进行必要的保养。在设备工具出现异常时,要及时向主管或生产经理进行报告。

（7）经过主管或生产经理的许可或在工程师的协助下对设备和工具进行必要的调修。

（8）操作时,精神要集中,注意机床的运转和切削是否正常。

（9）保证工作操作区域内清洁,所使用的工具和材料正常。

（10）在工作范围内支持工件跟踪系统。

（11）做好防火工作,发现隐患及时排除并向上级领导汇报。

4.3.2　铣床安全操作规程

1. 操作前准备工作

（1）按润滑要求加注润滑油,对升降台各导轨注油,工作台上下前后运行数次。

（2）低速运转主轴和运动工作台1～2min,检查主轴箱各轴运转是否正常,各限位是否可靠,变速是否良好,主轴箱油标是否上油,确认机床各部分运转正常后,方可开始工作。

（3）铣床开动前,必须按照安全操作的要求,正确穿戴好劳动保护用品,女工应戴好工作帽。

（4）操作者必须熟练掌握铣床的操作要领和技术性能,严禁无证者单独操作铣床。

2. 操作中应注意的事项

（1）工件装夹前,应拟定装夹方法。装夹毛坯件时,台面要垫好,以免损伤工作台;刀具装卸时,应保持铣刀锥体部分和锥孔的清洁;装夹工件和刀具必须牢固。

（2）按机床说明书各项要求使用机床,不准超负荷使用。

（3）工作台面上不允许放置工具、量具及其他杂物。工作台移动时紧固螺钉应打开,工作台不移动时紧固螺钉应紧上,注意刀具和工件的距离,防止发生撞击事故。

（4）安装各类工、夹具时,应先擦净工作台面,修光毛刺并牢固夹紧。拆装立铣刀时,台面须垫木板,禁止用手去托刀盘。

（5）工作台3个行程方向上,无任何物件阻挡,保证行程撞块工作可靠。

（6）快速移动工作台或对刀时,要防止刀具与工件碰撞;工作台上升运动时,要防止工件与悬梁支架碰撞。

（7）对刀时必须慢速进刀,刀接近工件时,需要手摇进刀,不准快速进刀,正在走刀时,不准停车;铣深槽时要停车后退刀;快速进刀时,注意手柄伤人;吃刀不能过猛,自动走刀前必须拉脱工作台上的手轮;不准突然改变进刀速度;有限位撞块应预先调整好。

（8）切削时不准戴手套,不得直接用手清除铁屑,也不能用嘴吹,只允许用毛刷;切削时禁止用手摸刀刃和加工部位;测量和检查工件时机床必须停止运行,切削时不准调整工件;人离开机床时应停车并关闭电源。

（9）发现机床有异常现象时,应立即停车检查。发生设备事故后应立即停车,保护现场并上报修理。当突然停止供电时,要立即关闭机床或其他启动装置,并将刀具退出加工部位。

3. 操作后现场整理

（1）将各操作手柄置于非机动位置,切断总电源。

（2）擦拭机床，外露导轨涂油，清扫工作场地。

（3）妥善收存各种工具、量具、附件等。

（4）填写设备运行记录。

4.3.3 项目实施

1. 项目资讯

（1）温习项目 4 相关知识链接。

（2）联系项目加工内容，学习铣工操作安全规范与岗位职责。

（3）联系项目知识链接内容，分析四方体零件设计图结构工艺性。

① 根据图样和技术要求，了解图样上有关加工部位的尺寸精度、形状和位置精度、表面粗糙度要求（见图 4-34）。

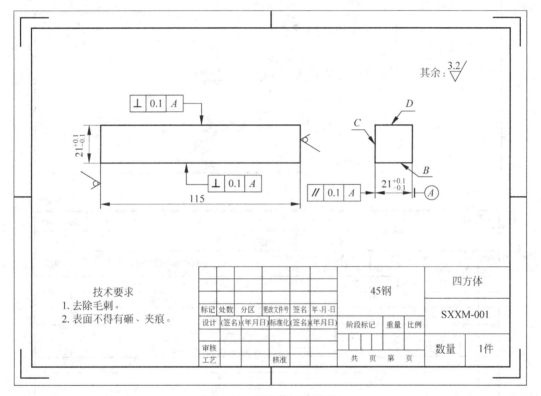

图 4-34 四方体设计图纸

该零件宽度和高度尺寸为 21±0.1mm，尺寸公差 0.2mm，A 面为设计基准，C 面与 A 基准的平行度为 0.1mm，B、D 两面与 A 基准的垂直度为 0.1，A、B、C、D 四个面的表面粗糙度为 $Ra3.2\mu m$。零件长度尺寸为 115mm，长度方向两个端面为不加工表面。

② 确定定位基准面。选择零件上的设计基准 A 作定位基准面。A 基准面应首先加工，并用其作为加工其余各面时的定位基准面。

2. 决策与计划

1）工艺路线

四方体铣削加工工艺路线为：1 料—2 铣—3 铣—4 铣—5 铣—总检—入库(见图 4-35)。

产品名称 _____ 生产任务号 _____	工艺文件编号

工 艺 文 件

工艺文件名称： _____工艺路线_____

零、部、组(整)件名称： _____四方体_____

零、部、组(整)件代号： _____SXXM-001_____

编制部门 _____××系_____

单　位 _____××学院_____

工艺路线表			产品型号		零(部)件图号	SXXM-001	工艺文件编号
			产品名称		零(部)件名称	四方体	

更改标记	序号	零(部)件名称		本组件数量	每产品数量	各件数量	主制部门	工艺过程及经过生产部门	备注
		代号	名称						
	1	SXXM-001	四方体	1	1		实习部	1料—2铣—3铣—4铣—5铣—总检—入库	
							编制	日期	校对	日期	会签	日期
更改标记	更改单号	签字	日期	更改标记	更改单号	签字	日期		

图 4-35　加工工艺路线

2）机械加工工艺规程

机械加工工艺规程包括过程卡和工艺卡（见图 4-36）。

产品 名 称 _____		工艺文件编号	
生产任务号 _____			

工　艺　文　件

工艺文件名称： __机械加工工艺规程__

零、部、组(整)件名称： __四方体__

零、部、组(整)件代号： __SXXM-001__

编制部门 _____××系_____

单　位 _____××学院_____

机械加工工艺过程卡 (首页)		产品型号		零(部)件图号	SXXM-001		共 4 页	
		产品名称		零(部)件名称	四方体		第 1 页	

材料牌号	45		毛坯种类	型材	毛坯外形尺寸	$\phi32\times115$	每毛坯件数	1		每台件数	1		备注	

更改标记	车间	工序号	工序名称	工序内容					设备及工装			工时定额	
									名称	设备编号	工装编号	准终	单件
实		1	料	$\phi32\times115$，1件。									
实		2	铣	铣A面。						X52K			
实		3	铣	铣B面。						X52K			
实		4	铣	铣C面。						X52K			
实		5	铣	铣D面。						X52K			
				总检。									
				入库。									
							编制	日期	校对	日期	会签		日期
更改标记	更改单号	签字	日期	更改标记	更改单号	签字	日期						

图 4-36　加工工艺规程

机械加工工艺卡 (首页)		产品型号		零(部)件图号		SXXM-001		共 4 页
		产品名称		零(部)件名称		四方体		第 2 页
材料牌号	45	毛坯种类	型材	毛坯外形尺寸	$\phi32\times115$	每毛坯件数	1	每台件数	1	备注

更改 标记	工序 号	工步 号	工序(工步)名称及内容	设备及工装		
				名称	设备编号	工装编号
	1		料: $\phi32\times115$，1件。			
	2		铣			
		2.1	虎钳装夹毛坯外径，找正夹紧，协调加工余量，铣A面，去量5，表面粗糙		X52K	游标卡尺
			度3.2，去毛刺；			0～125/0.02
	3		铣		X52K	游标卡尺
		3.1	虎钳装夹A、C两面，找正夹紧，协调加工余量，铣B面，去量5，保证与A面			0～125/0.02
			垂直度不大于0.1，表面粗糙度3.2，去毛刺；			
	4		铣		X52K	游标卡尺
		4.1	虎钳装夹B、D两面，找正夹紧，铣C面，保证尺寸21±0.1，保证与A面平行			0～125/0.02
			度不大于0.1，表面粗糙度3.2，去毛刺。			

				编制	日期	校对	日期	会签	日期
更改标记	更改单号	签字	日期	更改标记	更改单号	签字	日期		

机械加工工艺卡 (续页)		产品型号		零(部)件图号		SXXM-001		共 4 页
		产品名称		零(部)件名称		四方体		第 3 页
材料牌号	45	毛坯种类	型材	毛坯外形尺寸	$\phi32\times115$	每毛坯件数	1	每台件数	1	备注

更改 标记	工序 号	工步 号	工序(工步)名称及内容	设备及工装		
				名称	设备编号	工装编号
			检：检尺寸21±0.1，平行度。			
	5		铣		X52K	游标卡尺
		5.1	虎钳装夹A、C两面，找正夹紧，铣D面，保证尺寸21±0.1，保证与A面垂直			0～125/0.02
			度不大于0.1，表面粗糙度3.2，去毛刺。			
			检：检尺寸21±0.1，平行度及垂直度。			
			总检：检以上各工序尺寸及形位公差。			
			入库。			

				编制	日期	校对	日期	会签	日期
更改标记	更改单号	签字	日期	更改标记	更改单号	签字	日期		

图　4-36(续)

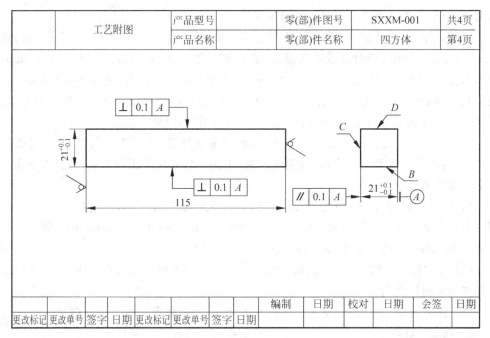

工艺附图		产品型号		零(部)件图号	SXXM-001		共4页
		产品名称		零(部)件名称	四方体		第4页

更改标记	更改单号	签字	日期	更改标记	更改单号	签字	日期	编制	日期	校对	日期	会签	日期

图 4-36(续)

3)刀具选择

选择并安装面铣刀盘(选用150mm普通机械夹固面铣刀盘),刃磨并安装硬质合金刀头。

4)夹具安装

四方体的铣削加工选择台虎钳进行装夹,安装台虎钳时,台虎钳底面必须与工作台台面紧密贴合,并目测校正钳口与纵向工作台平行。

5)切削用量的选用

加工四面时,主轴转速选择500~600r/min,进给量选择90~95mm/min,背吃刀量选择0.5~4mm。

6)工件的装夹

采用台虎钳装夹工件,对刀、试切并调整。

7)量具的选择

量具选用游标卡尺(0~125/0.02mm)。

8)计划

根据工艺路线及机械加工工艺规程内容制定任务完成实施计划。

3. 实施

1)毛坯选择

根据四方体机械加工工艺规程要求,选择45钢棒料,尺寸为$\phi 32 \times 115$mm。

2)铣削平面

(1)铣A面(基准面)。平口虎钳固定钳口与铣床主轴轴线应平行安装。虎钳装夹毛坯外径,选择适当垫铁垫在毛坯下方,虎钳扳手顺时针旋紧,旋紧的同时,用铜棒轻轻敲击毛坯上面,使毛坯下面与垫铁上面紧密贴合。

启动铣床,工件做横向、纵向和 Z 向进给运动,同时完成 Z 向对刀,对刀完成后,粗铣 A 面,去量 3~4mm,可分 2 或 3 次走刀,主轴转速为 500r/min,进给量为 90mm/min,背吃刀量为 2~4mm。精铣时,去量 1~2mm,可 1 或 2 次走刀完成,主轴转速为 600r/min,进给量为 80mm/min,背吃刀量为 0.5~1mm,铣削过程中,要选择一或两次走刀完成后,用高度尺测量 A 面距工件下面(与垫铁贴合面)的高度,以确定工件加工余量。

(2) 铣 B 面,用虎钳装夹已加工面 A 面和毛坯外径,注意钳口与 A 面之间要垫铜皮,用虎钳扳手顺时针旋紧虎钳,旋紧的同时,用铜棒轻轻敲击工件上面,使工件下面与垫铁上面紧密贴合。

启动铣床,进行 Z 向对刀。粗铣 B 面,主轴转速为 500r/min,进给量为 90mm/min,背吃刀量为 2~4mm。精铣时,主轴转速为 600r/min,进给量为 80mm/min,背吃刀量为 0.5~1mm,保证与基准面的垂直度要求。

(3) 用同样方法铣削 C、D 两面。保证与基准面的平行度和垂直度要求,尺寸精度要控制在公差范围之内。

(4) 按下铣床停机按钮,将工件从虎钳上卸下,用游标卡尺进行尺寸测量。

4. 检查与评价

(1) 每完成一道工序,都要使用游标卡尺等量具对工件进行工序间的检测,检测内容为工序内容中要求达到的尺寸、形位、表面质量精度等(详见机械加工工艺规程)。

(2) 最后进行总检,检测内容为各工序内容中要求达到的尺寸、形位、表面质量精度等(详见机械加工工艺规程);并在零件质量检测结果报告单上填写检测结果。

① B、D 面与 A 面的垂直度误差不得大于 0.10mm。

② C 面与 A 面的平行度误差不得大于 0.10mm。

③ 各相对表面间的尺寸精度。

④ 各表面的表面精糙度 Ra 的值在 3.2μm 以内。

(3) 组内同学自评。

(4) 小组互评成绩。

(5) 网络平台学习与作业评价。

(6) 教师依据项目评分记录表做出评价。

4.4　拓展项目:铣削直槽技能训练

如图 4-37 所示,六面体的六个面为已加工表面,在六面体上需铣削尺寸为(10±0.1)×(3±0.1)mm 的直槽,槽的两侧面对称度为 0.02mm。

操作步骤如下。

1. 分析图样

根据图样和技术要求,了解图样上有关加工部位的尺寸精度、形位公差和表面粗糙度要求。选择零件上的已加工面为定位基准面。

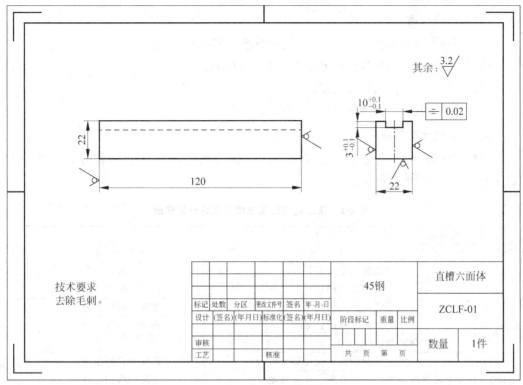

图 4-37　直槽六面体零件

2. 刀具选择与安装

选择并安装 ϕ10mm 圆柱铣刀。

3. 台虎钳的安装

台虎钳底面必须与工作台台面紧密贴合,并目测校正钳口与纵向工作台平行。

4. 切削用量的选用

转速为 550～650r/min,进给量为 80～90mm/min,背吃刀量为 1～2mm。

5. 工件的装夹

采用台虎钳装夹工件,对刀、试切并调整。

6. 铣削直槽

(1) 平口虎钳固定钳口与铣床主轴轴线应平行安装。工件两侧面及底面为定位基准,一面靠向固定钳口,底面与垫块上表面贴合,用虎钳扳手顺时针旋紧虎钳,旋紧的同时,用木棒轻轻敲击毛坯上面,使工件下表面与垫铁上面紧密贴合,夹紧工件。

(2) 机床通电,设置转速、进给量。

(3) 启动机床,操纵纵向、横向、垂直方向手动进给手柄,完成三个方向的对刀。

(4) 铣直槽。铣直槽分多次走刀,最后一刀要提高转速,降低进给量与背吃刀量,尺寸精度要控制在公差范围内,保证直槽两侧面对称度为 0.02mm,直槽三个面的表面粗糙度为 3.2μm。

(5) 铣削过程中要及时清理零件表面的铁屑。

7. 工件的检测

工件铣削完成后,必须按照工件的技术要求对工件进行检测。

(1) 直槽两侧面的对称度误差不得大于 $0.02mm$。

(2) 各相对表面间的尺寸精度。

(3) 各加工表面的表面粗糙度 Ra 值都在 $3.2\mu m$ 以内。

8. 拓展技能实训成绩

教师根据学生任务的完成情况,填写"铣削直槽拓展技能实训评分记录表"(见表 4-1)。

表 4-1　铣削直槽拓展技能实训评分记录表

一、工具、设备的操作评分记录表(20 分)					
序号	考查范围	考察项目	配分	评分标准	得分
1	工具、设备的操作	合理使用常用刀具	4	违反一次扣 2 分	
2		合理使用常用量具	4	违反一次扣 2 分	
3		正确操作自用铣床	6	违反一次扣 2 分	
4	独立性	独立操作自用铣床	6	违反一次扣 3 分	
二、安全及其他评分记录表(10 分)					
1	安全、文明及其他	严格执行铣工安全操作规程	4	违反一次扣 2 分	
2		严格执行文明生产的规定	4	违反一次扣 2 分	
3		工、量具摆放整齐,工作场地干净整洁	2	违反一次不得分	
三、工件质量评分表(70 分)					
1	宽度 $10\pm0.1mm$		20	超差不得分	
2	高度 $3\pm0.1mm$		20	超差不得分	
3	对称度 $0.02mm$		15	超差不得分	
4	表面粗糙度 $Ra3.2\mu m$(3 处)		15	超差不得分(3 处×5 分)	
合计			100		

4.5　习　　题

4.5.1　知识链接习题

1. 填空题

(1) 铣削加工时,铣刀旋转作_____,工件或铣刀的直线移动为_____。

(2) 周铣时,铣刀接触工件时的旋转方向和工件的进给方向相同的铣削方式叫_____。

(3) 在采用端铣平面的铣削方式中,根据铣刀与工件相对位置的不同,铣削又可分为_____和_____两种方式。

（4）带孔铣刀多用在_____铣床上，带柄铣刀多用在_____铣床上。

（5）工件的切断用的铣刀是_____铣刀。

2．判断题

（1）端铣的表面粗糙度 Ra 值比周铣小，能获得较光洁的表面。　　　　　（　　）

（2）端铣的适应性差，一般仅用来铣削平面，特别适合铣削大平面。　　　（　　）

（3）顺铣时，每齿的切削厚度由最大到零，刀齿和工件之间没有相对滑动，容易切削，加工表面的粗糙度值小，刀具的寿命也较长。　　　　　　　　　　　（　　）

（4）工件的铣削宽度偏向端铣刀回转中心一侧时的铣削方式，称为不对称铣。

　　　　　　　　　　　　　　　　　　　　　　　　　　　　　　　（　　）

（5）刀齿作用在工件上的切削力的纵向分力和进给方向相反，可以防止工作台窜动，这种方式适用于较窄工件的铣削。　　　　　　　　　　　　　　　（　　）

3．简答题

（1）操作铣床时应注意哪些安全规则？

（2）铣削加工时，主运动和进给运动分别指什么？

4.5.2　技能链接习题

铣削图纸如图 4-38 所示。试分析其加工工艺线路及机械加工工艺过程并进行实际操作。

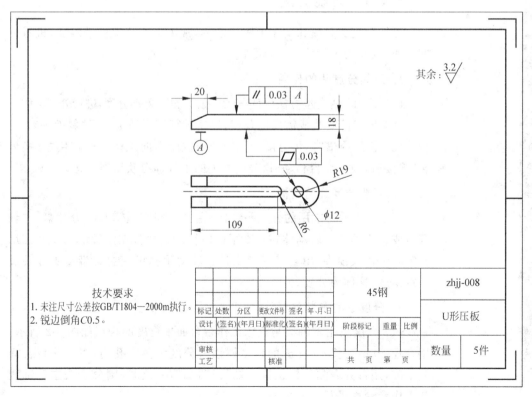

图 4-38　铣削图纸

六方花螺母铣削加工

本项目的教学目的是为培养学生合理安排加工工艺的能力,同时根据加工工艺规程在普通铣床上独立对较复杂零件完成铣削加工,为将来能够胜任复杂零件铣削加工奠定扎实的基础。

本项目已知材料为 45 钢棒料。正确理解零件加工工艺规程,在普通铣床上进行实际加工,最后对加工后的零件进检测、评价。

5.1 项目知识链接

5.1.1 万能分度头

万能分度头是铣床的重要附件之一,常用来安装工件铣斜面,进行分度工作,以及加工螺旋槽、齿轮等。

1. 万能分度头的作用

(1) 采用各种分度方法(简单分度、复式分度、差动分度)进行分度工作。

(2) 把工件安装成需要的角度,以便进行切削加工(如铣斜面等)。

(3) 铣螺旋槽时,将分度头挂轮轴与铣床纵向工作台丝杠用"交换齿轮"连接后,当工作台移动时,分度头上的工件即可获得螺旋运动。

2. 万能分度头的结构

图 5-1 所示为常用的分度头结构,主要由底座、转动体、分度盘、主轴等组成。主轴可随转动体在垂直平面内转动。通常在主轴前端安装三爪自定心卡盘或顶尖,用它来安装工件。转动手柄可使主轴带动工件转过一定角度,这称为分度。

3. 分度头的安装与调整

(1) 分度头主轴轴线与铣床工作台台面平行度的校正如图 5-2 所示。用直径 40mm、长 400mm 的校正棒插入分度头主轴孔内,以工作台台面为基准,用百分表测量校正棒两端,当两端值一致时,则分度头主轴轴线与工作台台面平行。

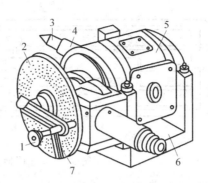

图 5-1　万能分度头结构

万能分度头的组成.mp4　　1—分度手柄；2—分度盘；3—顶尖；4—主轴；5—转动体；6—底座；7—扇形夹

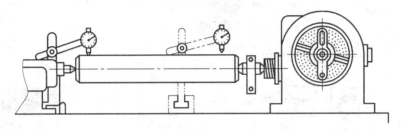

图 5-2　分度头主轴轴线与铣床工作台台面平行度的校正

（2）分度头主轴与刀杆轴线垂直度的校正如图 5-3 所示。将校正棒插入主轴孔内，使百分表的触头与校正棒的内侧面(或外侧面)接触，然后移动纵向工作台，当百分表指针稳定则表明分度头主轴与刀杆轴线垂直。

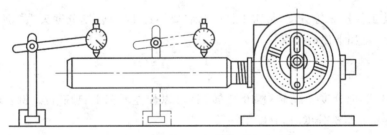

图 5-3　分度头主轴与刀杆轴线垂直度的校正

（3）分度头与后顶尖同轴度的校正如图 5-4 所示。先校正好分度头，然后将校正棒装夹在分度头与后顶尖之间以校正后顶尖与分度头主轴等高，最后校正其同轴度，即两顶尖间的轴线平行于工作台台面且垂直于铣刀刀杆。

4. 万能分度头的简单分度方法

根据图 5-5 所示的分度头传动示意可知，传动路线是：手柄→齿轮副(传动比为 1∶1)→蜗杆与蜗轮(传动比为 1∶40)→主轴。可算得手柄与主轴的传动比是 1∶1/40，即手柄转一圈，主轴则转过 1/40 圈。

$$n = \frac{40}{z} = \frac{40}{17} = 2\frac{6}{17}$$

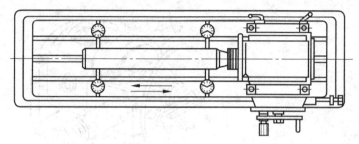

图 5-4　校正同轴度

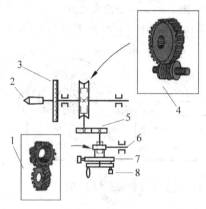

图 5-5　万能分度头的传动示意

1—1∶1 螺旋齿轮传动；2—主轴；3—刻度盘；4—1∶40 蜗轮传动；
5—1∶1 齿轮传动；6—挂轮轴；7—分度盘；8—定位销

万能分度头的使用.mp4

如要使工件按 z 等分度，每次工件（主轴）要转过 $1/z$ 转，则分度头手柄所转圈数为 n 转，它们应满足如下比例关系：

$$1 : \frac{1}{40} = n : \frac{1}{z}$$

可见，只要把分度手柄转过 $40/z$ 转，就可以使主轴转过 $1/z$ 转。例：现要铣齿数 $z=17$ 的齿轮。每次分度时，分度手柄转数为

$$n = \frac{40}{z}$$

这就是说，每分一齿，手柄需转过 2 整圈再多转 6/17 圈。此处 6/17 圈是通过分度盘（见图 5-6）来控制的。国产分度头一般备有两块分度盘。分度盘正反两面上有许多数目不同的等距孔圈。

第一块分度盘正面各孔圈数依次为：24、25、28、30、34、37；反面各孔圈数依次为：38、39、41、42、43。

第二块分度盘正面各孔圈数依次为：46、47、49、51、53、54；反面各孔圈数依次为：57、58、59、62、66。

分度前，先在上面找到分母 17 倍数的孔圈（例如有：34、51）从中任选一个，如选 34。把手柄的定位销拔出，使

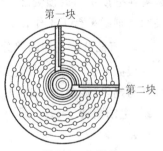

图 5-6　分度盘

手柄转过 2 整圈之后，再沿孔圈数为 34 的孔圈转过 12 个孔距。这样主轴就转过了 1/17 转，达到分度目的。

为了避免每次分度时重复数孔的麻烦和确保手柄转过孔距准确，把分度盘上的两个扇形夹 1、2 之间的夹角（见图 5-6）调整到正好为手柄转过非整数圈的孔间距。这样每次分度就可做到又快又准。

上述是运用分度盘的整圈孔距与应转过孔距之比，来处理分度手柄要转过的一个分数形式的非整数圈的转动问题。这种分度方法属于简单分度法。生产上还有角度分度法、直接分度法和差动分度等。

角度分度法（简单分度方法的特殊形式，孔圈数选 54 即可）即手柄转一圈，主轴则转过 360°/40＝9°。

$$N(手柄的转数)＝\theta°(工件等分角度数)/9°(主轴角度定数)$$

5. 用万能分度头对工件的装夹

用分度头装夹工件可完成铣削多边形、花键、齿轮和刻线等工作。FW250 型万能分度头及其附件在铣床工作台上的放置如图 5-7 所示。

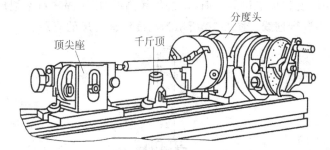

图 5-7 FW250 型万能分度头及其附件工作示意

利用分度头，工件的装夹方式通常有以下几种。

(1) 用三爪自定心卡盘和后顶尖装夹工件，如图 5-8(a) 所示。

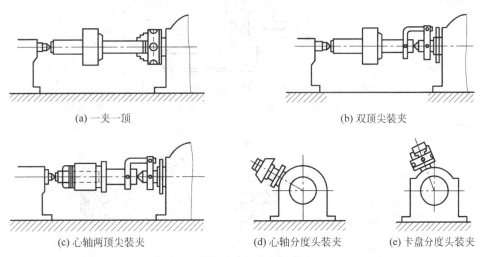

(a) 一夹一顶   (b) 双顶尖装夹

(c) 心轴两顶尖装夹   (d) 心轴分度头装夹   (e) 卡盘分度头装夹

图 5-8 用分度头装夹工件的方法

（2）用前、后顶尖夹紧工件，如图 5-8（b）所示。

（3）工件套装在心轴上用螺母压紧，然后同心轴一起被顶持在分度头和后顶尖之间，如图 5-8（c）所示。

（4）工件套装在心轴上，心轴装夹在分度头的主轴锥孔内，并可按需要使主轴倾斜一定角度，如图 5-8（d）所示。

（5）工件直接装夹在三爪自定心卡盘上，并可使主轴倾斜一定角度，如图 5-8（e）所示。

5.1.2　高度尺

高度游标卡尺如图 5-9 所示，用于测量零件的高度和精密划线。它的结构特点是用质量较大的基座 4 代替固定量爪 5，而动的尺框 3 则通过横臂装有测量高度和划线用的量爪，量爪的测量面上镶有硬质合金，以提高量爪使用寿命。高度游标卡尺的测量工作，应在平台上进行。当量爪的测量面与基座的底平面位于同一平面时，如在同一平台平面上，主尺 1 与游标 6 的零线相互对准。所以在测量高度时，量爪测量面的高度，就是被测量零件的高度尺寸，它的具体数值，与游标卡尺一样可在主尺（整数部分）和游标（小数部分）上读出。应用高度游标卡尺划线时，调好划线高度，用紧固螺钉 2 把尺框锁紧后，也应在平台上先调整再进行划线。图 5-10 所示为高度游标卡尺的应用。

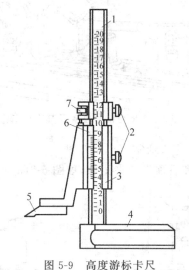

图 5-9　高度游标卡尺

1—主尺；2—紧固螺钉；3—尺框；4—基座；5—量爪；6—游标；7—微动装置

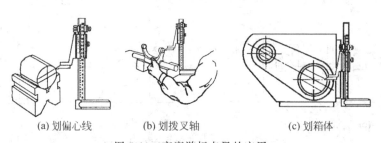

(a) 划偏心线　　　　(b) 划拨叉轴　　　　(c) 划箱体

图 5-10　高度游标卡尺的应用

5.1.3 深度游标卡尺

深度游标卡尺如图 5-11 所示,用于测量零件的深度尺寸或台阶高低和槽的深度。它的结构特点是尺框 3 的两个量爪连成一起成为一个带游标测量基座 1,基座的端面和尺身 4 的端面就是它的两个测量面。如测量内孔深度时应把基座的端面紧靠在被测孔的端面上,使尺身与被测孔的中心线平行,伸入尺身,则尺身端面至基座端面之间的距离,就是被测零件的深度尺寸。它的读数方法和游标卡尺完全一样。

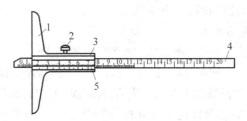

图 5-11 深度游标卡尺

1—测量基座;2—紧固螺钉;3—尺框;4—尺身;5—游标

测量时,先把测量基座轻轻压在工件的基准面上,两个端面必须接触工件的基准面,如图 5-12(a)所示。测量轴类等台阶时,测量基座的端面一定要压紧在基准面,如图 5-12(b)和(c)所示,再移动尺身,直到尺身的端面接触到工件的量面(台阶面)上,然后用紧固螺钉固定尺框,提起卡尺,读出深度尺寸。多台阶小直径的内孔深度测量,要注意尺身的端面是否在要测量的台阶上,如图 5-12(d)所示。当基准面是曲线时,如图 5-12(e)所示,测量基座的端面必须放在曲线的最高点上,测量出的深度尺寸才是工件的实际尺寸,否则会出现测量误差。

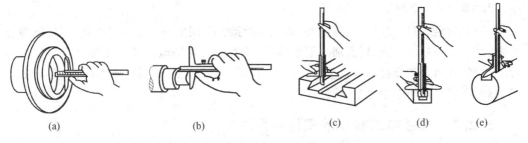

图 5-12 深度游标卡尺的使用方法

5.2 拓展知识链接

5.2.1 提高铣削精度和铣削效率的方法

1. 精铣

1) 精铣的刀具材料

实践证明:含碳化钽 TaC(或碳化铌 NbC)细颗粒或超微粒的硬质合金刀片,具有较好的抗热冲击性、韧性和刃口强度,抗塑性变形及耐磨性也很好,对断续切削时的温度变化有较好的适应性,铣削时不易产生裂纹,是一种理想的精铣刀具材料。采用 YG6X 或 YA6 刀片的端铣刀加工大型铸件导轨时粗糙度值可达 0.8μm 左右,直线度可达 0.01~0.02/3000mm。

金属陶瓷用于精铣加工也很有前途。它具有良好的抗崩刃、抗热冲击能力和较高的耐磨性;它和金属的亲和力较小,能减少刀具的扩散磨损;它与钢铁的摩擦因数低,切屑不易粘刀,不易产生积屑瘤,加工铸铁时粗糙度值可达 1.6~0.8μm,加工钢件时可达 0.8~0.4μm;它的切削速度比硬质合金铣刀高 3 倍。

2) 精铣对工艺系统的要求

(1) 精铣时,应尽可能选用功率较大、刚度较高的铣床。

(2) 尽可能减小铣刀悬伸量,减小铣刀刀齿的圆跳动量,便可减小由此而引起的振动。

(3) 减小铣床工作台及横梁等运动部件间的间隙,工作台润滑系统的压力不宜过高,避免在切削时工作台浮飘。保证铣头与立柱导轨及工作台的垂直度,减小加工表面的直线度误差。

(4) 为了保证加工表面在宽度方向的直线度与共面性不超差,应将铣头移向较高点,使铣刀所受吃刀抗力的合力接近铣刀轴线,减小铣刀在宽度方向上的倾斜。

(5) 工件的装夹部位应选择工件上刚性较好的部位,以防止因装夹而引起的变形,装夹力要适当,可采用辅助支承消除工件因自重下垂产生的变形。

2. 高效铣刀铣削

硬质合金端铣刀、槽铣刀、切断刀、圆柱铣刀、立铣刀、三面刃铣刀、成形铣刀、角度铣刀等的铣削效率比同类高速钢铣刀要高 3~5 倍,刀具耐用度比同类高速钢铣刀要高 5~10 倍,加工表面粗糙度值比同类高速铣刀低 1~2 级。

3. 组合铣刀铣削

采用组合铣刀可同时对工件的几个表面进行加工,同采用一般铣刀相比,不仅能缩短机动时间,减少辅助时间,提高加工效率,而且还能比较容易地保证工件表面间的位置精度,所以特别适合于成批和大量生产。由于组合铣刀结构复杂,制造成本高,刃磨与重磨较麻烦,所以不适用于中小批生产。

5.2.2　机械加工顺序的安排原则

1. "先基面,后其他"的原则

首先要安排被选作精基准的表面的加工,再以加工出的精基准为定位基准,安排其他表面的加工。该原则还有另外一层意思,即精加工前应先修一下精基准。例如,精度要求高的轴类零件,第一道加工工序就是以外圆面为粗基准加工两端面及顶尖孔,再以顶尖孔定位完成各表面的粗加工;精加工开始前要先修整顶尖孔,以提高轴在精加工时的定位精度,然后安排各表面粗加工,最后安排精加工。

2. "先面后孔"原则

当零件上有较大的平面可以用来作为定位基准时,总是先加工平面,再以平面定位加工孔,保证孔和平面之间的位置精度,这样定位比较稳定,装夹也方便。同时若在毛坯表面上钻孔,钻头容易引偏,所以从保证孔的加工精度出发,也应当先加工平面再加工该平面上的孔。

当然,如果零件上并没有较大的平面,它的装配基准和主要设计基准是其他的表面,此时就可以运用"先基面,后其他"的原则,先加工其他的表面。

3. "先主后次"原则

零件上的加工表面一般可以分为主要表面和次要表面两大类。主要表面通常是指位置精度要求较高的基准面和工作表面;次要表面则是指那些要求较低,对零件整个工艺过程影响较小的辅助表面,如键槽、螺孔、紧固小孔等。次要表面与主要表面间也有一定的位置精度要求,一般是先加工主要表面,不规则工件以主要表面定位加工次要表面。对于整个工艺过程而言,次要表面加工一般安排在主要表面最终精加工之前。

4. "先粗后精"原则

对于精度要求较高的零件,加工应划分粗、精加工阶段。这一点对于刚性较差的零件尤其不能忽视。

5.2.3　工序的集中与分散

1. 集中与分散的概念

零件的机械加工过程,还要解决工序的集中与分散问题。所谓工序集中,就是在一个工序中包含尽可能多的工步内容。在批量较大时,常采用多轴、多面、多工位机床和复合刀具来实现工序集中,从而有效地提高生产率。多品种中小批量生产中,越来越多地使用加工中心机床,便是一个工序集中的典型例子。

工序分散与上述情况相反,整个工艺过程的工序数目较多,工艺路线长,而每道工序所完成的工步内容较少,最少时一个工序仅一个工步。

2. 工序集中与分散的特点

工序集中的优点如下。

(1) 减少了工件的装夹次数。当工件各加工表面位置精度较高时,在一次装夹下把各个表面加工出来,既有利于保证各表面之间的位置精度,又可以减少装卸工件的辅助时间。

(2) 减少了机床数量和机床占地面积,同时便于采用高生产率的机床加工,大大提高了生产率。

(3) 简化了生产组织和计划调度工作。因为工序集中后工序数目少、设备数量少、操作工人少,生产组织和计划调度工作比较容易。

工序集中程度过高也会带来如下问题。

(1) 机床结构过于复杂,一次投资费用高,机床的调整和使用费时费事。

(2) 不利于划分加工阶段。

工序分散的特点正好与工序集中相反,由于工序内容简单,所用的机床设备和工艺装备也简单,调整方便,对操作工人的技术水平要求较低。

5.2.4 铣键槽和其他沟槽

1. 铣轴上键槽

（1）平键槽的类型。平键槽的类型包括通键槽、半通键槽和封闭键槽。通键槽通常用盘形铣刀铣削,封闭键槽多采用键槽铣刀铣削。

（2）轴类工件的装夹方法。轴类工件的装夹方法有四种:用平口钳装夹,适合单件生产;用 V 形架装夹,轴的中心高度会变化;用分度头定中心装夹,适合精度较高的加工;直接放在工作台中间的 T 形槽上装夹。前三种方法如图 5-13 所示。

(a) 用平口钳装夹   (b) 用V形架装夹   (c) 用分度头装夹

图 5-13   工件装夹方法对中心位置的影响

（3）铣键槽的方法。通键槽可采用三面刃铣刀铣削,在卧式或立式铣床上均可,如图 5-14 所示。封闭键槽通常使用立式铣床和键槽铣刀直接加工,如图 5-15 所示。如果用立铣刀加工,必须首先在槽的一端钻一个落刀孔,原因是立铣刀主切削刃在其圆柱表面上,不能作轴向进给。

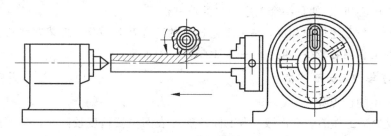

图 5-14   铣通键槽

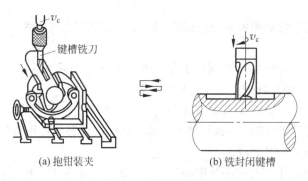

(a) 抱钳装夹   (b) 铣封闭键槽

图 5-15   铣封闭键槽

用键槽铣刀铣键槽时,有分层铣削法和扩刀铣削法两种,如图 5-16 所示。

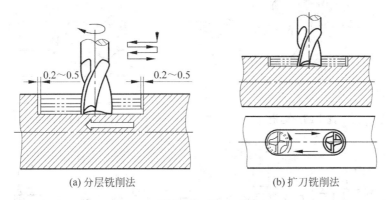

(a) 分层铣削法　　　　　　　　　(b) 扩刀铣削法

图 5-16　用键槽铣刀铣键槽的方法

分层铣削法是指每次手动沿键槽长度方向进给时,取背吃刀量 $a_p = 0.5 \sim 1.0$mm,多次重复铣削,注意在键槽两端要各留长度方向的余量 $0.2 \sim 0.5$mm,在键槽深度铣到位后,最后铣去两端余量。此法适合键槽长度尺寸较短、批量较小的铣削,如图 5-16(a)所示。

扩刀铣削法是指先用直径比槽宽尺寸略小的铣刀分层往复粗铣至槽深,槽深留余量 $0.1 \sim 0.3$mm;槽长两端各留余量 $0.2 \sim 0.5$mm,最后用符合键槽宽度的键槽铣刀进行精铣,如图 5-16(b)所示。

键槽对称度的检测:先将一块厚度与键槽尺寸相同的平行塞块塞入键槽内,用百分表校正塞块的 B 平面,使之与平板(或工作台)平行并记下百分表的读数。然后将工件转过 180°再校正塞块的 A 平面与平板(或工作台)平行,并记下百分表的读数。两次读数的差值即为键槽的对称度误差,如图 5-17 所示。

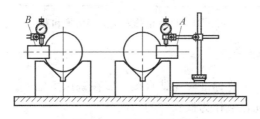

图 5-17　对称度的检测

2. 铣半圆形键槽

半圆形键槽可在立式铣床或卧式铣床上用专用的半圆形键槽铣刀进行铣削,如图 5-18 所示。

半圆形键槽的宽度用塞规或塞块检验;深度用直径为 d(小于半圆形键槽直径)的样柱配合游标卡尺或千分尺进行间接测量,如图 5-19 所示。

3. 铣燕尾槽

(1) 先铣出直槽或台阶,再用燕尾槽铣刀铣削燕尾槽或燕尾,如图 5-20 所示。

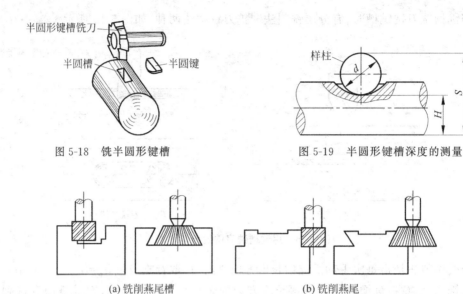

图 5-18 铣半圆形键槽　　　　图 5-19 半圆形键槽深度的测量

(a) 铣削燕尾槽　　　　(b) 铣削燕尾

图 5-20 燕尾槽及燕尾的铣削

（2）单件生产时,若没有合适的燕尾槽铣刀,可用廓形角与燕尾槽槽角 α 相等的单角铣刀铣削,如图 5-21 所示,在立式铣床上用短刀杆安装单角铣刀,通过倾斜立铣头一个角度 $\beta = \alpha$ 进行铣削。

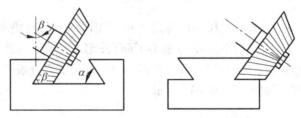

图 5-21 用单角铣刀铣削燕尾槽和燕尾

4. 孔加工

（1）钻孔。用钻夹头将标准麻花钻直接夹紧在铣床主轴上。

（2）铰孔。采用乳化液作为铰孔时的切削液。

（3）镗孔。在立式铣床和卧式铣床上均可镗孔,可镗单孔（见图 5-22）；也可利用回转工作台或分度头镗工件表面的等分多孔,如图 5-23 所示。

如图 5-24 所示,工件直接安装在工作台上,镗刀杆柄部的外锥面可直接装入主轴孔内,镗刀杆若悬伸过长,可用吊架支承。

最简单的镗刀杆如图 5-25(a)所示,刀尖伸长度调整不精确；改进的镗刀杆如图 5-25(b)所示,刀头后面有螺钉可精确调整刀头伸出的长度。

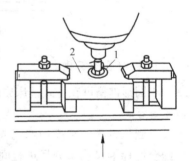

图 5-22 在立式铣床上镗孔
1—镗刀；2—工件

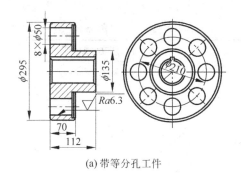
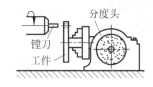

(a) 带等分孔工件   (b) 镗削示意图

图 5-23 镗削等分孔

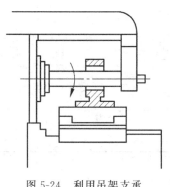
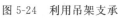
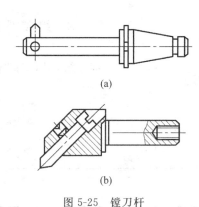

(a)

(b)

图 5-24 利用吊架支承   图 5-25 镗刀杆

5.3 项目技能链接

1. 项目资讯

(1) 温习项目 5 相关知识链接。

(2) 联系项目加工内容,学习铣工操作安全规范与岗位职责。

(3) 联系项目知识链接内容,分析六方花螺母零件设计图结构工艺性。

(4) 根据图样和技术要求,了解图样上有关加工部位的尺寸精度、形状和位置精度、表面粗糙度要求。该零件厚度尺寸为 10 ± 0.1 mm,内孔尺寸为 $\phi14$ mm,两平行面间距为 $24_{-0.052}^{0}$ mm,六面体外接圆直径为 $\phi27.7$ mm,六槽的宽度为 $6_{-0.008}^{0}$ mm,深度为 3 ± 0.05 mm,槽两侧面相对于 A 基准的对称度为 0.025 mm,端面相对于 B 基准的平行度不大于 0.04 mm,六个侧面相对于 B 基准的垂直度不大于 0.04 mm,端面的表面粗糙度为 $Ra3.2\mu$m,其余面均为 $Ra6.4\mu$m。

(5) 确定定位基准面。选择零件上的设计基准 A、B 作定位基准面。

2. 决策与计划

1) 工艺路线

六方花螺母加工工艺路线为:1 料—2 车—3 铣—4 铣—总检—入库(见图 5-26)。

产品名称 _____

生产任务号 _____

工艺文件编号 [ ]

工 艺 文 件

工艺文件名称： _____工艺路线_____

零、部、组(整)件名称： _____六方花螺母_____

零、部、组(整)件代号： _____LFHLM-01_____

编制部门 _____××系_____

单 位 _____××学院_____

更改标记	序号	零(部)件名称		本组件数量	每产品数量	各件数量	主制部门	工艺过程及经过生产部门	备注
		代号	名称						
	1	LFHLM-01	六方花螺母	1	1		实习部	1料—2车—3铣—4铣—总检—入库	

工艺路线表　产品型号　　零(部)件图号 LFHLM-01　工艺文件编号
产品名称　　零(部)件名称 六方花螺母

					编制	日期	校对	日期	会签	日期
更改标记	更改单号	签字	日期	更改标记	更改单号	签字	日期			

图 5-26　加工工艺路线

2）六方花螺母机械加工工艺规程

六方花螺母机械加工工艺规程如图 5-27 所示。

工艺文件编号

产 品 名 称 _____

生产任务号 _____

工 艺 文 件

工艺文件名称： _____机械加工工艺规程_____

零、部、组(整)件名称： _____六方花螺母_____

零、部、组(整)件代号： _____LFHLM-01_____

编制部门 _____××系_____

单 位 _____××学院_____

	机械加工工艺过程卡 (首页)		产品型号		零(部)件图号			LFHLM-01			共 6 页	
			产品名称		零(部)件名称			六方花螺母			第 1 页	
材料牌号	45	毛坯种类	型材	毛坯外形尺寸	$\phi30\times15$	每毛坯件数	1	每台件数	1	备注		
更改 标记	车 间	工序号	工序 名称	工 序 内 容				设备及工装			工时定额	
								名称	设备编号	工装编号	准终	单件
	实	1	料	$\phi30\times15$，1件。								
	实	2	车	车内孔及端面。				CA6140A				
	实	3	铣	铣六方。				X52K				
	实	4	铣	铣槽。				XA6132/1				
				总检。								
				入库。								
					编制	日期	校对	日期		会签		日期
更改标记	更改单号	签字	日期	更改标记	更改单号	签字	日期					

图 5-27 加工工艺规程

更改标记	机械加工工艺卡 (首页)		产品型号		零(部)件图号		LFHLM-01		共 6 页
			产品名称		零(部)件名称		六方花螺母		第 2 页

材料牌号	45	毛坯种类	型材	毛坯外形尺寸	$\phi30\times15$	每毛坯件数	1	每台件数	1	备注

更改标记	工序号	工步号	工序(工步)名称及内容	设备及工装		
				名称	设备编号	工装编号
	1		料			
			$\phi30\times15$,1件。			
	2		车(工艺附图一)		CA6140A	
		2.1	三爪装夹毛坯外径,找正夹紧,车B面见光,表面粗糙度3.2;			游标卡尺
						0~125/0.02
		2.2	调头,找正夹紧,平端面,保证尺寸10±0.1,保证与B面平行度不大于0.04,车内孔至尺寸$\phi14$(与心轴配车),表面粗糙度3.2;			
			检:尺寸10±0.1,$\phi14$,表面粗糙度3.2。			
	3		铣(工艺附图一)		X52K	游标卡尺
		3.1	将工件装入心轴			0~125/0.02

更改标记	更改单号	签字	日期	更改标记	更改单号	签字	日期	编制	日期	校对	日期	会签	日期

更改标记	机械加工工艺卡 (续页)		产品型号		零(部)件图号		LFHLM-01		共 6 页
			产品名称		零(部)件名称		六方花螺母		第 3 页

材料牌号	45	毛坯种类	型材	毛坯外形尺寸	$\phi30\times15$	每毛坯件数	1	每台件数	1	备注

更改标记	工序号	工步号	工序(工步)名称及内容	设备及工装		
				名称	设备编号	工装编号
		3.2	用分度头三爪装夹心轴,上尾顶,找正夹紧;			
		3.3	旋转分度头手柄(每一个面可选择转6圈44个孔)分别铣削六面,保证尺寸			
			$24_{-0.052}^{0}$,保证与B面垂直度不大于0.04,去毛刺,表面粗糙度6.3;			
			检:检尺寸$24_{-0.052}^{0}$,平行度,对称度,表面粗糙度6.3。			
	4		铣(工艺附图二)			游标卡尺
		4.1	虎钳装夹对边两面,找正夹紧,铣槽,保证尺寸$6_{-0.008}^{0}$,3±0.05,保证与A基准		XA6132/1	0~125/0.02
			对称度不大于0.025,表面粗糙度6.3,去毛刺;			
		4.2	方法同4.1,分别铣其余5槽,要求同4.1。			
			检:检尺寸$6_{-0.008}^{0}$,3±0.05,对称度,表面粗糙度。			

更改标记	更改单号	签字	日期	更改标记	更改单号	签字	日期	编制	日期	校对	日期	会签	日期

图 5-27(续)

机械加工工艺卡 (续页)		产品型号		零(部)件图号		LFHLM-01		共 6 页
		产品名称		零(部)件名称		六方花螺母		第 4 页

材料牌号	45	毛坯种类	型材	毛坯外形尺寸	$\phi30\times15$	每毛坯件数	1	每台件数	1	备注	

更改标记	工序号	工步号	工序(工步)名称及内容				设备及工装		
							名称	设备编号	工装编号
			总检：检尺寸20±0.1，$\phi14$，$50_{-0.052}^{0}$，$6_{-0.008}^{0}$，3±0.05，平行度，对称度，表面						
			粗糙度3.2。						
			入库。						

						编制	日期	校对	日期	会签	日期
更改标记	更改单号	签字	日期	更改标记	更改单号	签字	日期				

工艺附图一	产品型号		零(部)件图号	LFHLM-01	共6页
	产品名称		零(部)件名称	六方花螺母	第5页

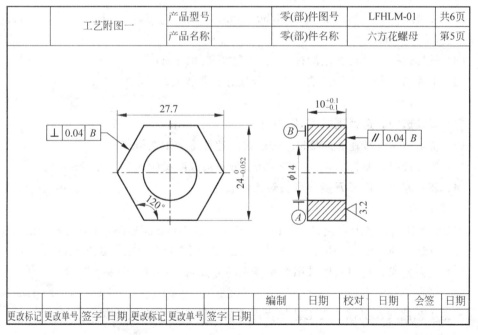

						编制	日期	校对	日期	会签	日期
更改标记	更改单号	签字	日期	更改标记	更改单号	签字	日期				

图 5-27（续）

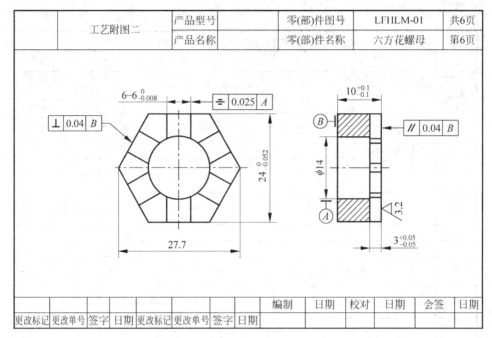

工艺附图二	产品型号		零(部)件图号	LFHLM-01	共6页
	产品名称		零(部)件名称	六方花螺母	第6页

						编制	日期	校对	日期	会签	日期
更改标记	更改单号	签字	日期	更改标记	更改单号	签字	日期				

图 5-27(续)

3）内孔及两端面的车削加工

（1）机床。内孔车削加工选用 CA6140A 车床。

（2）切削用量。切削速度 v_c 选择 800r/min，进给量 f 选择 0.1～0.18mm/r，背吃刀量 a_p 选择 0.1～1mm。

（3）量具选择。量具选用游标卡尺（0～125/0.02mm）。

（4）工件的装夹。选择三爪自定心卡盘对工件装夹。

4）铣削六面

（1）刀具选择。选择周铣刀，铣刀直径 $d_0 = 100mm$。

（2）铣削用量。转速 $n_0 = 200r/min$，进给速度 $v_f = 480mm/min$。

（3）量具选择。游标卡尺（0～125/0.02mm）、深度尺（0～200/0.02mm）。

（4）装夹方式。选择万能分度头对工件装夹。

5）铣削六槽

（1）铣削用量。铣刀直径 $d_0 = 6mm$，转速 $n_0 = 200r/min$，进给速度 $v_f = 400mm/min$。

（2）量具选择。游标卡尺（0～125/0.02mm）、深度尺（0～125/0.02mm）。

（3）装夹方式。铣削六槽采用虎钳装夹的方式对工件进行装夹。

6）计划

根据工艺路线及机械加工工艺规程内容制定任务完成实施计划。

3. 实施

1）毛坯选择

根据六方花螺母机械加工工艺规程要求，选择 45 钢棒料，尺寸为 $\phi 30 \times 15mm$。

2）内孔车削过程

（1）三爪装夹毛坯外径，找正夹紧，用 45°车刀车端面见光。

（2）用 $\phi10\mathrm{mm}$ 钻头钻孔，再用内孔车刀车 $\phi10\mathrm{mm}$ 内孔至 $\phi14\mathrm{mm}$，$\phi14\mathrm{mm}$ 尺寸要与心轴配车，配合间隙为 $0.02\sim0.05\mathrm{mm}$。

六方花螺母铣削加工—　　　六方花螺母内孔的加工—　　　六方花螺母铣削加工—
工件装夹.mp4　　　　　　钻内孔.mp4　　　　　　内孔的加工—车内孔.mp4

（3）调头，三爪装夹工件外径，找正夹紧，车端，保证工件厚度尺寸 $10\pm0.1\mathrm{mm}$，两端面平行度不大于 $0.04\mathrm{mm}$。

3）铣削六面过程

（1）如零件图所示，零件外形面为正六方体，需选用万能分度头对工件进行分度。而万能分度头三爪夹盘又不能直接对工件进行装夹，否则，不能完成六面的铣削。

（2）心轴的装夹。用分度头的三爪装夹心轴的一端外径，找正夹紧。

微课：万能分度头的使用.mp4　　　　　六方花螺母铣削加工心轴的组成.mp4

（3）将工件穿入心轴，然后用螺母将工件锁紧，另一端上尾顶将心轴顶紧。

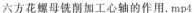

六方花螺母铣削加工心轴的作用.mp4　　　　六方花螺母铣削加工心轴的装夹.mp4

（4）启动铣床，首先进行对刀。操纵横向、纵向、垂直进给手柄，使铣刀刀刃与工件最高点接触，同时观察铣刀中心与工件轴线在同一平面内平行，完成对刀。

（5）铣第一个面。以六方花螺母内孔及端面为基准，铣六面中的任意一面。

（6）旋转分度头，铣削第二个面。

用万能分度头铣削 $z=6$ 的六角螺母，由公式可以得出，$n=40/6=6(2/3)=6(44/66)$，选用孔圈数是 66 的孔圈，每加工一个面，分度手柄需要转 6 圈零 44 个孔距，这 44 个孔距是在 66 个孔圈上完成的。铣削时的转速选取 $300\mathrm{r/min}$，进给速度选取 $23.5\mathrm{mm/min}$。

由于齿隙的原因，使用手柄转过孔距时需要单向转动。用分度头铣削六面的具体过程：将定位插销插入分度孔中，拨动分度插，使其中一插紧紧靠在定位插销上，定位插销所在的孔不计数,从下一个孔开始,数出 44 个孔,数到第 44 个孔时,将笔插入定位孔不动,拨动定位插另一端,使定位插紧紧靠在笔上。铣削一个面,完成后,拔出定位插销,旋转分度手柄,旋转 6 圈 44 个孔,铣削第二个面。

(7) 旋转分度手柄,铣削其余 4 个面,完成 6 个面的铣削。

4) 端面六槽的铣削过程

(1) 对刀。六方花螺母端面六槽的铣削需先完成对刀。垂直方向上,以花螺母上端面为基准,横向以工件侧面为基准,纵向对刀是一个难点,要求铣刀中心和花螺母中心重合。纵向对刀不能直接进行,需要借助对刀块完成。

用虎钳装夹对刀块两面,并使对刀块底面与等高块上面充分接触,移动工作台,使铣刀外圆柱上的切削逐渐靠近对刀块侧面,直到接触,用深度游标卡尺测量虎钳端面与对刀块侧面的距离 a,并做记录。

停机后,将对刀块从虎钳上取出,将六方花螺母装入虎钳,底面与等高块上面充分接触,不进行夹紧。用深度尺测量六方花螺母两平面相交直边到虎钳端面的距离,移动六方花螺母,直至距离等于 a。

纵向移动工作台,位移量为相对两直边的实际尺寸除以 2,再加上铣刀直径除以 2。即 $s=b/2+d/2$(其中 b 为六方花螺母两直边的距离,d 为铣刀直径)。纵向对刀结束。夹紧工件。

Z 向对刀。将一小块薄纸蘸水,置于六方花螺母上端面面,启动机床,移对工作台(注意,工作台纵向不移动),直到铣刀下切削刃将薄纸切削掉,完成 Z 向对刀。

(2) 铣槽。横向、纵向和垂直方向对刀完成后,分 3～5 次走刀完成一个槽的铣削加工,其余槽的加工方法相同。

六方花螺母铣削加工—键槽的铣削—装夹.mp4   六方花螺母铣削加工—键槽的铣削—纵向对刀.mp4   六方花螺母铣槽—铣槽.mp4

4. 检查与评价

(1) 每完成一个工序,都要使用游标卡尺等量具对工件进行工序间的检测,检测内容为工序内容中要求达到的尺寸、形位、表面质量精度等(详见机械加工工艺规程)。

(2) 最后进行总检,检测内容为各工序内容中要求达到的尺寸、形位、表面质量精度等(详见机械加工工艺规程);并在零件质量检测结果报告单上填写检测结果。

① 厚度尺寸 10 ± 0.1 mm。

② 内孔尺寸为 $\phi14$ mm。

③ 两平行面间距为 $24_{-0.052}^{0}$ mm。

④ 六面体外接圆直径为 $\phi27.7$ mm。

⑤ 六槽的宽度为 $6_{-0.008}^{0}$ mm,深度为 3 ± 0.05 mm,槽两侧面相对于 A 基准的对称度

为 0.025mm。

⑥ 端面相对于 B 基准的平行度不大于 0.04mm，六个侧面相对于 B 基准的垂直度不大于 0.04mm。

⑦ 端面的表面粗糙度为 $Ra\,3.2\mu m$，其余面均为 $Ra\,6.3\mu m$。

（3）小组内互相检查、点评。

5.4 拓展项目

图 5-28 所示为某零件的零件图。请分析其铣削加工过程，制定的零件加工工艺及加工方法，经指导教师审核，同意后方可进行加工。其评分标准见表 5-1。

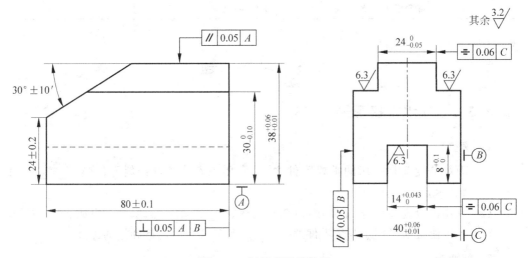

图 5-28 拓展项目零件图

表 5-1 评分标准表

项目	技 术 要 求	评 分 标 准	配分	实测值	实得分
六面体	80 ± 0.1mm	超差 0.05mm 扣 1 分	5		
	$40^{+0.06}_{+0.01}$mm	超差 0.01mm 扣 1 分	6		
	$38^{+0.06}_{+0.01}$mm	超差 0.01mm 扣 1 分	6		
	∥ 0.05 A	超差 0.01mm 扣 1 分	5		
	∥ 0.05 B	超差 0.01mm 扣 1 分	5		
	⊥ 0.05 A B	超差 0.01mm 扣 1 分	8		
斜面	$30°\pm10'$	超差 2′ 扣 1 分	5		
	24 ± 0.2mm	超差 0.04mm 扣 1 分	4		
直槽	$14^{+0.043}_{0}$mm	超差 0.01mm 扣 1 分	8		
	$8^{+0.1}_{0}$mm	超差 0.02mm 扣 1 分	4		
	⌖ 0.06 C	超差 0.01mm 扣 1 分	6		

续表

项 目	技 术 要 求	评 分 标 准	配分	实测值	实得分
凸面	$24_{-0.05}^{\ 0}$ mm	超差 0.01mm 扣 1 分	7		
	$30_{-0.10}^{\ 0}$ mm	超差 0.02mm 扣 1 分	4		
	$\boxed{= \| 0.06 \| C}$	超差 0.01mm 扣 1 分	6		
表面粗糙度	$Ra6.3\mu m$	每面超差一级扣 1 分	3		
	$Ra3.2\mu m$	每面超差一级扣 1 分	10		
安全文明生产	学生必须独立安装和调整工、夹、刀具,合理整齐摆放工、量具,穿戴好劳保用品,违反上述规定者视情节扣 2～4 分,发生设备、人身事故者视情节扣 3～6 分		8		
说明	1. 工件尺寸若超差 0.50mm 以上者扣总分 5 分 2. 工件有严重损伤者(伤痕在 0.5mm 以上)扣总分 5 分				

5.5 习　　题

5.5.1 知识链接习题

1. 填空题

(1) 万能分度头是铣床的重要附件之一,常用来安装工件铣斜面,进行_____工作,以及加工螺旋槽、齿轮等。

(2) 常用的分度头结构,主要由底座、转动体、_____、_____等组成。

(3) 深度游标卡尺用于测量零件的_____尺寸或台阶高低和槽的深度。

2. 判断题

(1) 铣削加工对刀时必须慢速进刀,刀接近工件时,需要手摇进刀,不准快速进刀。 (　　)

(2) 铣刀的分类方法很多,根据铣刀安装方法的不同可分为两大类,即带孔铣刀和带柄铣刀。 (　　)

(3) 带孔铣刀多用在立式铣床上,带柄铣刀多用在卧式铣床上。 (　　)

(4) 带柄铣刀又分为直柄铣刀和锥柄铣刀。 (　　)

3. 简答题

(1) 铣削加工时,万能分度头的作用是什么?

(2) 利用分度头,工件的装夹方式通常有哪几种?

(3) 操作铣床时应注意哪些安全规则?

5.5.2 技能链接习题

铣削如图 5-29 所示的零件。

试分析其加工工艺线路及机械加工工艺过程并进行实际操作。

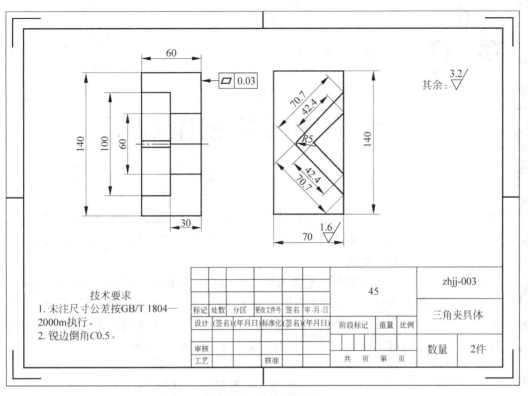

技术要求
1. 未注尺寸公差按GB/T 1804—2000m执行。
2. 锐边倒角C0.5。

								45		zhjj-003
标记	处数	分区	更改文件号	签名	年、月、日					三角夹具体
设计	(签名)	(年月日)	标准化	(签名)	(年月日)	阶段标记		重量	比例	
审核										数量
工艺			核准			共 页 第 页				2件

图 5-29　待铣削零件

项 ◆ 目

6

四方体刨削加工

本项目的教学目的是培养学生具备独立完成刨削加工的工作能力，为将来胜任零件的刨削加工技术工作，具备平面加工的工程实践能力奠定良好的基础。

本项目主要学习刨削加工安全生产常识；认识刨床的基本结构、掌握刨床操作；合理选择刨削加工刀具，装夹定位方式，刨削三要素；正确理解零件加工工艺规程，掌握刨削加工工艺特点及加工范围，在普通刨床上进行实际加工，最后对加工后的零件进检测、评价。

6.1 项目知识链接

6.1.1 刨削加工工作内容

1. 刨削加工范围

在刨床上用刨刀加工工件的工艺方法称为刨削。刨削主要适用于加工平面(如水平平面、垂直平面、斜面等)、各种沟槽(如 T 形槽、V 形槽、燕尾槽等)和成形面等，见表 6-1。

表 6-1   刨削加工范围

刨平面	刨垂直面	刨台阶	刨直槽	刨斜面	刨燕尾槽
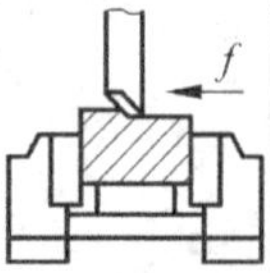	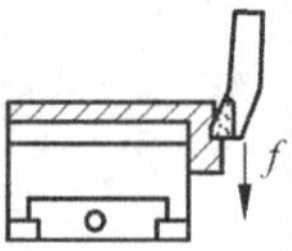	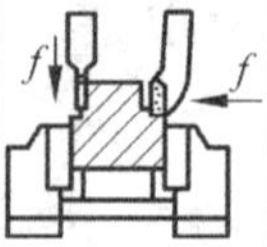	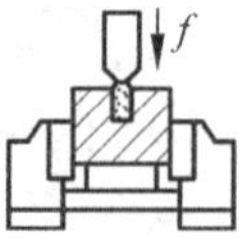	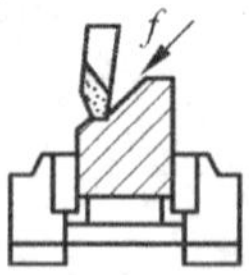	
刨 T 形槽	刨 V 形槽	刨曲面	刨孔内键槽	刨齿条	刨复合表面
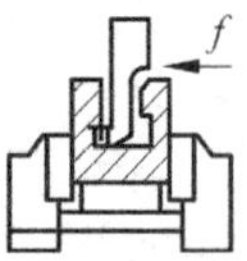	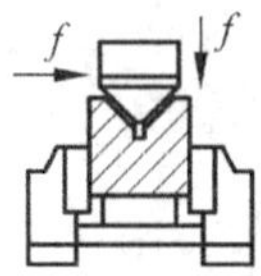		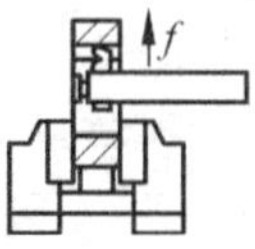	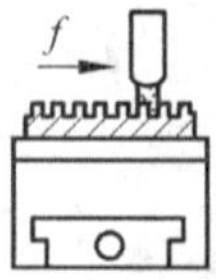	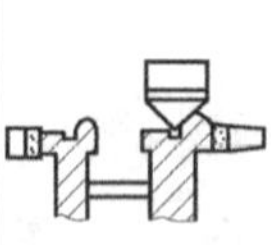

2. 刨削加工的运动及精度

1）刨削加工的运动

如图 6-1 所示,刨削加工的主运动是刨刀(或工件)的往复直线运动,进给运动是由工件(或刨刀)作垂直于主运动方向的间歇送进运动来完成的。

刨削工艺
范围.mp4

刨削的主要特点是断续切削。因为主运动是往复直线运动,切削过程只是在刀具前进时进行,称为工作行程;刀具后退时不进行切削,称为空行程,此时刨刀要被抬起,以便让刀,避免损伤已加工表面并减少刀具磨损。进给运动是在空行程结束后、工作行程开始前之间的短时间内完成,因而是一种间歇运动。

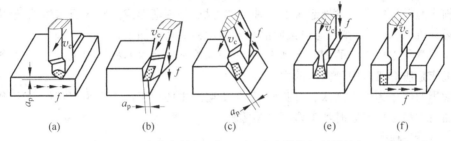

图 6-1　在牛头刨床上加工平面和沟槽的切削用量

2）刨削加工的工艺特点

（1）生产效率低。刨削生产效率一般低于铣削,刨削加工为单刃切削,往复直线运动换向时受惯性力的影响,且刀具切入切出时会产生冲击,故限制了主运动的速度,即刨削的切削速度不宜太高。另外,刨刀返程不切削,从而增加了辅助时间,造成了时间的损失。而铣削多为多刃刀具的连续切削,无空程损失,硬质合金面铣刀还可以采用高速切削。因此,刨削在多数加工中生产效率低。

但对于加工窄长平面,刨削的生产效率则高于铣削,这是由于铣削不会因为工件较窄而改变铣削进给的长度,而刨削却因工件较窄减少进给次数,因此窄长平面如机床导轨面等的加工多采用刨削。为提高生产效率,可采用多件同时刨削的方法,使生产效率不低于铣削,且能保证较高的平面度。

（2）加工质量中等。刨削过程中由于惯性及冲击振动的影响使刨削加工质量不如车削。刨削与铣削的加工精度与表面粗糙度大致相当。但刨削主运动为往复运动,只能采用中低速切削。当用中等切削速度刨削钢件时,易出现积屑瘤,影响表面粗糙度值。而硬质合金镶齿铣刀可采用高速切削,表面粗糙度值较小。加工大平面时,刨削进给运动可不停地进行,刀痕均匀。而铣削时若铣刀直径(面铣)或铣刀宽度(周铣)小于工件宽度,需要多次走刀,会有明显的接刀痕。

（3）加工范围。刨削加工范围不如铣削加工范围广泛,铣削的许多加工对象是刨削无法代替的,例如加工内凹平面、封闭型沟槽以及有分度要求的平面沟槽等。但对于 V 形槽、T 形槽和燕尾槽的加工,铣削受尺寸的限制,一般适宜加工小型的工件,而刨削可以加工大型的工件。

（4）人工成本。刨床结构比铣床简单且廉价，调整操作方便。刨刀结构简单，制造、刃磨及安装均比铣刀方便。一般刨削的成本也比铣削低。

（5）实际应用。基于上述特点，牛头刨床刨削，多用于单件小批量生产和维修车间里的修配工作中。在中型和重型机械的生产中，龙门刨床则使用较多。

3）刨削精度

刨削加工精度一般为 IT9～IT7，牛头刨床上表面粗糙度 Ra 值为 $12.5\sim3.2\mu m$，平面度为 $0.04mm/500mm$。龙门刨床上因刚性好和冲击小可以达到较高的精度和平面度，表面粗糙度 Ra 值为 $3.2\sim0.4\mu m$，平面度达到 $0.02mm/1000mm$。

6.1.2　刨床

刨床是继车床之后发展起来的一种工作母机，并逐渐形成完整的机床体系，刨床属于直线运动机床，利用工作台与刀架间的相对运动完成切削加工。

就刀具与工件之间的相对运动来讲，刨削加工是最简单的机械加工方法，进行刨削加工的机床是所有机床中最简单的之一。

常用的刨床为牛头刨床、龙门刨床。牛头刨床主要用于加工中小型零件，龙门刨床则用于加工大型零件或同时加工多个中型零件。

1. 牛头刨床

牛头刨床是刨削类机床中应用最为广泛的一种，它适宜刨削长度不超过 1000mm 的中小型零件，主参数是最大刨削长度。牛头刨床的生产效率较低，一般只适用于单件小批量生产或机修车间。

牛头刨床分为大、中、小三种形式。小型的刨削长度在 400mm 内，中型的刨削长度为 400～600mm，大型的刨削长度超过 600mm。

1）牛头刨床的主要部件及其作用

牛头刨床因其滑枕刀架形似"牛头"而得名。图 6-2 所示为应用最广泛的 B665 型牛头刨床，其最大刨削长度为 650mm，主要由床身、滑枕、转盘、刀架、工作台、横梁、底座等部分组成。

（1）床身。床身 4 用来支撑和连接刨床的各个部件，其顶面导轨供滑枕做往复运动用，侧面导轨供工作台升降，床身的内部有变速机构和摆杆机构。

（2）滑枕。滑枕 3 用来带动刨刀沿床身 4 的水平导轨做直线往复运动（即主运动）。其前端装有刀架 1。

（3）工作台。工作台 6 用来通过平口钳或螺栓压板安装工件。可随横梁做上下调整，并可沿着横梁做移动或垂直于主运动方向的间歇进给运动。工作台位置的高低是指工件装夹后，其最高处与滑枕导轨底面间的距离，一般将两者间的距离调整为 40～70mm。

（4）横梁。横梁 5 能沿着床身前侧导轨在垂直方向移动，以适应不同高度工件的加工需要。

（5）刀架。刀架 1 用以夹持刨刀，并带动刨刀做上下移动、斜向送进以及在返回行程时抬起以减少与工件的摩擦。它的结构如图 6-3 所示，刨刀通过刀夹 1 压紧在抬刀板 2 上，抬刀板可绕刀座上的转销 7 向前上方向抬起，便于在回程时抬起刨刀，以防擦伤工件表面。刀座 6 可在滑板 3 上做±15°范围内的回转,使刨刀倾斜安置,以便于加工侧面和斜面。摇动刀架手柄 4 可使刀架沿转盘上的导轨移动,使刨刀垂直间歇进给或调整背吃刀量。调整转盘 5,可使刀架左右回转 60°,用以加工斜面或斜槽。松开转盘两边的螺母,将转盘转动一定角度,可使刨刀做斜向间歇进给。

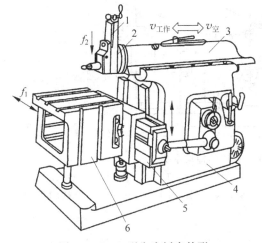

图 6-2 B665 型牛头刨床外形

1—刀架;2—转盘;3—滑枕;4—床身;

5—横梁;6—工作台

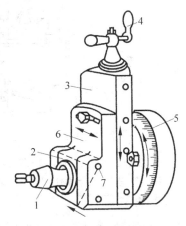

图 6-3 牛头刨床刀架

1—刀夹;2—抬刀板;3—滑板;4—刀架手柄;

5—转盘;6—刀座;7—转销

2) B665 型牛头刨床传动系统简介

(1)主运动。主运动的传动方式有机械传动和液压传动两种。在机械传动方式中,曲柄摇杆机构最为常见。

图 6-4 所示为采用曲柄摇杆机构的 B665 型牛头刨床的传动系统。电动机 1 的旋转运动通过带轮,经过变速机构 2 由传动齿轮 3 传给大齿轮 14,大齿轮上的偏心销 4 带动滑块 5 在摇杆的滑槽中移动,并使摆杆 6 绕与之铰接的下支点 15 摆动,摆杆 6 的上端与滑枕螺母 7 铰接,大齿轮每转一圈,滑枕做一次往复直线运动。

牛头刨床传动机构.mp4

滑枕行程长度的调整方法是:滑枕行程长度是其在运动过程中相对移动的距离,必须根据被加工工件长度作相应调整。大齿轮圆心处伸出轴有滚花锁紧螺母,调整前应先松开,然后套上手柄摇转。借助调节手柄,旋转的大齿轮圆心处,摆杆中心的一对锥齿轮 17 旋转,带动丝杠 16 旋转,使曲柄销连同滑块移向大齿轮中心或远离中心,就可以改变滑枕行程的长短。调整后,取下手柄,旋紧螺母。根据工件长度确定行程长度是否符合。调整后检查方法:安装工件或测好工件在工作台上的安装位置,再将手柄安装在可使大齿轮旋转的传动轴方头上,旋转即可使滑枕移动(这时必须使变速手柄扳至空挡位置)。观察滑枕行程长短与工件加工要求是否符合。

滑枕起始位置的调整方法是:根据被加工工件装夹在工作台上的前后位置,调整滑枕的前后位置。调整时,首先松开锁紧手柄 19,通过扳手转动滑枕丝杠 18 左边锥齿轮上方的方头(图 6-4 中未示意),则由锥齿轮带动丝杠,可以使滑枕丝杠 18 转动并在螺母 7

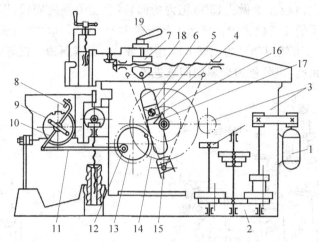

图 6-4   B665 型牛头刨床的传动系统

1—电动机；2—变速机构；3—传动齿轮；4—偏心销；5—滑块；6—摆杆；7—滑枕螺母；8—棘爪；9—棘
轮；10—摇杆；11—连杆；12—偏心销；13—齿轮(曲柄)；14—大齿轮；15—下支点；16—丝杠；17—锥
齿轮；18—滑枕丝杠；19—锁紧手柄

(螺母不动)中移动,并带动滑枕移至合适的位置,然后将锁紧手柄 19 锁紧。

滑枕移动速度的调整方法是:根据工件的加工要求,工件材料、刀具材料和滑枕行程长度确定滑枕的行程速度。比如在 B6050 型牛头刨床上是以每分钟往复行程次数表示的,共 9 级(标牌上注明)。变换行程速度必须在停机时进行,不允许开机调速,防止齿轮损坏。

用曲柄摇杆机构传动时,滑枕的工作行程速度 $v_{工作}$ 和空行程速度 $v_{空}$ 都是变量。如图 6-5 所示,曲柄摇杆机构的急回特性使滑枕回程速度比切削速度快,利于生产效率的提高。其切削速度按工作行程速度平均值平均计算。这种机构由于结构简单、传动可靠、维修方便,因此应用较广。

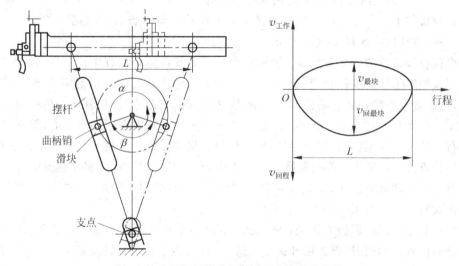

图 6-5   曲柄摇杆机构的组成及急回特性曲线

采用液压传动时,滑枕的工作行程速度 $v_{工作}$ 和空行程速度 $v_{空}$ 都是定值。液压传动能传递较大的力,可实现无级变速,运动平稳,且能得到较高的空行程速度,但其结构复杂,成本较高,一般用于较大规格的牛头刨床,如 B6090 型液压牛头刨床。

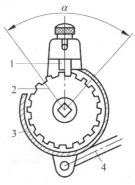

(2) 进给运动。牛头刨床工作台的横向进给运动也是间歇进行的,它可由机械或液压传动实现。

在机械传动的牛头刨床上,一般采用棘轮机构来实现进给运动。工作台的横向进给运动是间歇的,在滑枕每一次往复运动结束时,下一次工作行程开始前,工作台横向移动一小段距离(进给量)。横向进给可以手动,也可以机动。横向进给由棘轮、棘爪机构控制(见图 6-6)。通过这个机构可改变间歇进给的方向和进给量,或是停止机动进给,改用手动进给。

图 6-6 棘轮、棘爪机构
1—棘爪;2—棘轮;3—挡环;
4—连杆;α—棘爪摆动角

如图 6-4 所示,当滑枕每往复一次,与大齿轮 14 一体的小齿轮带动齿轮 13 以 1:1 的传动比顺时针转动一圈,齿轮 13 上的偏心销 12 带动连杆 11,使摇杆 10 摆动一次,棘爪 8 拨动棘轮 9 转过所需的齿数。棘轮 9 用键连接在横向进给丝杠上,因而可以带动工作台作间歇进给运动。

工作台进给量大小和方向的调整方法是:调整挡环 3 的位置,来改变在角度 α 内拨动的棘轮齿数,从而得到不同的进给量(见图 6-6)。

根据加工材料、刀具材料及加工条件要求来决定进给量。如在 B6050 型牛头刨床上,进给量分为 16 级,横向水平进给量为 0.125~2mm/往复行程,垂直进给量为 0.08~1.28mm/往复行程。调整方法是用手柄控制棘爪拨动棘轮齿数的多少。

2. 龙门刨床

1) 龙门刨床的组成和工艺范围

龙门刨床属于大型机床,因有一个龙门式框架而得名,龙门刨床的主参数是最大刨削宽度,第 2 主参数是最大刨削长度。例如,B2012A 型龙门刨床的最大刨削宽度为 1250mm,最大刨削长度为 4000mm。

它主要由床身、工作台、立柱、横梁和刀架等组成,如图 6-7 所示。

龙门刨床在加工时,其主运动与牛头刨床不同,主运动是工作台 2 沿床身 1 水平导轨所做的是直线往复运动。进给运动是刀架的横向或垂直方向的直线运动。床身 1 的两侧固定有左右立柱 6,立柱顶部由顶梁 5 连接,形成结构刚性较好的龙门框架。横梁 3 上装有两个垂直刀架 4,可分别做横向或垂直方向的进给运动及快速移动。横梁 3 可沿着左右立柱的导轨做垂直升降,以调整垂直刀架位置,适应不同高度工件的加工需要。横梁升降位置确定后,由夹紧机构夹持在两个立柱上。左右立柱上分别装有左侧刀架及右侧刀架 9,可分别沿垂直方向作自动进给和快速移动。各刀架的自动进给运动是在工作台每完成一次直线往复运动后,由刀架沿水平或垂直方向移动一定距离,刀具能够逐次刨削出待加工表面。快速移动则用于调整刀架的位置。

龙门刨床的刚性好,功率大,适合在单件、小批量生产中加工大型或重型零件上的各种平面、沟槽和各种导轨面,也可在工作台上一次装夹多个中小型零件同时加工。

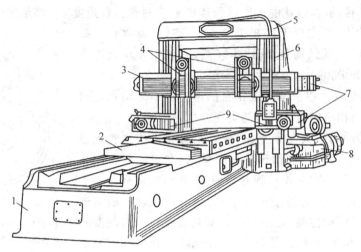

图 6-7 B2012A 型龙门刨床

1—床身；2—工作台；3—横梁；4—垂直刀架；5—顶梁；6—立柱；7—进给量；8—减速箱；9—侧刀架

2）B2012A 型龙门刨床的传动系统简介

（1）主运动。在龙门刨床工作台传动时，通常采用齿轮齿条机构或蜗杆齿条机构将旋转运动转变为直线运动。

如图 6-8 所示，B2012A 型龙门刨床主运动是采用直流电动机为动力源，经减速器 4、蜗杆 1 带动齿条 2，使工作台 3 获得直线往复的主运动。主运动的变速是通过调节直流电动机的电压实现（简称调压调速），并通过减速器里的两级齿轮进行机电联合调速，扩大了无级调速的范围。

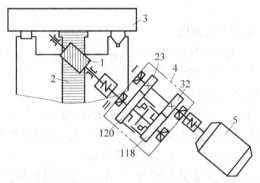

图 6-8 B2012A 型龙门刨床工作台主运动传动简图

1—蜗杆；2—齿条；3—工作台；4—减速器；5—联轴器

主运动方向的改变是通过直流电动机改变方向实现的。工作台的降速和变向是由工作台侧面的挡铁压动床身上的行程开关，通过电气控制系统实现的。直流电动机传动可以传递较大的功率，能实现无级变速，且能简化机械传动机构；其不足之处是电气系统复杂，成本较高，且传动效率较低。

龙门刨床工作台也可采用液压传动，一般采用容积调速系统，它具有与直流电动机传动相同的优点；缺点是传动效率低，且工作液压缸较长，制造成本高，一般用于行程不大的工作台运动中。

(2) 进给运动。龙门刨床刀架的进给运动有机械、液压等传动方式。机械传动的进给运动由两个垂直刀架和两个侧刀架来完成,常采用单独电动机驱动,可同时用于传动刀架的进给和快速移动,使传动路线大为缩短,简化了机械传动机构。为了刨斜面,各刀架均有可扳转角度的拖板,另外各刀架还有自动抬刀装置、避免回程时擦伤工件表面。

横梁上的两个垂直刀架由一单独的电动机驱动,使两刀架在水平与垂直方向均可实现自动进给运动或快速运动。两立柱上的两个侧刀架分别由两独立的电动机驱动,使侧刀架在垂直方向实现自动进给运动或快速运动,但水平方向只能手动。具体的传动系统图不在此赘述。

6.1.3 刨刀

1. 刨刀的种类及应用

1) 按形状和结构的不同分类

刨刀可分为直头刨刀和弯头刨刀(见图 6-9),左刨刀和右刨刀(见图 6-10)。

刀杆纵向是直的,称为直头刨刀(见图 6-9(a)),一般用于粗加工;刨刀刀头后弯的刨刀,称为弯头刨刀(见图 6-9(b))一般用于各种表面的精加工和切断以及切槽加工。弯头刨刀在受到较大的切削阻力时,刀杆产生弯曲变形,刀尖向后上方弹起,因此刀尖不会啃入工件,从而避免直头刨刀折断刀杆或啃伤加工表面。所以,这种刨刀应用广泛。

根据主切削刃在工作时所处的左右位置不同,以及左右大拇指所指主切削刃的方向不同,可区分左右刨刀,如图 6-10 中的左图为左刨刀,右图为右刨刀。加工平面常用右刨刀。

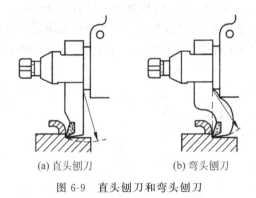

(a) 直头刨刀　　　　　(b) 弯头刨刀

图 6-9　直头刨刀和弯头刨刀

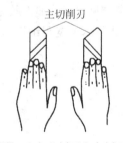

主切削刃

图 6-10　左刨刀和右刨刀

2) 按加工的形状和用途不同分类

平面刨刀(见图 6-11(a))包括直头刨刀和弯头刨刀,用于粗、精刨削平面用;偏刀(见图 6-11(b))用于刨削垂直面、台阶面和外斜面等;角度刀(见图 6-11(c))用于刨削角度形工件,如燕尾槽和内斜面等;直槽刨刀(见图 6-11(d))也称为切刀,用于切直槽、切断、刨削台阶等;弯头刨槽刀(见图 6-11(e))也称为弯头切刀,用于加工 T 形槽、侧面槽等;内孔刨刀(见图 6-11(f))用于加工内孔表面与内孔槽;成形刀(见图 6-11(g))用于加工特殊形状表面。刨刀切削刃的形状与工件表面一致，一次成形；精刨刀（见图 6-11(h)）是精细加工用刨刀，多为宽刃形式，以获得较小的表面粗糙度。

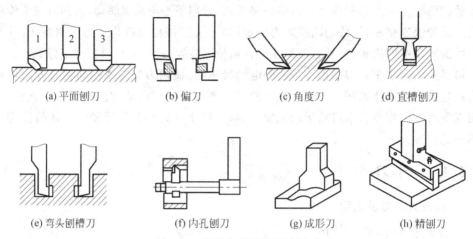

(a) 平面刨刀　(b) 偏刀　(c) 角度刀　(d) 直槽刨刀

(e) 弯头刨槽刀　(f) 内孔刨刀　(g) 成形刀　(h) 精刨刀

图 6-11　形状和用途不同的刨刀

1—尖头平面刨刀；2—平头精刨刀；3—圆头精刨刀

3）按刀头结构不同分类

焊接式刨刀的刀头与刀杆是由两种材料焊接而成的。刀头一般为硬质合金刀片。机械夹固式的刀头与刀杆为不同的材料，用压板、螺栓把刀头紧固在刀杆上。

4）宽刃细刨刀简介

在龙门刨床上，用宽刃细刨刀可细刨大型工件的平面（如机床导轨面）。宽刃细刨主要用来代替手工刮削各种导轨平面，可使生产效率提高几倍，应用较为广泛。

宽刃细刨在普通精刨的基础上，使用高精度的龙门刨和宽刃细刨刀，以低切速和大进给量在工件表面切去一层极薄的金属。由于切削力、切削热和工件变形均很小，从而可获得比普通精刨更高的加工质量。表面粗糙度 Ra 可达 $1.6\sim0.8\mu m$，直线度可达 $0.02mm/m$，图 6-12 所示为宽刃细刨刀的一种形式。

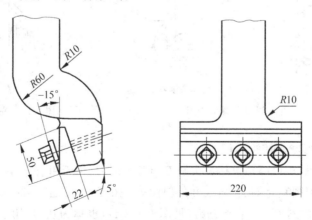

图 6-12　宽刃细刨刀

2. 刨刀的角度

刨刀的结构与车刀相似,其几何角度的选取也与车刀基本相同,如图 6-13 所示。但是由于刨削的过程有冲击,所以刨刀的前角比车刀要小(一般小于 5°),而且刨刀的刃倾角也应取较大的负值。

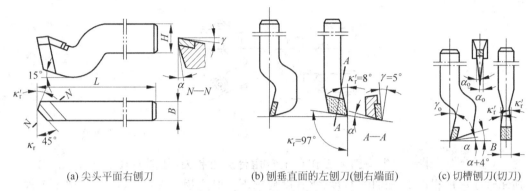

(a) 尖头平面右刨刀　　　(b) 刨垂直面的左刨刀(刨右端面)　　(c) 切槽刨刀(切刀)

图 6-13　刨刀切削部分的主要角度

刨刀在工作时承受较大的冲击载荷,为了保证刀杆具有足够的强度和刚度以及切削刃不致崩掉,刨刀的结构具有以下特点。

(1) 刀杆的端面尺寸较大,通常为车刀的 1.25～1.5 倍。

(2) 刃倾角较大,使刨刀切入工件时所产生的冲击力不是作用在刀尖上,而是作用在离刀尖稍远的切削刃上,以保护刀尖和提高切削的平稳性,如硬质合金刨刀的刃倾角可达 10°～30°。

(3) 在工艺系统刚性允许的情况下,选择较大的刀尖圆弧半径和较小的主偏角。

3. 刨刀的安装

刨刀的安装正确与否直接影响工件的质量。刨刀的安装应遵循以下几点原则。

(1) 刨刀在刀架上不宜伸出过长,以免在加工时发生振动和折断。直头刨刀的伸出长度一般为刀杆厚度的 1.5～2 倍。弯头刨刀可以伸出稍长一些,一般以弯曲部分不碰刀座为宜。

(2) 装卸刨刀时,必须一手扶住刨刀,另一手使用扳手,用力方向应自上而下,否则容易将抬刀板掀起,碰伤或夹伤手指。

(3) 刨平面或切断时,刀架和刀座的中心线都应处在垂直于水平工作台的位置上。即刀架后面的刻度盘必须准确地对零刻线。在刨削垂直面和斜面时,刀座可偏转 10°～15°,使刨刀在返回行程时离开加工表面,减少刀具磨损和避免擦伤已加工表面。

(4) 安装带有修光刀或平头宽刃精刨刀时,要用透光法找正修光刀或宽切削刃的水平位置,夹紧刨刀后,需再次用透光法检查切削刃的水平位置准确与否。

6.1.4　刨削加工方法

1. 工件的安装

(1) 压板装夹(见图 6-14)。压板装夹时,应注意位置的正确性,使工件的装夹牢固。

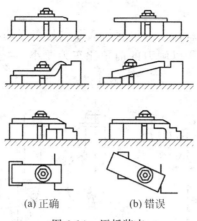

(a) 正确　　　　(b) 错误

图 6-14　压板装夹

（2）台虎钳装夹。牛头刨床工作台上常用台虎钳装夹，如图 6-15 所示。图 6-15(a)
所示适于一般粗加工，工件平行度、垂直度要求不高时应用；图 6-15(b)所示适于工件面
1、2 有垂直度要求时应用；图 6-15(c)所示为用垫铁和撑板安装，适于工件面 3、4 有平行
度要求时应用。

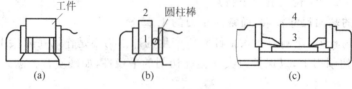

图 6-15　台虎钳装夹

（3）薄板件装夹。当刨削较薄的工件时，在其四周边缘无法采用压板，这时三边用挡
块挡住，一边用薄钢板撑压，并用锤子轻敲工件待加工表面四周，使工件贴平、夹持牢固，
如图 6-16 所示。

（4）圆柱体工件装夹。如图 6-17(a)所示，刨削圆柱体时，可以采用台虎钳装夹，也可
以利用工作台上 T 形槽、斜铁和撑块装夹；如图 6-17(b)所示，当刨削圆柱体端面槽时，
还可以利用工作台侧面 V 形槽、压板装夹。

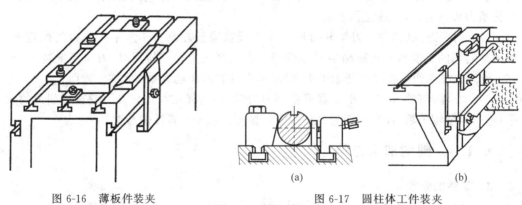

图 6-16　薄板件装夹　　　　　　　图 6-17　圆柱体工件装夹

（5）弧形工件装夹（见图 6-18）。刨削弧形工件时,可在圆弧内、外各用三个支撑将工件夹紧。

（6）薄壁工件装夹（见图 6-19）。刨削薄壁工件时,如果工件刚性不足,会使工件产生夹紧变形或在刨削时产生振动,因此需将工件垫实后再进行夹紧,或在切削受力处用千斤顶支撑。

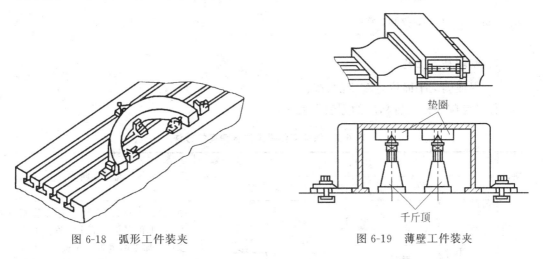

图 6-18 弧形工件装夹   图 6-19 薄壁工件装夹

（7）框形工件装夹（见图 6-20）。装夹部分刚性差的框形工件时,应将薄弱部分预先垫实或用螺栓支撑。

（8）侧面有孔工件装夹（见图 6-21）。普通压板无法装夹侧面有孔工件,可用圆头压板伸入孔中装夹。

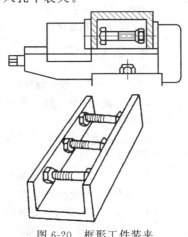

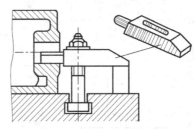

图 6-20 框形工件装夹   图 6-21 侧面有孔工件装夹

（9）用螺钉撑和挡铁装夹（见图 6-22）。该方法适用于装夹较薄工件,可加工整个上平面。

（10）用挤压法装夹（见图 6-23）。该方法适用于装夹较厚工件,可加工整个上平面,两边的螺旋夹紧力通过压板传给撑板而挤压工件。

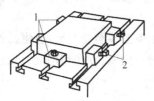

图 6-22　用螺钉撑和挡铁装夹

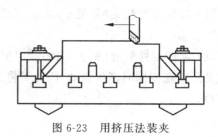

图 6-23　用挤压法装夹

2. 刨削基本工艺

1）保证刨削平面位置精度的方法

保证刨削平面位置精度的方法见表 6-2。

表 6-2　保证刨削平面位置精度的方法

项目	刨 削 方 法		说　　明
	安装不变	安装改变	
保证垂直度	(a)	(b)	图(a)：工件以底平面为安装基准，加工顶平面时，用水平进给法刨削；加工两侧垂直平面时，用垂直进给法；刨台阶也用类似方法进行。垂直度取决于机床的精度 图(b)：在基面用水平进给法刨出后，将工件旋转 90°，紧贴定位元件或工作台侧面仍用水平进给法刨削，此时垂直度取决于定位元件的精度和机床精度
保证平行度	(a)	(b)	图(a)：工件的两侧面均用垂直进给法刨出 图(b)：先将底部平面刨出，然后将工件翻转 180°，仍用水平进给法刨平面 以上两种方法所得到的平行度都取决于机床精度
保证倾斜度	(a)	(b)	图(a)：上图所示是将刀架斜置所需角度，采用倾斜进给方法刨出倾斜平面；下图所示是将牛头刨床工作台旋转一定的角度，刨出的平面与基准面倾斜 图(b)：基面平面紧贴定位件，用水平进给法刨出平面。其倾斜度取决于刨床精度和定位元件支承面的加工精度

2）刨垂直面及台阶面的方法

（1）偏刀的使用及安装。普通偏刀（见图6-24(a)）比台阶偏刀刀尖角大，刀尖强度高，散热性好，能承受较大的切削力；主偏角小于90°，切削力F_n将刀具推离加工表面，不会像台阶偏刀（见图6-24(b)）那样产生扎刀现象，而且加工的垂直面的表面粗糙度值较小。普通偏刀适合加工垂直面，台阶偏刀适合加工台阶，也适合加工余量较小的垂直面（见图6-24(c)）。为了使刨刀在回程抬刀时离开加工表面，减少刀具磨损，保证加工表面的表面质量，刀架应扳转一个角度α，使刀架上端向离开工件加工表面的方向偏转（见图6-24(d)）。装夹偏刀时，刀杆应处于垂直位置（见图6-24(e)左）；否则主、副偏角就要发生变化，图6-24(e)中图所示位置，会使刀杆碰到加工面；如图6-24(e)右图所示位置会使加工表面粗糙度值增加。

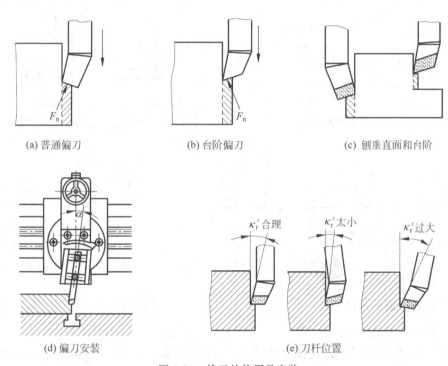

(a) 普通偏刀　　(b) 台阶偏刀　　(c) 刨垂直面和台阶

(d) 偏刀安装　　(e) 刀杆位置

图6-24　偏刀的使用及安装

（2）台阶的刨削方法。粗刨台阶的方法如图6-25所示，图6-25(a)所示用尖头平面刨刀刨削，适用于浅而宽的台阶；图6-25(b)所示用右偏刀刨削，适用于窄而深的台阶。切刀精刨台阶的顺序如图6-26所示，适用于浅台阶的精刨。刨削时用正切刀按图6-25(a)→图6-25(b)→图6-25(c)→图6-25(d)的顺序进刀。精刨台阶的两种进给方法如图6-27所示，适用于深台阶的精刨，用偏刀水平进给时，背

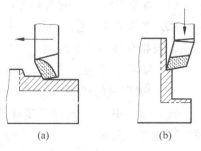

(a)　　(b)

图6-25　粗刨台阶的方法

吃刀量应很小,一般粗刨要给精刨留 0.3~0.5mm 的加工余量。浅台阶的刨削方法如图 6-28 所示,浅台阶可用台阶刨刀采用水平进给法直接刨出(见图 6-28(a));双面浅台阶为保证平面等高,可用圆头平面刨刀刨出(见图 6-28(b)),然后用切刀或平头精刨刀刨台阶两垂直面,并接平(见图 6-28(c))。窄台阶的刨削方法如图 6-29 所示,窄台阶可用平头精刨刀或台阶偏刀采用垂直进给法直接刨出(见图 6-29(a));窄而浅的台阶,刀架可不扳转角度,用平头精刨刀刨出两个台阶面;回程时,用手抬起(见图 6-29(b))。

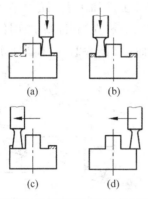

(a)   (b)

(c)   (d)

图 6-26   切刀精刨台阶的顺序

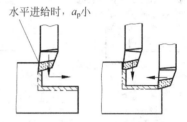

水平进给时, a_p 小

图 6-27   精刨台阶的两种进给方法

(a)   (b)   (c)

图 6-28   浅台阶的刨削方法

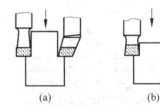

(a)   (b)

图 6-29   窄台阶的刨削方法

3. 刨削用量的选择

1)刨削用量的要素

如图 6-1 所示,刨削用量包括背吃刀量 a_p(mm)、进给量 f(mm/双行程)和刨削速度 v_c(m/min)。

(1)背吃刀量 a_p。它是指工件上已加工表面之间的垂直距离。

(2)进给量 f。它是指当刀具(或工件)作一次往返行程时,工件或刀具在垂直于主运动方向相对移动的距离。

(3)刨削速度 v_c。它是指刀具或工件的主运动速度。

2)刨削用量的选择

选择刨削用量时,同样要综合考虑表面质量、生产率和刀具寿命,按照 a_p、f、v_c 的顺序进行适当的选择。

6.2 拓展知识链接

6.2.1 刨斜面的方法

1. 转动钳口垂直进给刨斜面

如图 6-30 所示,适用于刨削长工件的两端斜面。把工件 2 装夹在平口钳 1 上,然后根据图样要求,把平口钳钳身转动一定的角度,用刨垂直面的方法刨出斜面来。

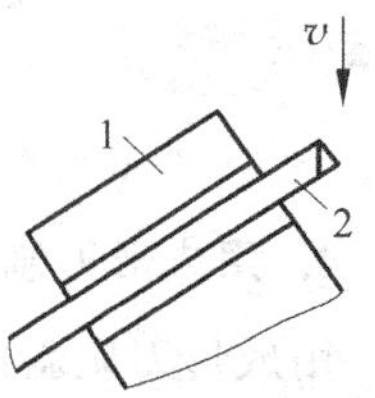

2. 斜装工件水平进给刨斜面

如图 6-31 所示,划线、找正工件(见图 6-31(a)),适用于斜面宽度较大时加工;借助斜垫铁装夹工件(见图 6-31(b)),适用于批量生产,可用预先做好的两块符合零件图上斜度要求的斜垫铁,在平口钳内装夹工件,注意工件斜度不能太大,否则会无法装夹或装夹不稳;转动工作台刨斜面(见图 6-31(c)),适于在有偏转工作台的牛头刨床上加工成批工件;夹具斜装工件(见图 6-31(d))适于成批或大量生产时采用。

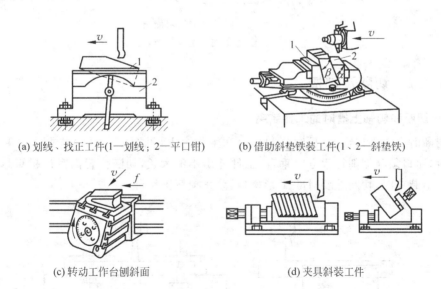

(a) 划线、找正工件(1—划线;2—平口钳)　　(b) 借助斜垫铁装工件(1、2—斜垫铁)

(c) 转动工作台刨斜面　　　　　　(d) 夹具斜装工件

图 6-31　斜装工件水平进给刨斜面

3. 斜装刨刀刨斜面

如图 6-32(a)所示,刀架转动角度 ρ 使送进方向与被加工表面互相平行,抬刀板要偏转,使其上端偏离工件加工表面方向,避免刀具在回程时与工件发生摩擦,如图 6-32(b)所示。

图 6-30　转动钳口垂向进给刨斜面

1—平口钳;2—工件

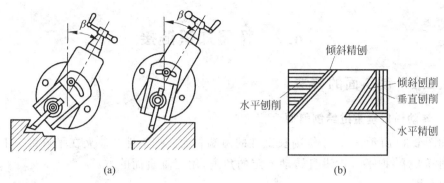

图 6-32　斜装刨刀刨斜面

4. 用成形刀刨斜面

用成形刀刨斜面的方法适用于窄斜面的加工,如图 6-33 所示。

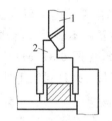

图 6-33　用成形刀刨斜面
1—刨刀;2—工件

6.2.2　切断及刨槽

1. 切断和刨轴上槽时的工件装夹

切断时可在平口钳内(见图 6-34(a))和工作台上(见图 6-34(b))装夹。在平口钳内装夹时,钳口须与刨削行程方向垂直,工件伸出不能太长,切断位置离钳口越短越好;在工作台上装夹时,切断处要对准 T 形槽口,防止损坏工作台。

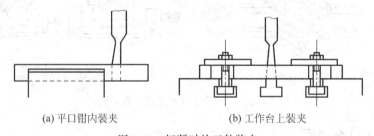

(a) 平口钳内装夹　　　　　　　(b) 工作台上装夹

图 6-34　切断时的工件装夹

刨削轴上槽时,如在轴端面上刨槽,可利用工作台侧面的 V 形槽装夹工件(见图 6-35(a));在工作台上装夹工件时,为防止工件轴向位移,可在轴外端加设挡块(见图 6-35(b));在 V 形块上装夹工件时,图 6-35(c)用于刨缺口横槽,图 6-35(d)用于使用龙门刨床侧刀架刨轴上长键槽。

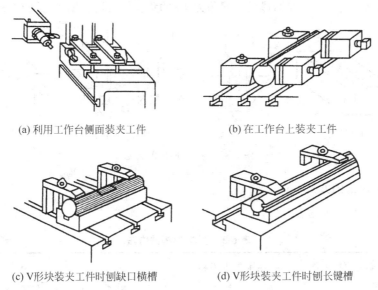

(a) 利用工作台侧面装夹工件　　　　　　(b) 在工作台上装夹工件

(c) V形块装夹工件时刨缺口横槽　　　　(d) V形块装夹工件时刨长键槽

图 6-35　刨削轴上槽时的工件装夹

2. 刨直槽的方法

刨窄槽时,若一次进给完成,适用于槽精度不高的情况;若两次进给完成,第二把切槽刀主要起修光和控制尺寸精度的作用。粗刨宽槽时,如图 6-36(a)所示,可按 1、2、3 顺序用切槽刀垂直进给,当槽宽而深度较浅时,按图 6-36(b)先用切槽刀刨两条直槽,然后用尖头刨刀以横向水平进给刨去中间的多余金属;精刨宽槽时,如图 6-37 所示,当精刨右侧面时,必须由上向下进给,当刨至槽底时,应注意选择较小的背吃刀量及接刀;刨宽深槽时,如图 6-38 所示,先粗刨一半槽深,以减少一次刨至槽深的困难,最后用精切槽刀刨至尺寸。

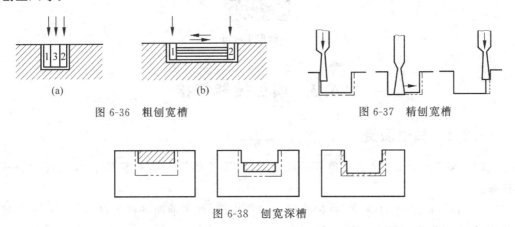

图 6-36　粗刨宽槽　　　　　　　　　　图 6-37　精刨宽槽

图 6-38　刨宽深槽

3. 刨 T 形槽的方法

第一步是划线(见图 6-39(a)),装夹工件时,按划线找正;第二步是刨直槽(见图 6-39(b));第三步是用弯切刀刨左、右凹槽(见图 6-39(c))。注意,刨 T 形槽时,切削用量要小;刨刀回程时,必须将刀具抬出 T 形槽,最后用偏角为 45°的角度刨刀进行倒角(见图 6-39(d))。

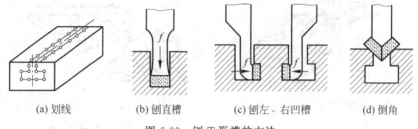

(a) 划线　　　　　(b) 刨直槽　　　　　(c) 刨左、右凹槽　　　　　(d) 倒角

图 6-39　刨 T 形槽的方法

4. 刨 V 形槽的方法

刨 V 形槽的方法见表 6-3。

表 6-3　刨 V 形槽的方法

说明	图示
图(a):首先按尺寸在工件上划线,用水平走刀粗刨大部分余量	(a)　　(b)　　(c)
图(b):切空刀槽	
图(c):用偏刀刨两斜面	
图(d):如果 V 形槽的尺寸小,可用样板刀精刨	(d)　　　(e)
图(e):可用夹具刨 V 形槽	

插削加工.pdf

6.3　项目技能链接

6.3.1　岗位职责

(1) 坚守生产岗位,自觉遵守劳动纪律,按下达的任务加工零部件,保质保量完成任务。

(2) 按设计图样、工艺文件、技术标准进行生产,加工前明确任务,做好刀具、夹具准备,在加工过程中进行自检和互检。

(3) 贯彻执行工艺规程(产品零件工艺路线、专业工种工艺、典型工艺过程等)。

(4) 严格遵守安全操作规程,严禁戴手套作业,排除一切事故隐患,确保安全生产。

(5) 维护保养设备、工装、量具,使其保持良好。执行班组管理标准,下班前擦净设备的铁屑、灰尘、油污,按设备维护保养规定做好维护保养,将毛坯、零件、工位器具摆放整齐并填写设备使用记录。

(6)根据指导教师检查的结果,及时调整相应的工艺参数,使产品的质量符合工艺要求。

(7)执行能源管理标准,节约用电、水、气,及时、准确地做好生产上的各种记录。严格执行领用料制度,爱护工具、量具,节约用电、用油、用纱头,搞好工作地环境卫生,各种零部件存放整齐。

(8)对所生产的产品质量负责,对所操作设备的运行状况及维护负责、对所使用的工具负责。

(9)努力学习技术,懂得设备结构、原理、性能和操作规程,提高加工质量。

6.3.2 刨床安全操作规程

1. 启动前准备

(1)工件必须夹牢在夹具或工作台上,夹装工件的压板不得长出工作台,在机床最大行程内不准站人。刀具不得伸出过长,应装夹牢靠。

(2)校正工件时,严禁用金属物猛敲或用刀架推顶工件。

(3)工件宽度超出单臂刨床加工宽度时,其重心对工作台重心的偏移量不应大于工作台宽度的1/4。

(4)调整冲程应使刀具不接触工件,用手柄摇动进行全行程试验,滑枕调整后应锁紧并随时取下手柄,以免落下伤人。

(5)刨床的床面或工件伸出过长时,应设防护栏杆,在栏杆内禁止人员通过或堆码物品。

(6)刨床在刨削大工件前,应先检查工件与龙门柱、刀架间的预留空隙,并检查工件高度限位器安装是否正确、牢固。

(7)刨床的工作台面和床面及刀架上禁止站人、存放工具和其他物品。操作人员不得跨越台面。

(8)作用于牛头刨床手柄上的力,在工作台水平移动时,不应超过78.4N,上下移动时,不应超过98N。

(9)工件装卸、翻身时应注意锐边、毛刺割手。

2. 运转中注意事项

(1)在刨削行程范围内,前后不得站人,不准将头、手伸到牛头前观察切削部分和刀具,未停稳前,不准测量工件或清除切屑。

(2)吃刀量和进刀量要适当,进刀前应使刨刀缓慢接近工件。

(3)刨床必须先运转后方准吃刀或进刀,在刨削进行中欲使刨床停止运转时,应先将刀具退离工件。

(4)运转速度稳定时,滑动轴承温升不应超过60℃,滚动轴承温升不应超过80℃。

(5)进行龙门刨床工作台行程调整时,必须停机,最大行程时两端余量不得少于0.45m。

（6）经常检查刀具、工件的固定情况和机床各部件的运转是否正常。

3. 停机注意事项

（1）工作中如发现滑枕升温过高、换向冲击声或行程振荡声异响、突然停车等异常状况，应立即切断电源，退出刀具，进行检查、调整、修理等。

（2）停机后，应将牛头滑枕或龙门刨床工作台面、刀架回到规定位置。

6.3.3 项目实施

1. 项目资讯

（1）温习项目 6 相关知识链接。

（2）联系项目加工内容，学习操作安全规范与岗位职责。

（3）联系项目知识链接内容，分析四方体零件设计图结构工艺性。

（4）根据图样和技术要求，了解图样上有关加工部位的尺寸精度、形状和位置精度、表面粗糙度要求。该零件宽度和高度尺寸为 21 ± 0.1mm，尺寸公差 0.2mm，A 面为设计基准，C 面与 A 基准面的平行度为 0.1mm，B、D 两面与 A 基准面的垂直度为 0.1，A、B、C、D 四个面的表面粗糙度为 $Ra3.2\mu m$。零件长度尺寸为 115mm，长度方向两个端面为不加工表面（见图 6-40）。

（5）确定定位基准面。选择零件上的设计基准 A 作定位基准面。A 基准面应首先加工，并用其作为加工其余各面时的定位基准面。

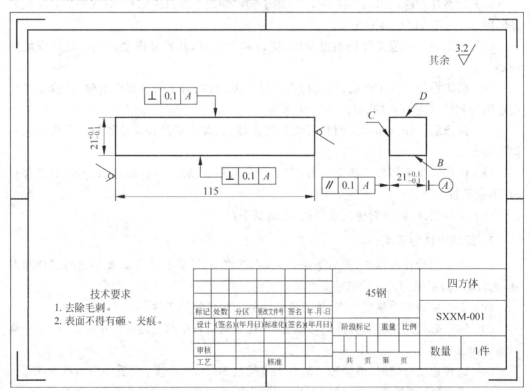

图 6-40　四方体设计图纸

2. 决策与计划

1）工艺路线

四方体刨削加工工艺路线：1 料—2 刨—3 刨—4 刨—5 刨—总检—入库（见图 6-41）。

工艺文件编号	

产 品 名 称 ________________

生产任务号 ________________

工　艺　文　件

工艺文件名称：　工艺路线

零、部、组(整)件名称：　四方体

零、部、组(整)件代号：　SXXM-001

编制部门　××系

单　　位　××学院

	工艺路线表	产品型号		零(部)件图号	SXXM-001	工艺文件编号
		产品名称		零(部)件名称	四方体	

更改标记	序号	零(部)件名称 代号	零(部)件名称 名称	本组件数量	每产品数量	各件数量	主制部门	工艺过程及经过生产部门	备注
	1	SXXM-001	四方体	1	1		实习部	1料—2刨—3刨—4刨—5刨—点检—入库	

								编制	日期	校对	日期	会签	日期
更改标记	更改单号	签字	日期	更改标记	更改单号	签字	日期						

图 6-41　加工工艺路线

2）机械加工工艺规程

机械加工工艺规程包括过程卡和工艺卡（见图 6-42）。

	工艺文件编号	
产 品 名 称 _____		
生 产 任 务 号 _____		

工 艺 文 件

工艺文件名称： _____机械加工工艺规程_____

零、部、组(整)件名称： _____四方体_____

零、部、组(整)件代号： _____SXXM-001_____

编制部门 _____××系_____

单　位 _____××学院_____

	机械加工工艺过程卡 (首页)		产品型号		零(部)件图号	SXXM-001		共 4 页
			产品名称		零(部)件名称	四方体		第 1 页

材料牌号	45	毛坯种类	型材	毛坯外形尺寸	$\phi32\times115$	每毛坯件数	1	每台件数	1	备注	

更改标记	车间	工序号	工序名称	工 序 内 容	设备及工装			工时定额	
					名称	设备编号	工装编号	准终	单件
	实	1	料	$\phi32\times115$，1件。					
	实	2	刨	刨 A 面。		BS6065			
	实	3	刨	刨 B 面。		BS6065			
	实	4	刨	刨 C 面。		BS6065			
	实	5	刨	刨 D 面。		BS6065			
				总检。					
				入库。					

				编制	日期	校对	日期	会签	日期
更改标记	更改单号	签字	日期	更改标记	更改单号	签字	日期		

图 6-42　加工工艺规程

机械加工工艺卡 (首页)			产品型号		零(部)件图号		SXXM-001		共 4 页
			产品名称		零(部)件名称		四方体		第 2 页

材料牌号	45	毛坯种类	型材	毛坯外形尺寸	$\phi32\times115$	每毛坯件数	1	每台件数	1	备注	

更改标记	工序号	工步号	工序(工步)名称及内容	设备及工装		
				名称	设备编号	工装编号
	1		料：$\phi32\times115$，1件。			
	2		刨			
		2.1	虎钳装夹毛坯外径，找正夹紧；		BS6065	深度尺
		2.2	协调加工余量，刨A面，去量5.5，表面粗糙度3.2，去毛刺；			0～200/0.02
	3		刨		BS6065	深度尺
		3.1	虎钳装夹A、C两面，找正夹紧；			0～200/0.02
		3.2	协调加工余量，刨B面，去量5.5，保证与A面垂直度不大于0.1，表面粗糙度3.2，去毛刺。			
	4		刨		BS6065	游标卡尺
		4.1	虎钳装夹B、D两面，找正夹紧；			0～125/0.02
		4.2	刨C面，保证尺寸21±0.1，保证与A面平行度不大于0.1；表面粗糙度3.2，去毛刺。			

						编制		日期		校对		日期		会签		日期
更改标记	更改单号	签字	日期	更改标记	更改单号	签字	日期									

机械加工工艺卡 (续页)			产品型号		零(部)件图号		SXXM-001		共 4 页
			产品名称		零(部)件名称		四方体		第 3 页

材料牌号	45	毛坯种类	型材	毛坯外形尺寸	$\phi32\times115$	每毛坯件数	1	每台件数	1	备注	

更改标记	工序号	工步号	工序(工步)名称及内容	设备及工装		
				名称	设备编号	工装编号
			检：检尺寸21±0.1，平行度，表面粗糙度3.2。			
	5		刨		BS6065	游标卡尺
		5.1	虎钳装夹A、C两面，找正夹紧；			0～125/0.02
		5.2	铣D面，保证尺寸21±0.1，保证与A面垂直度不大于0.1，表面粗糙度3.2，去毛刺。			
			总检：检尺寸21±0.1，垂直度，表面粗糙度3.2。			
			总检：检以上各工序尺寸、形位公差、表面粗糙度。			
			入库。			

						编制		日期		校对		日期		会签		日期
更改标记	更改单号	签字	日期	更改标记	更改单号	签字	日期									

图　6-42(续)

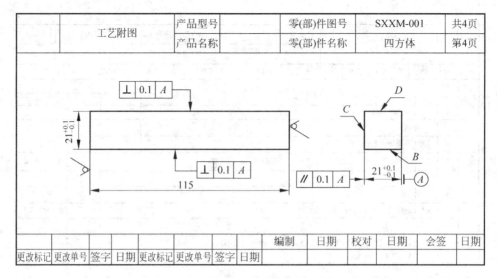

工艺附图		产品型号		零(部)件图号		SXXM-001		共4页
		产品名称		零(部)件名称		四方体		第4页

更改标记	更改单号	签字	日期	更改标记	更改单号	签字	日期	编制	日期	校对	日期	会签	日期

图 6-42(续)

3）刀具的选择及安装

选择并安装平面弯头刨刀。

4）夹具的安装

四方体的铣削加工选择台虎钳进行装夹,安装台虎钳时,台虎钳底面必须与工作台台面紧密贴合,并目测校正钳口与纵向工作台平行。

5）切削用量的选用

刨削四面时,刨削速度选择 10.3～16.6m/min,进给量选择 0.05～1mm/往复行程,背吃刀量选择 0.08～1mm。

6）工件的装夹

采用台虎钳装夹工件,对刀、试切并调整。

7）量具的选择

量具选用深度尺(0～200/0.02mm)和游标卡尺(0～125/0.02mm)。

8）计划

根据工艺路线及机械加工工艺规程内容制定任务完成实施计划。

3. 实施

1）毛坯选择

根据四方体机械加工工艺规程要求,选择 45 钢棒料,尺寸为 $\phi 32 \times 115$。

2）刨削平面

刨平面.mp4

微课:四方体刨削加工.mp4

（1）先刨 A 面(基准面)。虎钳装夹毛坯外径,选择适当垫铁垫在毛坯下方,要求虎钳钳口上平面高于毛坯最大外径 2mm 以上。虎钳扳手顺时针旋紧,旋紧的同时,用铜棒轻轻敲击毛坯上面,使毛坯下面与垫铁上面紧密贴合。

启动铣床,工作台做进给运动,同时完成 Z 向对刀,对刀完成后,粗刨 A 面,去量 4.5～5mm,分 4 或 5 次走刀,刨削速度选择 10.3m/min,进给量选择 1mm/往复行程,背吃刀量选择 1mm。精刨时,去量 0.5～1mm,1 或 2 次走刀完成,刨削速度选择 16.6m/min,进给量选择 0.05mm/往复行程,背吃刀量选择 0.2～0.5mm。刨削过程中,选择 1 或 2 次走刀完成后,用高度尺测量 A 面距工件下面(与垫铁贴合面)的高度,以确定工件加工余量。

(2) 铣 B 面,用虎钳装夹已加工面 A 面和毛坯外径,注意钳口与 A 面之间要垫铜皮,用虎钳扳手顺时针旋紧虎钳,旋紧的同时,用铜棒轻轻敲击工件上面,使工件下面与垫铁上面紧密贴合。

启动刨床,进行 Z 向对刀。粗刨 B 面,去量 4.5～5mm,分 4 或 5 次走刀,刨削速度选择 10.3m/min,进给量选择 1mm/往复行程,背吃刀量选择 1mm。精刨时,去量 0.5～1mm,1 或 2 次走刀完成,刨削速度选择 16.6m/min,进给量选择 0.05mm/往复行程,背吃刀量选择 0.2～0.5mm。保证与基准面的垂直度要求。

(3) 用同样方法刨削 C、D 两面。保证与基准面的平行度和垂直度要求,尺寸精度要控制在公差范围之内。

(4) 按下刨床停机按钮,将工件从虎钳上卸下,用游标卡尺进行尺寸测量。

4. 检查与评价

(1) 每完成一道工序,都要使用游标卡尺等量具对工件进行工序间的检测,检测内容为工序内容中要求达到的尺寸、形位、表面质量精度等(详见机械加工工艺规程);

(2) 最后进行总检,检测内容为各工序内容中要求达到的尺寸、形位、表面质量精度等(详见机械加工工艺规程);并在零件质量检测结果报告单上填写检测结果;

① B、D 面与 A 面的垂直度误差不得大于 0.10mm。

② C 面与 A 面的平行度误差不得大于 0.10mm。

③ 各相对表面间的尺寸精度。

④ 各表面的表面精糙度 Ra 值都在 3.2μm 以内。

(3) 小组内互相检查、点评。

拓展项目.pdf

6.4 习 题

6.4.1 知识链接习题

1. 填空题

(1) 在刨床上用_____加工工件的工艺方法称为刨削。

(2) 刨削主要适于加工_____、各种沟槽和成形面等。

(3) 刨削加工的主运动是刨刀(或工件)的_____,进给运动是由工件(或刨刀)作垂直于主运动方向的_____运动来完成的。

(4) 刨削的主要特点是_____。

(5) 常用的刨床为_____、龙门刨床。

(6) 刀杆纵向是直的,称为_____。

(7) 插床的运动与牛头刨床相似,也可称为_____刨床。

(8) 按形状和结构的不同分类,刨刀可分为直头刨刀和_____,左刨刀和_____。

(9) 牛头刨床分为大、_____、_____三种形式。

(10) 刨削加工精度一般为_____,牛头刨床上表面粗糙度 Ra 值为_____ μm,平面度为_____ mm。

2. 简答题

(1) 简述刨削加工的主要特点。

(2) 分别说明龙门刨床、牛头刨床、插床的主运动和进给运动。

(3) 牛头刨床主要由哪几个部分组成?各有何功用?刨削前,刨床需作哪些方面的调整,如何调整?

(4) 刨刀的种类有哪些?其结构有何特点?

(5) 常用刨削斜面的方法有哪几种?简述它们之间的区别和各自的特点。

6.4.2 技能链接习题

用刨削的切削方法($2 \times \phi 14$mm 孔除外)加工如图 6-43 所示零件。

试分析其加工工艺线路及机械加工工艺过程并进行实际操作。

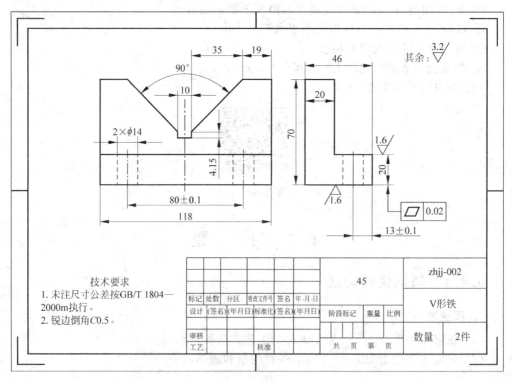

图 6-43 零件图

盖板孔系类零件的加工

本项目的教学目的是培养学生具备独立完成孔系类零件加工的工作能力,为将来胜任零件的钻、扩、铰、镗削加工技术工作,具备孔加工的工程实践能力奠定良好的基础。

本项目已知材料为 45 钢型材。根据零件图,制定零件加工工艺,正确选择加工所需的刀具、夹具、量具及辅助工具,合理选择工艺参数,在摇臂钻床上进行实际加工,最后对加工后的零件进检测、评价。

微课:盖板孔系类零件的加工.mp4

7.1 项目知识链接

7.1.1 钻削加工范围及孔加工特点

孔是各种机器零件上出现最多的几何表面之一。钻削加工是孔加工工艺中最常用的方法。钻床是孔加工的主要机床,在钻床上主要用钻头加工精度不高的孔,也可以通过钻孔—扩孔—铰孔的工艺手段加工精度要求较高的孔,还可以利用夹具加工有一定位置要求的孔系。另外,钻床还可用于锪平面、锪孔、攻螺纹、套扣等工作,如图 7-1 所示。

钻床在加工时,一般工件不动,刀具一面旋转做主运动,一面作轴向进给运动,所以钻床适用于加工没有对称回转轴线的工件上的孔,尤其是多孔加工,如机体、机架等零件上的孔。

钻孔是在实体材料上一次钻成孔的工序,孔精度低,表面粗糙度值较大;扩孔是对已有的孔进行扩大,已有的孔可以是铸孔、锻孔或前工序钻出的孔等,扩出的孔精度提高,表面粗糙度值降低;铰孔是利用铰刀对已有的孔进行半精加工和精加工的工序;锪孔是在钻孔孔口表面加工出倒棱、沉孔或平面工序,属于扩孔范围。另外,还有对孔用钢球或滚压头进行光整加工,校准孔的几何形状,降低表面粗糙度值,强化金属表面层等操作。

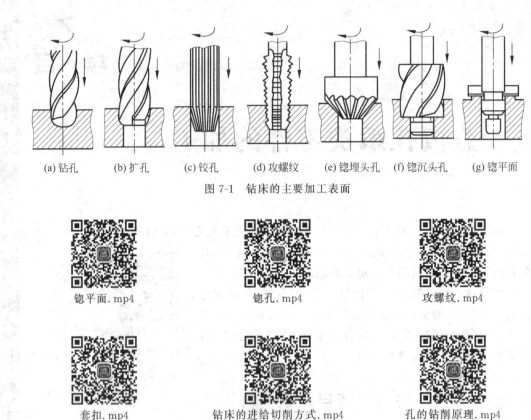

| (a) 钻孔 | (b) 扩孔 | (c) 铰孔 | (d) 攻螺纹 | (e) 锪埋头孔 | (f) 锪沉头孔 | (g) 锪平面 |

图 7-1   钻床的主要加工表面

锪平面.mp4   锪孔.mp4   攻螺纹.mp4

套扣.mp4   钻床的进给切削方式.mp4   孔的钻削原理.mp4

　　孔的加工还分为与其他零件非配合或配合的孔加工,前者直接在毛坯上钻、扩出来;后者必须在钻、扩等粗加工之后,根据具体要求进行铰、锪等加工。

　　孔的加工难度比外圆大得多,在设计时经常把孔的公差等级定得比轴低一级。此外,如果内孔与外圆有较高的同轴度等位置精度要求时,一般先加工内孔,再以内孔为定位基准加工外圆。孔难加工的主要原因是如下。

　　(1) 大部分孔加工刀具为定尺寸刀具。刀具自身的尺寸和形状粗糙度影响内孔的加工精度。

　　(2) 孔加工刀具的直径越小,深径比越深,刚性越差,容易偏离正确位置,变形和振动。

　　(3) 孔加工过程是在封闭或半封闭的空间内进行的,尤其在加工深径比较深时,可能会出现钻头卡死现象。

　　(4) 断屑和排屑困难,散热困难,影响加工质量和刀具寿命。

钻头的引偏.mp4   钻削过程中的钻头变形.mp4   盲孔的钻削.mp4

钻削过程中的钻头卡死.mp4　　钻削的排屑.mp4　　钻削过程中的切削热.mp4

（5）对加工情况的观察、测量和控制都比外圆和平面加工困难。

钻孔的加工精度通常为 IT11～IT10，表面粗糙度值 Ra 为 50～6.3μm，直径尺寸从小至 ϕ0.01mm 的微细孔到超过 ϕ1000mm 的大孔均有。

7.1.2　钻床

钻床根据用途和结构不同，主要有台式钻床、立式钻床、摇臂钻床、深孔钻床、铣钻床、中心钻床、手电钻等类型。下面主要介绍台式钻床、立式钻床和摇臂钻床。

1. 台式钻床

台式钻床简称台钻。它是放在台桌上使用的小型钻床，通常是手动进给，自动化程度较低，但结构小巧简单，使用方便灵活，多用于单件、小批量生产。台式钻床的结构如图 7-2 所示。

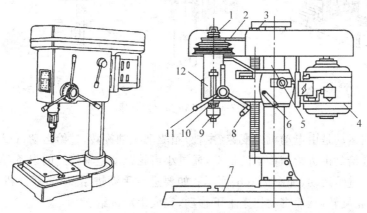

图 7-2　台式钻床的结构

1—塔轮；2—V 形带；3—丝杠架；4—电动机；5—立柱；6—锁紧手柄；7—工作台；8—升降手柄；
9—钻夹头；10—主轴；11—进给手柄；12—主轴架

钻孔时，钻头装在钻夹头内，钻夹头装在主轴的锥体上。电动机通过一对五级塔轮和 V 形带，使主轴获得种转速。扳动进给手柄可使主轴上下运动。工件安放在工作台上，松开锁紧手柄，摇动升降手柄就可以使主轴架沿立柱上升或下降，以适应不同高度工件的加工，调整好后扳动锁紧手柄进行锁紧。

台钻的钻孔直径一般小于 ϕ16mm，最小可加工零点几毫米的小孔。由于加工的孔径小，台钻主轴的转速可以高达 10^5r/min 以上。

2. 立式钻床

立式钻床又分圆柱式立式钻床、方柱式立式钻床和可调式多轴立式钻床 3 个系列。

立式钻床的主参数是最大钻孔直径。根据主参数不同,立式钻床(简称立钻)钻孔直径为 $\phi16\sim18\,\mathrm{mm}$,有 18、25、35、40、50、63、80(单位为 mm)等多种规格。

图 7-3(a)所示为最大钻孔直径为 $\phi35\,\mathrm{mm}$ 的 Z5135 型立式钻床的外形,机床由变速(主轴)箱、主轴、进给箱、立柱、工作台和底座组成。电动机通过主轴箱带动主轴回转,同时通过进给箱可获得轴向机动进给运动。工作台和进给箱可沿立柱上的导轨上下移动,调整其位置的高低,以适应在不同高度的工件上进行钻孔加工。

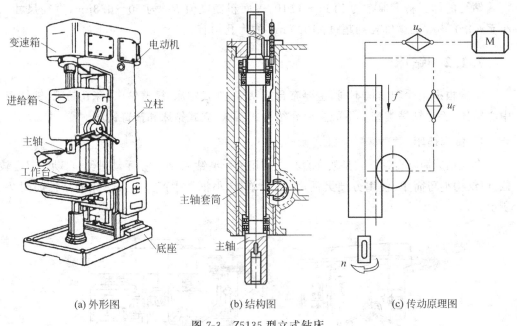

(a) 外形图　　　　　(b) 结构图　　　　　(c) 传动原理图

图 7-3　Z5135 型立式钻床

立钻的主运动是由电动机经变速(主轴)箱驱动主轴旋转,进给运动可以机动,也可以手动。机动进给是由进给箱传来的运动,通过小齿轮驱动主轴筒上的齿条,使主轴随着套筒齿条作轴向进给运动,如图 7-3(b)所示;如要进行手动进给,应当断开机动进给,扳动手柄,使小齿轮旋转,从而带动齿条上下移动,完成手动进给。

图 7-3(c)所示为立式钻床的传动原理图,主运动一般采用单速电动机经齿轮分级变速机构传动。

立式钻床也采用机械无级变速器传动,主轴旋转方向的改变靠电动机的正反转实现。钻床的进给运动由主轴传出,与主运动共享一个电动机,属于内联系传动链(尤其攻螺纹时),进给运动链中的换置(变速)机构通常为滑移变速齿轮。进给量用主轴每转 1 转主轴的轴向位移量来表示,单位为 mm/r。

在立钻上加工多孔时,需要移动工件一个一个地进行加工,这对于大且重的工件很不方便。因此,立钻仅适合加工中小型零件。

立钻除上面的基本品种外,还有一些变形品种,下面简单介绍一下较常用的可调式多轴立式钻床和排式多轴立式钻床。

可调式多轴立式钻床如图 7-4 所示。主轴箱上装有很多主轴,主轴轴心线位置可根据被加工孔的位置进行调整。加工时，主轴箱带着全部主轴对工件进行多孔同时加工，生产效率较高。

排式多轴立式钻床相当于几台单轴立钻的组合，它的各个主轴可以安装不同的刀具，如钻头、扩孔钻、铰刀、攻螺纹的丝锥等，可顺次加工同一工件的不同孔径或分别进行各种类型的孔加工。由于这种机床加工时是一个孔一个地加工，而不是多孔同时加工，所以，它没有可调式多轴立钻的生产效率高，但它与单轴立钻相比，可节省换刀时间，适用于单件小批生产。

3. 摇臂钻床

在大型工件上钻孔时，因工件移动不便，希望工件不动，而钻床主轴能在空间调整到任意位置，这就产生了摇臂钻床。摇臂钻床也可以称为摇臂钻。摇臂钻是一种孔加工设备，可以用来钻孔、扩孔、铰孔、攻螺纹及修刮端面等多种

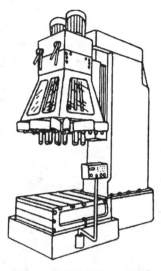

图 7-4　可调式多轴立式钻床

形式的加工。按机床夹紧结构分类，摇臂钻可以分为液压摇臂钻床和机械摇臂钻床。在各类钻床中，摇臂钻床操作方便、灵活，适用范围广，具有典型性，特别适用于单件或批量生产带有多孔的大型零件，是一般机械加工车间常见的机床。

1）主要组成部件的作用

摇臂钻床主要机构的部件全部安装在底座上，底座具有整体铸造、刚性好、抗变形能力强的特点。工作台用来固定工装、卡具和工件的平台，一般情况下是用整体柱式结构加工而成。另外，工作台有工件加工所用的 T 形槽，在 T 形槽上放置螺母或螺栓固定加工辅助工具。内立柱处于底座的左侧，外立柱则完全放置在内立柱的外侧，外立柱可以绕内立柱做旋转运动。其主要作用是支撑悬臂并为钻削加工传递力矩导向，从而引导悬臂上下移动，提高加工精度。主轴箱是一个相对复杂的部件，它又可以分为主传动电动机、主轴和主轴传动、进给和变速机构。主轴箱主要用来实现主轴各级的转动、进给操作。主轴的转速分为是 25～2000r/min，共 16 级，速度调节可以通过手轮实现。摇臂承载着主轴箱的悬臂，外立柱带动摇臂绕内立柱做回转运动，摇臂沿外立柱进行升降。

2）摇臂钻床工作原理

图 7-5 所示为摇臂钻床的外形，被加工工件和夹具安装在工作台 8 上，如工件较大，还可以卸掉工作台，直接安装在底座 1 上，或直接放在周围的地面上，这就为在各种批量生产中加工大且重的工件上的孔带来了很大的方便。立柱为双层结构，内立柱 2 安装于底座上，外立柱 3 可绕内立柱 2 转动，并可带着夹紧在其上的摇臂 5 摆动。另外，摇臂 5 可沿外立柱 3 轴向上下移动，以调整主轴箱及刀具的高度。主轴箱 6 可在摇臂 5 的水平导轨上移动。通过摇臂和主轴箱的上述运动，可以方便地在一个扇形面内调整主轴 7 至被加工孔的位置。因此，主轴 7 的位置可在空间内任意调整。

当进行加工时，由特殊的夹紧装置将主轴箱紧固在摇臂导轨上，而外立柱 3 紧固在内立柱 2 上，摇臂 5 紧固在外立柱上，然后进行钻削加工。

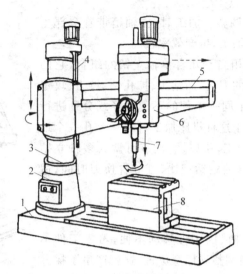

图 7-5　摇臂钻床的外形

1—底座；2—内立柱；3—外立柱；4—摇臂升降丝杠；5—摇臂；6—主轴箱；7—主轴；8—工作台

3）传动系统

摇臂钻床具有五种运动方式，即主运动（主轴旋转）、进给运动（主轴轴向进给）和三种辅助运动（包括主轴箱沿摇臂水平导轨的移动、摇臂与外立柱一起绕内立柱的回转摆动和摇臂沿外立柱的垂直方向的升降运动）。前两种运动为表面成型运动。

4. 深孔钻床

深孔钻床是用特别的深孔钻头专门加工深孔的钻床，如加工炮筒、枪管和机床主轴等零件中的深孔。为避免机床过高和便于排除切屑，深孔钻床一般采用卧式布局。为保证获得良好的冷却效果，在深孔钻床上配有周期退刀排屑装置及切削液输送装置，使切削液由刀具内部输入至切削部位。

7.1.3　钻削刀具

孔加工的刀具结构形式很多，按用途可分为两大类。一类是从实心材料上加工出孔的刀具，如麻花钻、扁钻、中心钻和深孔钻等；另一类是对已有孔进行再加工的刀具，如扩孔钻、铰刀、锪钻和镗刀等。

1. 麻花钻

麻花钻是最常用的孔加工刀具，一般用于实体材料上的粗加工。钻孔的尺度寸精度为 IT12～IT11，Ra 为 12.5～6.3μm。加工孔径范围为 0.1～80mm，以 ϕ30mm 以下最常用。麻花钻的特点是允许重磨次数多，使用方便、经济。

（1）麻花钻的类型。按刀具材料的不同，麻花钻可分为高速钢钻头和硬质合金钻头，其中硬质合金钻头有整体式、镶片式和可转位式；按柄部结构不同，麻花钻可分为直柄（13mm 以下）和锥柄（13mm 以上），其中直柄一般用于小直径钻头，锥柄一般用于大直径钻头；按长度不同，麻花钻可分为基本型和短、长、加长、超长等类型。

（2）麻花钻的结构标准。麻花钻由工作部分、颈部和柄部组成，如图 7-6 所示。

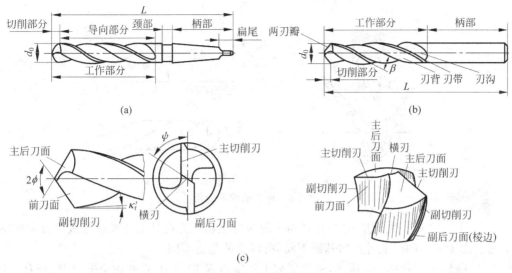

(a)

(b)

(c)

图 7-6 高速钢麻花钻结构

① 颈部和柄部。柄部是装夹钻头和传递动力的部分,图 7-6(a)所示为锥柄,其扣端做出扁尾,用于传递转矩和使用斜铁将钻头从钻套中取出。颈部是与工作部分的过渡部分,通常用作砂轮退刀和打印标记的部位。

② 工作部分。担负切削与导向工作,工作部分有切削和导向两个部分。

切削部分如图 7-6(d)所示,有两个前面(螺旋槽面,用于排屑和导入切削液)、两个主后刀面(钻头端面上的两个刃瓣,为圆锥表面或其他表面)、副后刀面(钻头外缘上两小段窄棱边形成的刃带棱,可近似认为是圆柱面,在钻孔时刃带起导向作用,为减小与孔壁的摩擦,刃带向柄部方向有较小的倒锥量,从而形成副偏角)。前、后刀面相交形成主切削刃;两个后刀面在钻心处相交形成的切削刃为横刃,两条主切削刃通过横刃相连;前面与刃带(副后刀面)相交的棱边为副切削刃。标准麻花钻的主切削刃是两条直线,横刃近似为一条短直线,副切削刃是两条螺旋线。

导向部分即钻头上的螺旋部分,是切削的后备部分,起导向和排屑作用。其中螺旋槽是流入切削液和排出切屑的通道,其前面的一部分即是前刀面。钻体中心部分有钻心,用于连接两刃瓣。外圆柱上的两条螺旋形棱面(即刃带),用于控制孔廓形,保持钻头进给方向。麻花钻为前大后小的正锥形。

(3) 麻花钻的几何角度。

① 螺旋角 ω。螺旋角 ω 是钻头刃带棱边螺旋线展开成直线后与钻头轴线之间的夹角。如图 7-7 所示,与主切削刃上半径不同的点的螺旋角不相等,钻头外缘处的螺旋角最大,越靠近中心,其螺旋角越小。螺旋角不仅影响排屑,而且影响切削刃强度。

② 顶角 2ϕ。麻花钻的顶角 2ϕ 是两主切削刃在平行于两主切削刃的平面 P_c-P_c 中投影得到的夹角,如图 7-8 所示。顶角 2ϕ 的大小影响钻头尖端的强度和进给力。顶角越小,主切削刃越长,单位切削刃上负荷便减轻,进给力小,定心作用也较好;但若顶角过小,则钻头强度减弱,钻头易折断。标准麻花钻的顶角一般为 $2\phi=118°$。

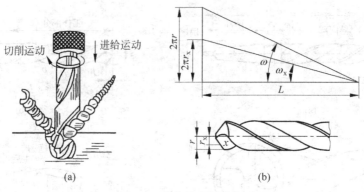

图 7-7　麻花钻的螺旋角

③ 主偏角 κ_r。主偏角 κ_r 是在基面内测量的主切削刃在其上的投影与进给方向间的夹角。由于主切削刃上各点的基面不同,所以主偏角也不同。

④ 前角 γ_o。如图 7-8 所示,主切削刃上选定点 X 的前角,是在正交平面 P_{ox}—P_{ox} 中测量的前刀面(螺旋面)与基面的夹角。麻花钻主切削刃上各点的前角随直径大小而变化,钻头外缘处的前角最大,一般为 30°;靠近横刃处的前角最小,约为 −30°。

⑤ 后角 α_{fy}。如图 7-9 所示,麻花钻主切削刃上任意点的后角是以钻头轴线为中心的圆柱剖面上定义的后刀面与切削平面的夹角。之所以不像前角一样在正交平面内测量,原因在于,主切削刃上的各点都在绕轴线作圆周运动(忽略进给运动时),而过该选定点圆柱面的切平面内的后角最能反映钻头的后刀面与工件加工表面间的摩擦情况,而且便于测量。

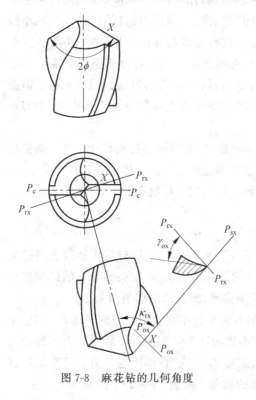

图 7-8　麻花钻的几何角度

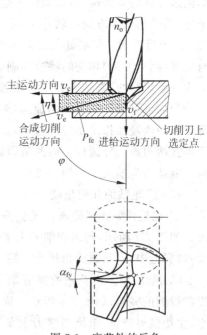

图 7-9　麻花钻的后角

⑥ 横刃角度 ψ。如图 7-10 所示,横刃是两个主后刀面的交线,其长度为 b_ψ。

在垂直于钻头轴线的端平面内,横刃与主切削刃的投影线间的夹角称为横刃斜角,标准麻花钻的横刃斜角 $\psi=50°\sim55°$。当后角磨得偏大时,横刃斜角减小,横刃长度增加。$\gamma_{o\psi}$ 是横刃前角,从横刃上任一点的正交平面可以看出,横刃前角 $\gamma_{o\psi}$ 均为负值,标准麻花钻的 $\gamma_{o\psi}=-60°\sim-54°$,横刃后角 $\alpha_{o\psi}=30°\sim36°$。

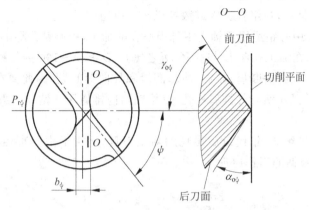

图 7-10 麻花钻的横刃角度

(4) 群钻。这是标准高速钢麻花钻切削部分的改进。群钻是我国工人发明出来的一套能加工各种材料的先进钻头,它比标准麻花钻钻孔效率高,加工质量好,使用寿命长。群钻是综合应用上述措施,用标准高速钢麻花钻修磨而成的。现以图 7-11 所示的中型标准群钻说明群钻的特点。

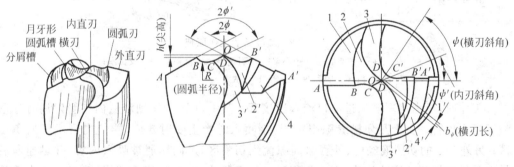

图 7-11 中型标准群钻

1—外刃后刀面;2—月牙形圆弧槽;3—内刃前刀面;4—分屑槽

① 三尖七刃。先磨出两条外刃 AB,然后再在两个后刀面上分别磨出月牙形圆弧槽 BC,最后修磨横刃。两主刀刃各分成三段,分别是外直刃 AB、圆弧刃 BC 和内直刃 CD,加上一条窄横刃共有七个刃,并形成三个尖(钻心尖 O 和两个对应的刀尖 B)。这些结构的优点是主切削刃分段后有利于分屑、断屑;圆弧刃前角比原来平刃的大,使钻削轻便省力;圆弧刃工作时在底孔上划出一道圆环筋,不仅增加了钻头的稳定性,而且有利于提高进给量和降低表面粗糙度,还可提高生产效率 $3\sim5$ 倍。

② 横刃变短、变低、变尖,比原来锋利,钻孔阻力下降 $35\%\sim50\%$;新形成的内直刃

上副前角大为减少，使转矩下降 10%～30%，钻削省力。

③ 对较大直径的钻头，在一边外刃上可再磨出分屑槽，使切屑排出方便，且有利于切削液流入，既减少了切削力，又提高了钻头的寿命(刀具寿命提高 2～3 倍)。

2. 其他钻头

(1) 扁钻。扁钻是将切削部分磨成一个扁平体，轴向尺寸小，刚性好，便于制造和刃磨，使用优质刀具材料，在组合机床或数控机床上应用广泛。

(2) 中心钻。中心钻适用于轴类零件中心孔的加工，中心钻是标准化刀具。

(3) 深孔钻。在加工孔深 L 与孔径 D 之比 $L/D \geqslant 20 \sim 100$ 的特殊深孔(如枪管、液压管等)过程中，必须解决断屑、排屑、冷却润滑和导向等问题，因此要在深孔机床上用深孔钻加工。常用的深孔钻有外排屑深孔钻(枪钻)、内排屑深孔钻和喷吸钻，下面介绍喷吸钻的工作原理。

喷吸钻是 20 世纪 60 年代以后出现的新型刀具，适用于中等直径的一般深孔加工。图 7-12 所示为喷吸钻的工作原理。

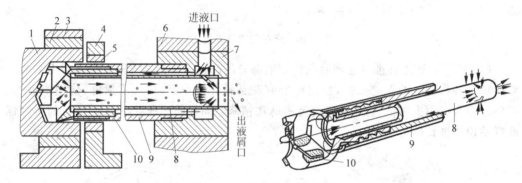

图 7-12　喷吸钻的工作原理

1—工件；2—卡爪；3—中心架；4—引导架；5—导向套；6—支撑座；
7—连接套；8—内管；9—外管；10—钻头

工作时，压力切削液从进液口流入连接套。其中，1/3 的切削液从内钻管四周月牙形喷嘴喷入内管。由于月牙槽缝隙很窄，切削喷入时产生喷射效应，能使内管里形成负压区；另外 2/3 的切削液经内、外管壁间隙流入切削区，汇同切屑被吸入内管，并迅速向后排出。压力切削液流速较快，到达切削区时呈雾状喷出，有利于冷却，经喷口流入内管的切削液流速增大，加强"吸"的作用，从而提高排屑效果。

7.1.4　钻削基本工艺

1. 工件的定位装夹

工件钻孔时，应保证所钻孔的中心线与钻床工作台面垂直，为此可以根据钻削孔径的大小以及工件的形状选择合适的装夹方法。常用的装夹方法如图 7-13 所示，一般钻削直径小于 8mm 时，可用手握牢工件进行钻孔；小型工件或薄板工件可以用手动台虎钳装夹。

钻削工艺.mp4

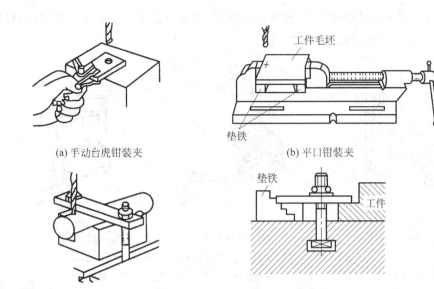

(a) 手动台虎钳装夹　　　　　　　(b) 平口钳装夹

(c) V形块装夹　　　　　　　　　(d) 压板装夹

图 7-13　在钻床上钻孔时工件的安装

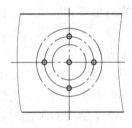

图 7-14　划线、打样冲眼

2. 工件划线

钻孔前,需按照图样的要求,划出孔的中心线和圆周线,并打样冲眼,如图 7-14 所示。高精度孔还要划出检查圆。

3. 选择钻头

钻削时,要根据孔径的大小和公差等级选择合适的钻头。

钻削直径≤30mm 的低精度孔,可选用与孔径相同直径的钻头一次钻出;高精度孔,可选用小于孔径的钻头钻孔,留出加工余量,进行扩孔或铰孔。

钻削直径为 30～80mm 的低精度孔,可先用 0.6～0.8 倍的钻头进行钻孔,然后扩孔;若是高精度孔,可选用小于孔径的钻头钻孔,留出加工余量,进行扩孔或铰孔。

4. 装夹钻头

根据钻头柄部形状的不同,钻头装夹方法如下。

(1) 直柄钻头用钻夹头装夹(见图 7-15(b)),通过转动夹头扳手可以夹紧或放松钻头。

(2) 大尺寸锥柄钻头可直接装入钻床主轴锥孔内,小尺寸锥柄钻头可用钻套过渡连接。钻套及锥柄钻头装卸方法如图 7-15(a)和(c)所示。

钻头装夹时应先轻轻夹住,开车检查有无偏摆,若无摆动,便可停车夹紧后再钻孔;若有摆动,应停车重新装夹,纠正后再夹紧。

配合钻套的钻削
工艺.mp4

5. 钻头刃磨

刃磨要求顶角 2ϕ 为 118°±2°,两个角相等;两个主切削刃对称,长度一致。刃磨时,左手配合右手同步运动磨出后角,要常蘸水冷却,以防止退火降低硬度。刃磨时,可用角度样板检验,也可用钢直尺配合目测检验。

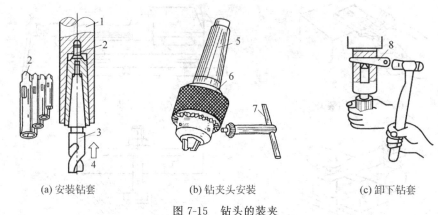

|(a) 安装钻套|(b) 钻夹头安装|(c) 卸下钻套|

图 7-15　钻头的装夹

1—钻床主轴;2—钻套;3—钻头;4—安装方向;5—锥体;6—钻夹头;7—夹头扳手;8—楔铁

6. 钻削用量的选择(见图 7-16)

(1) 背吃刀量 a_p。当孔的直径小于 30mm 时一次钻成;当直径为 30~80mm 或机床性能不足时,采用先钻孔再扩孔的两个步骤完成。需扩孔时,钻孔直径取孔径的 50%~70%,这样可以减小背吃刀量和进给力,保护机床并提高钻孔质量。

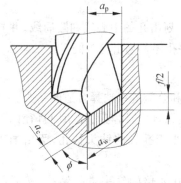

图 7-16　钻削用量

(2) 进给量 f。麻花钻为多齿刀具,它有两条切削刃(两个刀齿),每齿进给量 f_z(单位为 mm)为进给量的一半,即 $f_z = f/2$。一般钻头进给量受钻头的刚性与强度限制,而大直径钻头受机床进给机构动力与工艺系统刚性的限制。普通钻头进给量可按经验公式估算:$f = (0.01~0.02)d$。

(3) 钻削速度 v_c。钻削速度是指麻花钻外缘处的线速度(单位为 m/min),其表达式为 $v_c = \pi dn/1000$。式中,n 是麻花钻转速(r/min)。高速钢钻头的钻削速度可参考有关手册、资料选取。

7.1.5　扩孔加工与扩孔钻

使用麻花钻或专用的扩孔钻将原来钻过的孔或铸锻出的孔进一步扩大,称为扩孔,如图 7-17 所示。扩孔比钻孔的质量好,生产效率高。扩孔对铸孔、钻孔等预加工孔的轴线的偏斜,有一定的校正作用。扩孔可作为孔的最后加工,也常用作铰孔或磨孔前的预加工,作为半精加工,广泛应用在精度较高或生产批量的场合。扩孔的加工精度可达 IT10~IT9,Ra 值可达 6.3~3.2μm。

用麻花钻扩孔时,底孔直径为要求直径的 0.5~0.7 倍;

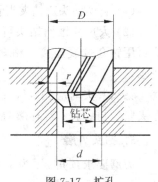

图 7-17　扩孔

用扩孔钻扩孔时,底孔直径为要求直径的 0.9 倍。

1. 扩孔钻

扩孔钻常用作铰或磨前的预加工以及毛坯孔的扩大,扩孔效率和精度均比麻花钻高。

1) 工艺特点

(1) 扩孔是孔的半精加工方法。

(2) 齿数多(3 齿、4 齿)。

(3) 不存在横刃。

(4) 切削余量小,排屑容易。

当钻削 d_w > 30mm 直径的孔时,为了减小钻削力及扭矩,提高孔的质量,一般先用 $(0.5\sim0.7)d_w$ 大小的钻头钻出底孔,再用扩孔钻进行扩,则可较好地保证孔的精度和控制表面粗糙度,且生产效率比直接用大钻头一次钻出时还要高。

2) 扩孔钻的结构

如图 7-18 所示,扩孔钻结构由柄部、颈部、工作部分组成,工作部分由校准部分和切削部分组成。

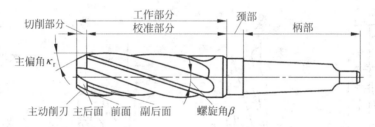

图 7-18 扩孔钻结构

专用的扩孔钻一般有 3~4 条切削刃,故导向性较好,不易偏斜,切削较平稳;因切削刃不必自外圆延续到中心,没有横刃,所以轴向切削力小;由于扩孔钻小、切屑窄、易排除,故排屑槽可做得较小较浅,以增加刀具刚度;扩孔工作条件较好,因此进给量可比钻孔大 1.5~2 倍,生产效率高;除了铸铁和青铜材料外,对其他材料的工件扩孔都要使用切削液,其中以乳化液应用最多。

随着孔的增大,高速钢扩孔钻有整体直柄式、整体锥柄式和套式三种。硬质合金扩孔钻除了有直柄、锥柄、套式(刀片焊接或镶在刀体上),对于大直径的扩孔钻常采用机夹可转位形式。图 7-19 所示为扩孔钻的几种类型。

2. 锪钻

锪钻用于在已加工孔上锪各种沉头孔和孔端面的凸台平面。锪钻大多用高速钢制造,只有加工端面凸台的大直径端面锪钻用硬质合金制造,采用装配式结构。

圆柱形埋头锪钻用于锪圆柱形沉头孔(见图 7-20(a)),锪钻端面切削刃起主切削刃作用,外圆切削刃作为副切削刃起修光作用。前端导柱与已有孔间隙配合,起定心作用;锥面锪钻用于锪圆锥形沉头孔(见图 7-20(b)和(c)),一般有 6~12 条切削刃。锪钻顶角 2ϕ

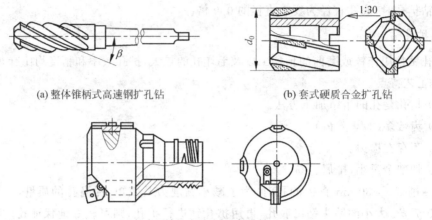

(a) 整体锥柄式高速钢扩孔钻　　　　　(b) 套式硬质合金扩孔钻

(c) 机夹可转位式硬质合金扩孔钻

图 7-19　扩孔钻

有 60°、75°、90°及 120°四种，以 90°的应用最广。端面锪钻用于锪与孔轴线垂直的孔口端面(见图 7-20(d))，端面锪钻头部有导柱以保证孔口端面与轴线垂直。

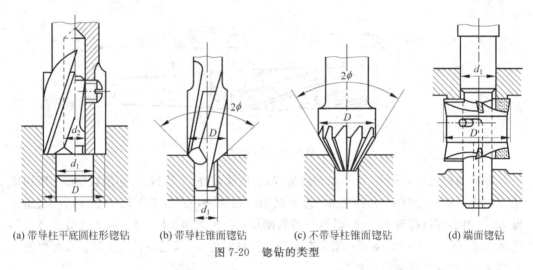

(a) 带导柱平底圆柱形锪钻　(b) 带导柱锥面锪钻　(c) 不带导柱锥面锪钻　(d) 端面锪钻

图 7-20　锪钻的类型

7.1.6　铰削加工与铰刀

铰孔是孔的精加工方法之一，在生产中应用广泛。对于较小的孔，相对于内圆磨削及精镗，铰孔是一种较为经济实用的加工方法。铰孔用于软材料零件孔的精加工，不能加工硬材料；铰孔孔径范围为 1~80mm。铰削过程不完全是一个切削过程，而是包括切削、刮削、挤压、熨平和摩擦等效果的一个综合作用过程，如图 7-21 所示。

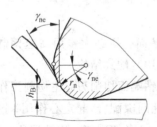

图 7-21　铰削过程示意图

1. 铰刀

铰刀是精加工刀具，加工精度可达 IT7~IT6。铰刀可分为手用铰刀与机用铰刀。图 7-22 所示为铰孔加工示意图,手用铰刀有整体式,也有可调式的,在单件小批和修配工作中常使用尺寸可调的铰刀。机用铰刀直径较小的常做成直柄或锥柄,直径较大的常做成套式结构。

铰刀是对预制孔进行半精加工或精加工的多刃刀具,操作方便、生产效率高、能够获得高质量孔,在生产中应用广泛。加工精度可达 IT8~IT6,Ra 值可达 $1.6~0.4\mu m$。

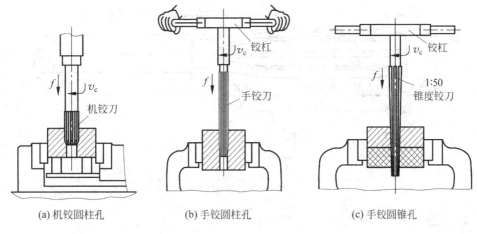

(a) 机铰圆柱孔   (b) 手铰圆柱孔   (c) 手铰圆锥孔

图 7-22 铰孔加工示意图

铰刀按结构可分为整体式(锥柄和直柄)和套装式;根据使用方法可以分为手用和机用两大类,如图 7-23 所示。

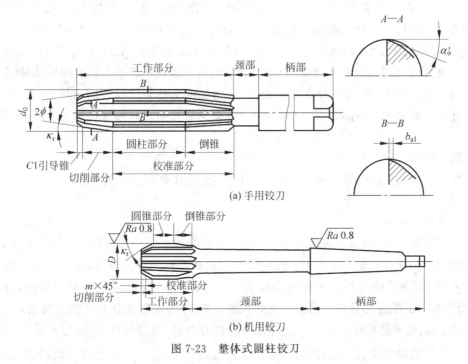

(a) 手用铰刀

(b) 机用铰刀

图 7-23 整体式圆柱铰刀

机用铰刀工作部分较短,用于在机床上铰孔,通常为高速钢制造,有锥柄和直柄两种形式(多为锥柄式),铰削直径范围为 $10\sim80\,\mathrm{mm}$,可以安装在钻床、车床、铣床、镗床上铰孔;手用铰刀工作部分较长,齿数较多,通常为整体式结构,直柄方头,锥角较小,导向作用好,结构简单,手工操作,使用方便,铰削直径范围为 $1\sim50\,\mathrm{mm}$。

铰刀由工作部分、颈部及柄部三部分组成,如图 7-24 所示,各部分作用如下。

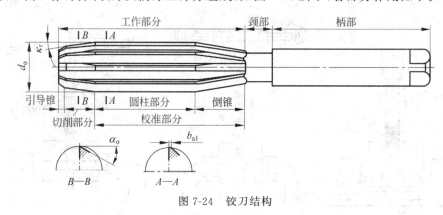

图 7-24　铰刀结构

1) 工作部分

(1) 引导部分。引导部分是在工作部分前端呈 45° 倒角的引导锥,其作用是便于铰刀进入孔中,也参与切削。

(2) 切削部分。切削部分担负主要的切削工作。当切削部分的锥角 $2\phi\leqslant30°$ 时,为了便于切入,在其前端常制成引导锥。切削部分切削锥的锥角 2ϕ 较小,一般为 $3°\sim15°$,起主要切削作用。引导锥起引入预制孔的作用,手用铰刀取较小的 2ϕ(通常 $\phi=1°\sim3°$)值,目的是减轻劳动强度,减小进给力及改善切入时的导向性;机用铰刀可以选用较大的 ϕ 角,原因是工作时的导向由机床和夹具来保证,还可以减小切削刃长度和机动时间。

(3) 校准部分。校准部分也称修光部分,由圆柱部分与倒锥组成,起引导铰刀、修光孔壁并作备磨之用。后部具有很小的倒锥,以减少与孔壁之间的摩擦和防止铰削后孔径扩大。

2) 颈部

颈部是为加工切削刃时便于退刀而设计的,此处注有铰刀的规格。

3) 柄部

柄部供夹持用。

为了测量方便,铰刀刀齿相对于铰刀中心对称分布。手用铰刀有 $6\sim12$ 个刀齿,每个刀齿相当于一把有修光刃的车刀;机用铰刀刀齿在圆周上均匀分布,手用铰刀刀齿在圆周上采用不等距分布以减少铰孔时的周期性切削载荷引起的振动;因切削槽浅,刀芯粗壮,所以铰刀的刚度和导向性比扩孔钻好;加工钢件时,切削部分刀齿的主偏角 $\kappa_{\mathrm{r}}=15°$;加工铸铁时,铰不通孔时 $\kappa_{\mathrm{r}}=45°$。圆柱部分刀齿有刃带,刃带宽度 $b_{\mathrm{a1}}=0.2\sim0.4\,\mathrm{mm}$,刃带与刀齿前刀面的交线为副切削刃,副切削刃的副偏角 $\kappa_{\mathrm{r}}'=0°$(修光刃),副后角 $\alpha_{\mathrm{o}}'=0°$,所以铰刀加工孔的表面粗糙度值很小。

2. 铰削工艺的特点

(1) 铰孔余量小(粗铰 0.15～0.35mm),切削速度低,切削力小,发热少,铰刀导向性好,切削平稳,加工质量好。

(2) 加工精度 IT8～IT6,Ra 为 1.6～0.4μm。

(3) 铰孔的适应性较差,一把铰刀只能加工一种尺寸精度的孔,不宜加工非标孔、台阶孔、盲孔、非连续表面(如轴向有键槽等),不能加工硬材料工件。

(4) 铰孔可纠正孔的形状误差,不能纠正位置误差。

(5) 铰刀是定尺寸刀具。

(6) 切削液在铰削过程中起重要的作用。

3. 铰刀的类型

按用途不同常用铰刀有八种类型,如图 7-25 所示。

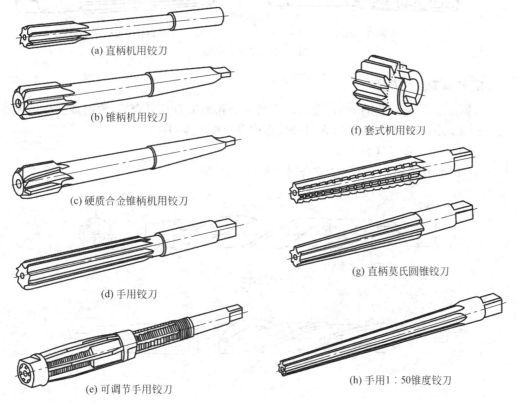

(a) 直柄机用铰刀

(b) 锥柄机用铰刀

(c) 硬质合金锥柄机用铰刀

(d) 手用铰刀

(e) 可调节手用铰刀

(f) 套式机用铰刀

(g) 直柄莫氏圆锥铰刀

(h) 手用1:50锥度铰刀

图 7-25 铰刀类型

按结构不同,图 7-26 所示为铰刀的其他种类。可调式手用铰刀(见图 7-26(a))的直径尺寸可在一定范围内调节,转动两端调节螺母,刀片便沿着刀体上的斜槽移动,使铰刀直径扩大或缩小,它适用于铰削非标准尺寸的通孔,特别适合在机修、装配和单件生产中使用;大直径铰刀做成套式结构(见图 7-26(b)和(c));手用直槽铰刀(见图 7-26(d))刃磨和检验方便,生产中常用;螺旋槽铰刀(见图 7-26(e))切削过程平稳,适用于铰削带削带有键槽和缺口的通孔工件；锥孔用粗铰刀与精铰刀（见图 7-26(f)）用于铰削锥孔，常用的锥度有五种。

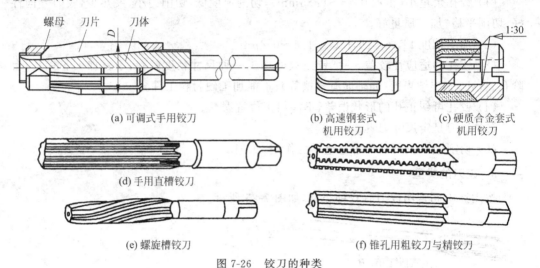

(a) 可调式手用铰刀

(b) 高速钢套式机用铰刀

(c) 硬质合金套式机用铰刀

(d) 手用直槽铰刀

(e) 螺旋槽铰刀

(f) 锥孔用粗铰刀与精铰刀

图 7-26　铰刀的种类

4. 孔加工复合刀具

孔加工复合刀具是由两把以上的同类型单个孔加工刀具复合后，同时或按先后顺序完成不同工序（或工步）的刀具，在组合机床或自动线上应用广泛。

1）孔加工复合刀具的类型

（1）同类刀具复合的孔加工复合刀具如图 7-27 所示。

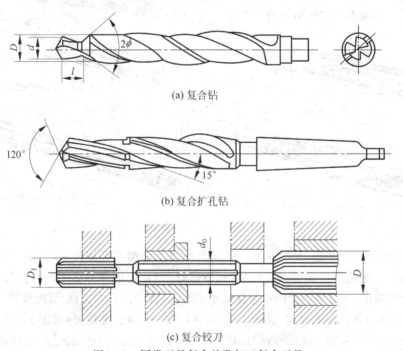

(a) 复合钻

(b) 复合扩孔钻

(c) 复合铰刀

图 7-27　同类刀具复合的孔加工复合刀具

（2）不同类刀具复合的孔加工复合刀具类型较多，图 7-28 所示是其中的两种。

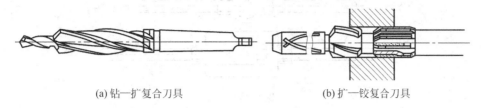

(a) 钻—扩复合刀具　　　　　　　　(b) 扩—铰复合刀具

图 7-28　不同类刀具复合的孔加工复合刀具

2）孔加工复合刀具的特点

孔加工复合刀具减少了换刀时间，生产效率较高；减少安装次数，降低定位误差，提高了加工精度；同时或顺次加工保证了各加工表面之间的位置精度；集中工序，从而减少了机床的台数或工位数，对于自动生产线可以减少投资，降低加工成本。

7.1.7　扩孔和铰孔基本工艺

1. 扩孔基本工艺

扩孔工艺.mp4

（1）用麻花钻扩孔。在预钻孔上扩孔的麻花钻，扩孔时避免了麻花钻横刃切削的不良影响，可适当提高切削用量。扩孔时的切削速度约为钻孔的 1/2；进给量为钻孔的 1.5～2 倍；背吃刀量减小，切屑容易排出，表面粗糙度值有一定的降低。

（2）用扩孔钻扩孔。为了保证扩的孔与钻的孔中心重合，钻孔后在不改变工件和机床主轴的相对位置时，立即换上扩孔钻，可使切削平稳均匀，保证加工精度。扩孔前，还可先用镗刀镗出一段与扩孔钻直径相同的导向孔，可使扩孔钻不致随原有不正确的孔偏斜，这种方法常用于对毛坯孔（铸孔和锻孔）的扩孔加工。

2. 铰孔基本工艺

铰削加工除了主切削刃正常的切削作用外，还对工件产生挤刮的作用。铰削过程是一个复杂的切削和挤压摩擦的过程。铰削加工虽然生产效率比其他精加工效率高，但其适应性较差，一种铰刀只能加工一种尺寸的孔，而且一般只能加工直径小于 80mm 的孔。

铰孔工艺.mp4

（1）手动铰孔。手动铰孔适用于硬度不高的材料和批量较小、直径较小、精度要求不高的工件。手工铰孔时，铰杠（见图 7-29）要放平，顺时针旋转，两手用力要平衡，随着铰刀的旋转轻轻施加压力，旋转要缓慢、均匀、平稳，不能让铰刀摇摆，避免孔口成喇叭形或者孔径变大。当一个孔快铰完时，不能让铰刀的校准部分全部露出，以免将孔的下端划伤。铰削完毕退出铰刀时，仍然按顺时针转动退出，不能反转，防止铰刀刃口磨损、崩裂，以及切屑嵌入切削刃后面和孔壁之间而擦伤已铰好的孔壁。

铰削锥孔时，由于铰削余量较大，刀齿负荷较重，因此每进给 2～3mm，应退出铰刀，清除切屑后再继续铰孔。

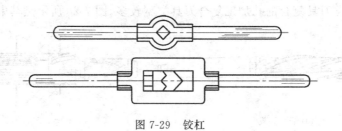

图 7-29　铰杠

（2）机铰孔。机铰孔适用于硬度较高的材料和批量较大、直径较大、精度要求较高的工件。机铰孔是在钻铣床、车铣床上进行的，机用铰刀与机床常用浮动连接，以防止铰削时孔径扩大或产生孔的形状误差。铰刀与机床主轴浮动连接所用的浮动夹头如图 7-30 所示。浮动夹头的锥柄 1 安装在机床的锥孔中，铰刀锥柄安装在锥套 2 中，挡钉 3 用于承受进给力，销钉 4 可传递转矩。由于锥套 2 的尾部与大孔、销钉 4 与小孔间均有较大间隙，所以铰刀处于浮动状态。

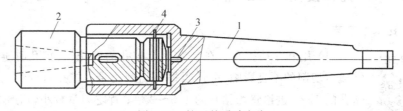

图 7-30　铰刀的浮动夹头
1—锥柄；2—锥套；3—挡钉；4—销钉

铰刀与主轴之间应浮动连接，以防止铰刀轴线相对于主轴轴线偏斜引起轴线歪斜，孔径扩大等。开始铰削时可先用手扶正铰刀，采用手动进给，当铰进 2～3mm 后再改用机动。浮动连接使铰削不能校正底孔轴线的偏斜，应对工件采用一次装夹进行钻、扩、铰孔操作，以保证铰刀轴线与钻孔轴线一致，铰孔完毕，先退出铰刀后停机，避免拉毛孔壁。

7.2　拓展知识链接

7.2.1　镗削加工范围

镗孔是在预制孔上用切削刀具使之扩大的一种加工方法，镗孔工作既可以在镗床上进行，也可以在车床上进行。镗削加工多用于孔的粗、精加工，可以加工机座、箱体、支架等外形复杂的大型零件上的直径较大的孔，特别是有位置精度要求的孔和孔系。镗削加工灵活性大，适应性强。镗孔可以校正孔的位置。镗孔可在镗床或车床上进行。在镗床上镗孔时，镗刀基本与车刀相同，不同之处是工件不动，镗刀旋转。镗削加工范围如图 7-31 所示。

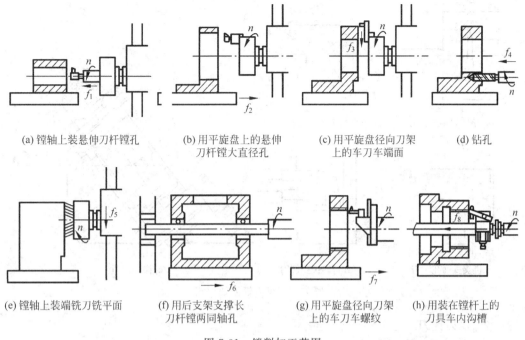

(a) 镗轴上装悬伸刀杆镗孔　　(b) 用平旋盘上的悬伸刀杆镗大直径孔　　(c) 用平旋盘径向刀架上的车刀车端面　　(d) 钻孔

(e) 镗轴上装端铣刀铣平面　　(f) 用后支架支撑长刀杆镗两同轴孔　　(g) 用平旋盘径向刀架上的车刀车螺纹　　(h) 用装在镗杆上的刀具车内沟槽

图 7-31　镗削加工范围

镗削的进给切削运动.mp4

镗削加工范围.mp4

7.2.2　镗刀

镗刀按切削刃数量可分为单刃镗刀、双刃镗刀和多刃镗刀。单刃镗刀镗孔的特点是适应性广,灵活,但对操作工人技术水平要求较高;可以校正原有孔的轴线位置偏差;生产效率较低,镗杆刚性差,单刃切削,调整时间长,一般用于单件、小批量生产。浮动镗刀镗孔特点是加工质量较高,浮动可减少刀杆、刀具安装偏差;生产效率较高,双刃切削,操作方便;刀具结构复杂,对刀具刃磨要求较高,刃口要对称,一般用于较大孔径的批量生产。

1. 单刃镗刀

单刃镗刀可以校正底孔轴线的斜度或位置误差。单刃镗刀实际上是将类似车刀的刀头装夹在镗刀杆上组成镗杆镗刀,这种镗刀只有一个切削刃,结构简单,制造方便,通用性好;但生产效率不高。

刀头在镗杆上的安装形式有多种,如图 7-32 所示。

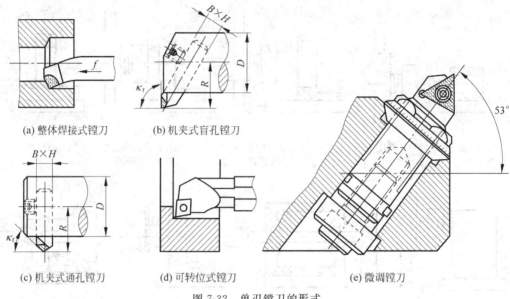

图 7-32　单刃镗刀的形式

2. 双刃镗刀

双刃镗刀的两端都有切削刃,如图 7-33 所示,工作时可消除径向力对镗杆的影响。工件的孔径尺寸与精度由镗刀径向尺寸保证。

双刃镗刀有固定双刃镗刀和浮动双刃镗刀两种(图 7-34),多采用浮动连接结构,可减少镗刀块安装误差及镗杆径向跳动所引起的加工误差。双刃镗削的孔加工精度可达 IT7~IT6,Ra 达 0.8μm。

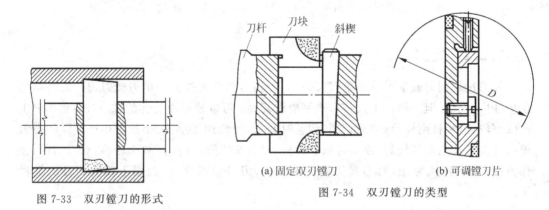

图 7-33　双刃镗刀的形式

图 7-34　双刃镗刀的类型

3. 多刃镗刀

多刃镗刀(见图 7-35)的刀具几何参数和切削性能稳定,定位精度和重复精度较高,可保证刀尖位置变化在工件精度允许范围内以及加工精度的一致性。

另外在镗床上还可使用钻头、扩孔钻、铰刀等钻床所用的各种孔加工刀具,可把刀具直接安装在镗杆主轴的莫氏锥孔中。镗床上使用各种铣刀时,可把刀具直接安装在镗杆上。

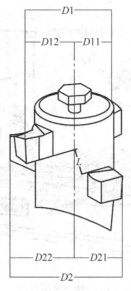

图 7-35　多刃镗刀

7.2.3　镗床

镗床是一种主要用镗刀在工件上加工孔的机床。通常用于加工尺寸较大,精度要求较高的孔,特别是分布在不同表面且孔距和位置精度要求较高的孔,如箱体上的孔。镗床还可以进行铣削,钻孔,扩孔,铰孔等工作。

普通镗床主要有卧式镗床、金刚(精)镗床和坐标镗床。卧式镗床如图 7-36 所示,是应用最多、性能最广的一种镗床,适用于单件小批生产和修理车间。金刚(精)镗床如图 7-37 所示,使用金刚石或硬质合金刀具,以很小的进给量和很高的切削速度镗削精度较高、表面粗糙度较小的孔,主要用于大批量生产中。坐标镗床如图 7-38 所示,具有精密的坐标定位装置,适于加工形状、尺寸和孔距精度要求都很高的孔,还可以进行划线、坐标测量和刻度等工作,通常用于工具车间和中小批量生产中。卧式镗床和金刚(精)镗床镗孔精度为 IT8～IT7,Ra 为 $1.6\sim0.8\mu m$;坐标镗床镗孔精度为 IT7～IT6,Ra 为 $0.04\mu m$。

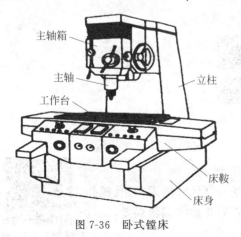

图 7-36　卧式镗床

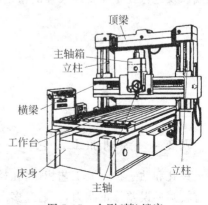

图 7-37　金刚(精)镗床

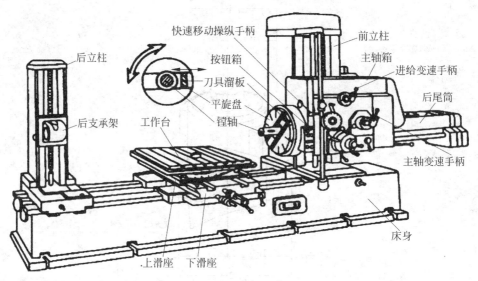

图 7-38　坐标镗床

金刚(精)镗床因以前常采用金刚石刀具而得名(现在用硬质合金)。金刚(精)镗床具有很高的切削速度和极小的吃刀量和进给量,便于对工件孔进行精细镗削,可获得极高的尺寸精度和很小的表面粗糙度。它主要用于批量加工连杆、活塞、液压泵壳体、气缸套等重要零件的精密孔加工。

双柱坐标镗床装备了坐标位置的精密测量装置,可保证刀具和工件具有精确的相对位置;坐标镗床加工的孔可获得很高的尺寸和形状精度,也可保证精确的孔间或孔与某基准面间的位置精度。坐标镗床可进行精密刻线和划线,也可进行孔距和直线的精密测量。它主要用于加工精度要求较高的工件、夹具、模具和量具等。

坐标镗床是一种高精度的机床,其主要特点是具有坐标位置的精密测量装置,有良好的刚性和抗振性。它主要用来镗削精密孔(IT5 级或更高),例如钻模、镗模上的精密孔。

工艺范围:可以镗孔、钻孔、扩孔、铰孔以及精铣平面和沟槽,还可以进行精密刻线和划线以及进行孔距和直线尺寸的精密测量工作。

镗削夹具.pdf

7.2.4　镗削加工工艺

镗孔和钻—扩—铰工艺相比,孔径尺寸不受刀具尺寸的限制,且镗孔具有较强的误差修正能力,可通过多次走刀修正原孔轴线偏斜误差,而且能使所镗孔与定位表面保持较高的位置精度。

镗削加工工艺.mp4

镗削加工方法主要有悬伸镗削法和支承镗削法。

1. 悬伸镗削法

使用悬伸的单镗刀杆,对中等孔径和不穿通的同轴孔进行镗削加工,这种加工方法称为悬伸镗削法。悬伸镗削法的主要特点如下。

(1) 由于悬伸镗削所使用的镗刀杆一般均较短、较粗,且刚性较好,切削速度的选择可高于支承镗刀杆,故生产效率高。

(2) 在悬伸镗刀杆上装夹、调整刀具非常方便,在加工中又便于观察和测量,能节省辅助时间。

(3) 用悬伸镗削法采用主轴送进切削时,由于镗刀杆随主轴送进而不断悬伸,刀杆系统因自重变化产生的挠度也不同,在加工较长内孔时,孔的轴线易产生弯曲。由于主轴不断伸出,整个刀杆系统刚性不断变差,镗削时在切削力作用下,系统弹性变形逐渐增大,影响孔的镗削精度,使被加工孔产生圆柱度误差。

当用工作台进给悬伸镗削时,由于主轴悬伸长度在切削前已经设定,故切削过程中由刀杆系统自重和受切削力引起的挠曲变形及弹性变形相对较为稳定,因此被加工孔产生的轴线弯曲和圆柱度误差均比用主轴进给悬伸镗削时小。这种镗削方式影响孔加工精度的主要原因是床身和工作台导轨的直线度误差,以及它们之间的配合精度。若床身导轨在水平平面和垂直平面内有直线度误差,会使被加工孔的轴线产生直线度误差和对基准表面产生位置误差;若导轨配合精度差,将会使被加工孔产生圆度误差。

2. 支承镗削法

支承镗削法是采用架于镗床尾座套筒内的支承镗杆进行镗削的一种切削加工方式。支承镗削法的特点如下。

(1) 与悬伸镗削法相比,大大增强了镗杆的刚性。

(2) 适合同轴孔系的加工。可配用多种精度较高的镗刀,加工精度较高,能确保加工质量。

(3) 装夹和调整镗刀较麻烦、费时,不易观察加工情况,试镗、测量等操作没有悬伸镗削法直观、方便。

采用镗杆进给支承镗削法镗孔,镗杆伸出长度随主轴进给而不断变化,但镗杆和主轴在两支承点之间的距离不变。与工作台进给支承镗孔方式相比,其两支承点之间的距离较短,因此,由切削力所产生的镗杆挠曲变形比工作台进给支承镗孔方式小,所以抗振性好,可以采用宽刀加工。但是,由于是镗杆进给,故镗刀在支承间的位置是变化的,因此镗杆自重造成的弯曲会影响工件孔轴线的直线度误差。

工作台进给支承镗削法由于采用工作台进给,所以镗杆两支承间的距离很长,一般要超过孔长的 2 倍。镗杆受力后产生的挠曲变形量相对较大。用这种方法镗孔,由于刀具调整后,其到镗杆两端支承间的距离不变,因此,孔径尺寸只均匀减小一个定值。孔的直线度误差主要与机床导轨的直线度及机床导轨和工作台导轨间的配合精度有关。被镗孔的直线度误差较小。

7.3　项目技能链接

7.3.1　岗位职责

（1）坚守生产岗位，自觉遵守劳动纪律，按下达的任务加工零部件，保质保量完成任务。

（2）按设计图样、工艺文件、技术标准进行生产，加工前明确任务，做好刀具、夹具准备工作，在加工过程中进行自检和互检。

（3）贯彻执行工艺规程（产品零件工艺路线、专业工种工艺、典型工艺过程等）。

（4）严格遵守安全操作规程，严禁戴手套作业，排除一切事故隐患，确保安全生产。

（5）维护保养设备、工装、量具，使其保持良好。执行班组管理标准，下班前擦净设备的铁屑、灰尘、油污，按设备维护保养规定做好维护保养，将毛坯、零件、工件器具摆放整齐并填写设备使用记录。

（6）根据指导教师检查的结果，及时调整相应的工艺参数，使产品的质量符合工艺要求。

（7）执行能源管理标准，节约用电、水、气，及时、准确做好生产过程中的各种记录。严格执行领用料制度，爱护工具、量具，节约用电、用油、用纱头，做好工作场地环境卫生，各种零部件存放整齐。

（8）对所生产的产品质量负责，对所操作设备的运行状况及维护负责，对所使用的工具负责。

（9）努力学习技术，掌握设备结构、原理、性能和操作规程，提高加工质量。

7.3.2　安全操作规范

1. 开机前准备

（1）在使用机床前，必须详细阅读使用说明书，熟悉机床的结构、各手柄的功能、传动和润滑系统。

（2）在开动机床前，检查主轴箱是否夹紧在主立柱上以及主轴套筒的升降和电气设备情况是否正常。如出现异常情况，先把（供）电源断开，再检查和修理机床。

（3）操作前按设备点检卡检查各操纵机构是否灵活、可靠，电气装置及接地是否良好，并签字确认交班记录。如设备状态与记录不符，应与交班人核实，或报告部门领导。

（4）检查油标、油位、油质是否正常，油路是否畅通，润滑是否良好，按照润滑说明在机床各处加注润滑油。

2. 钻头或丝锥的安装与拆卸

（1）安装钻头或丝锥时，旋转钻夹头外壳使颚片有足够的张开度，把钻头或丝锥塞入钻夹头，并使钻头或丝锥处于中心位置，然后用钻夹头扳手顺时针方向旋紧，使钻头或丝锥被夹紧在钻夹头内。

（2）拆卸钻头或丝锥时，用钻夹头扳手逆时针方向旋松钻夹头，可以卸下钻头或丝锥。

3．操作规程

（1）检查控制面板电源指示灯是否正常，根据使用要求选择合适的钻头或丝锥，攻螺纹时要调整主轴转速，必须在停机状态下按台钻使用说明书操作，然后把钻头或丝锥固定在钻夹头上，必须使用专用的钥匙，不得用手锤等硬物敲打。

（2）将待钻孔或攻丝的工件用钳子、夹具或台钳夹紧压牢，并调整好工件与钻头或丝锥作业位的中心点，钻薄片工件时，还须在工件下加垫木板。

（3）钻孔时将开关旋转至左边，台钻主轴开始运转，攻丝时将开关旋转至右边。

（4）在钻孔开始或工件将要被钻穿时，要轻轻用力，以防工件转动或被甩出。

（5）钻孔或攻丝工作中，要把工件放正，用力要均匀，以防折断钻头或丝锥。

（6）正常工作中可用脚控开关控制台钻开启或停止，用脚尖踩住脚控开关即开启，松开即停止。

（7）在操作过程中，要认真观察台钻运转状态，视线不得离开工件；不允许两人同时操作钻床，禁止嬉戏打闹。

（8）钻床在运转时，禁止用棉纱擦拭、清除铁屑，也不许用嘴吹或手拉铁屑，避免钻头缠绕手指发生意外。

（9）紧急停机时，按下红色按键，台钻停止运转，若要恢复运转，要先将开关旋转至0位，然后按住红色紧急按键向右旋转至底位松开，红色紧急按键弹出即可重新开机工作。

4．作业完成

（1）工作完成后，将开关旋转至中间0位，台钻停止运转。

（2）台钻停止运转后，取走已完成作业的工件，卸下钻头或丝锥。

（3）仔细清理台面上的铁屑和冷却液，把台钻和周边区域打扫干净，关闭总电源开关。

5．安全注意事项

（1）不要在台钻上或台钻附近堆放杂物，以免发生伤害事故。

（2）不要穿戴诸如宽松衣服、手套、领带、首饰品之类易被机器运动件卷入的服饰。

（3）在台钻运行时，不要把手接近钻头，不要在工作台上操作其他工作，以免发生工伤事件。

（4）不要随意拆卸机器的出厂标准配置，如脚控开关、限位开关等配件。

（5）必须让机器保持原厂配置的完整性，禁止非法操作机器。

（6）机器运行中旁观者或其他作业员必须保持在安全距离以外。

7.3.3　项目实施

1．项目资讯

（1）温习项目7相关知识链接。

（2）联系项目加工内容，学习钻削操作安全规范与岗位职责。

（3）阅读分析零件图。

根据零件图样加工毛坯 210mm×170mm×20mm，如图 7-39 所示。

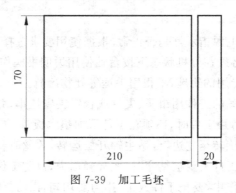

图 7-39　加工毛坯

零件图分析如下。

① 根据图 7-40 可知需要加工 $\phi 7\pm 0.02$mm 的通孔 2 个、$\phi 24\pm 0.06$mm 的通孔 2 个、$\phi 12\pm 0.04$mm 深 10mm 的盲孔 6 个、$\phi 12\pm 0.04$mm 深 16mm 的盲孔 1 个、$\phi 24\pm 0.06$mm 深 12mm 的盲孔 1 个、$\phi 24\pm 0.06$mm 深 14mm 的盲孔 1 个。

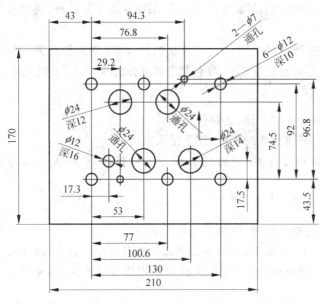

图 7-40　零件图

② 技术要求：a.孔直径公差为 $\phi 7\pm 0.02$mm、$\phi 12\pm 0.04$mm、$\phi 24\pm 0.06$mm；b.孔距公差为 ± 0.05mm；c.去除毛刺；d.零件表面不得出现挫、砸痕。

2. 决策与计划

1）盖板孔系类零件加工工艺路线

盖板孔系类零件加工工艺路线：料—铣—铣—铣—钳（划线—钻中心孔）—钳（钻孔—扩孔—铰孔）—总检—入库。

2）盖板孔系类零件的加工工艺规程

盖板孔系类零件的加工工艺规程如图 7-41 所示。

工艺文件编号

产品名称 ＿＿＿＿＿＿＿＿＿

生产任务号 ＿＿＿＿＿＿＿＿＿

工 艺 文 件

工艺文件名称：＿＿＿机械加工工艺规程＿＿＿

零、部、组(整)件名称：＿＿＿盖板孔类零件＿＿＿

零、部、组(整)件代号：＿＿＿ZGBK-001＿＿＿

编制部门 ＿＿＿××系＿＿＿

单 位 ＿＿＿××学院＿＿＿

机械加工工艺卡 (续页)		产品型号		零(部)件图号		ZGBK-001		共 7 页
		产品名称		零(部)件名称		盖板孔类零件		第 1 页
材料牌号	45	毛坯种类	型材	毛坯外形尺寸	210×170×20	每毛坯件数	1	每台件数	备注

更改 标记	工序 号	工步 号	工序(工步)名称及内容	设备及工装		
				名称	设备编号	工装编号
	1		料			
			35×215×175，1件。			
	2		铣(工艺附图一)			
		2.1	虎钳装夹毛坯 A、C 两面，找正夹紧；			
		2.2	铣 F 面，见光即可，去毛刺，表面粗糙度3.2；			
		2.3	调头，铣 E 面，保证厚度尺寸30，去毛刺，表面粗糙度3.2；			
			检：检尺寸30，表面粗糙度3.2；			
	3		铣(工艺附图一)			
		3.1	虎钳装夹毛坯 E、F 两面，找正夹紧；			

						编制	日期	校对	日期	会签	日期
更改标记	更改单号	签字	日期	更改标记	更改单号	签字	日期				

图 7-41 加工工艺规程

机械加工工艺卡 (续页)			产品型号		零(部)件图号		ZGBK-001		共 7 页
			产品名称		零(部)件名称		盖板孔类零件		第 2 页
材料牌号	45	毛坯种类	型材	毛坯外形尺寸	210×170×20	每毛坯件数	1	每台件数	备注

更改标记	工序号	工步号	工序(工步)名称及内容	设备及工装		
				名称	设备编号	工装编号
		3.2	铣A面,见光即可,去毛刺,表面粗糙度3.2;			
		3.3	调头,铣C面,保证尺寸170,去毛刺,表面粗糙度3.2;			
			检:检尺寸170,表面粗糙度3.2;			
	4		铣(工艺附图一)			
		4.1	虎钳装夹毛坯E、F两面,找正夹紧;			
		4.2	铣B面,见光即可,去毛刺,表面粗糙度3.2;			
		4.3	调头,铣D面,保证尺寸210,去毛刺,表面粗糙度3.2;			

				编制	日期	校对	日期	会签	日期
更改标记	更改单号	签字	日期	更改标记	更改单号	签字	日期		

机械加工工艺卡 (续页)			产品型号		零(部)件图号		ZGBK-001		共 7 页
			产品名称		零(部)件名称		盖板孔类零件		第 3 页
材料牌号	45	毛坯种类	型材	毛坯外形尺寸	210×170×20	每毛坯件数	1	每台件数	备注

更改标记	工序号	工步号	工序(工步)名称及内容	设备及工装		
				名称	设备编号	工装编号
			检:检尺寸210,表面粗糙度3.2;	X52K		
	5		钳(工艺附图二)			
		5.1	划2—ϕ7通孔中心位置线;			
		5.2	划6—ϕ12/深10孔中心位置线;			
		5.3	划ϕ12通孔中心位置线;			
		5.4	划ϕ24/深12孔中心位置线;			
		5.5	划2—ϕ24通孔中心位置线;			
		5.6	划ϕ24/深14孔中心位置线。			

				编制	日期	校对	日期	会签	日期
更改标记	更改单号	签字	日期	更改标记	更改单号	签字	日期		

图 7-41(续)

工艺附图一	产品型号		零(部)件图号	ZGBK-001	共7页
	产品名称		零(部)件名称	盖板孔类零件	第4页

更改标记	更改单号	签字	日期	更改标记	更改单号	签字	日期		编制	日期	校对	日期	会签	日期

机械加工工艺卡 (续页)		产品型号		零(部)件图号	ZGBK-001	共 7 页
		产品名称		零(部)件名称	盖板孔类零件	第 5 页

材料牌号	45	毛坯种类	型材	毛坯外形尺寸	210×170×20	每毛坯件数	1	每台件数		备注	

更改标记	工序号	工步号	工序(工步)名称及内容	设备及工装 名称	设备编号	工装编号
	6		钳(工艺附图二)	X52K		
		6.1	以E、F面为基准，钻、扩、铰2—φ7通孔，保证尺寸137.3(137.3=43+94.3)，140.3(140.3=43.5+96.8)；72.2(72.2=43+29.2)，43.5；孔距公差±0.05。表面粗糙度3.2；去毛刺；			
		6.2	以E、F面为基准，钻、扩、铰6—φ12/深10，保证尺寸43,135.5(135.5=43.5+92)；96(96=43+53)，135.5(135.5=43.5+92)；173(173=43+130)，135.5(135.5=43.5+92)；43；43.5；120(120=43+77)；43.5；173(173=43+130)，43.5；孔距公差±0.05；表面粗糙度3.2；去毛刺；			
		6.3	以E、F面为基准，钻、扩、铰12/深16，保证尺寸60.3，(60.3=43+17.3)，61(61=43.5+17.5)；表面粗糙度3.2；孔距公差±0.05，去毛刺；			
		6.4	以E、F面为基准，钻、扩、铰2—φ24通孔，保证尺寸119.8(119.8=43+76.8)，118			

更改标记	更改单号	签字	日期	更改标记	更改单号	签字	日期		编制	日期	校对	日期	会签	日期

图 7-41(续)

机械加工工艺卡 (续页)			产品型号		零(部)件图号		ZGBK-001			共7页		
			产品名称		零(部)件名称		盖板孔类零件			第6页		
材料牌号	45	毛坯种类	型材	毛坯外形尺寸	210×170×20	每毛坯件数		1	每台件数			备注

更改标记	车间	工序号	工序名称	工 序 内 容	设备及工装			工时定额	
					名称	设备编号	工装编号	准终	单件
				(118=43.5+74.5)；96(96=43+53)。61(61=43.5+17.5)；孔距公差±0.05。					
				表面粗糙度3.2；去毛刺；					
		6.5		以E、F面为基准，钻、扩、铰φ24/深12，保证尺寸72.2(72.2=43+29.2)，					
				118(118=43.5+74.5)；孔距公差±0.05，表面粗糙度3.2；去毛刺；					
		6.6		以E、F面为基准，钻、扩、铰φ24/深14，保证尺寸143.6(143.6=43+100.6)，					
				61(61=43.5+17.5)孔距公差±0.05，表面粗糙度3.2；去毛刺；					
				总检：检尺寸φ7±0.02，φ12±0.04，φ24±0.06，12，14，16，43。					
				43.5，孔距，孔距公差±0.05，表面粗糙度。					
				入库。					

						编制	日期	校对	日期	会签	日期
更改标记	更改单号	签字	日期	更改标记	更改单号	签字	日期				

工艺附图二	产品型号		零(部)件图号	ZGBK-001	共7页
	产品名称		零(部)件名称	盖板孔类零件	第7页

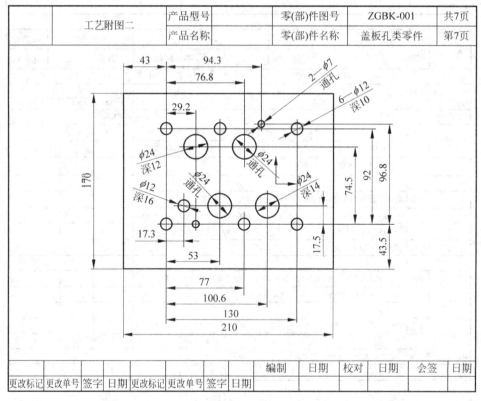

						编制	日期	校对	日期	会签	日期
更改标记	更改单号	签字	日期	更改标记	更改单号	签字	日期				

图 7-41(续)

3．工件划线

钻孔前需按照图样的要求，划出孔的中心线和圆周线，并打样冲眼，如图7-42所示。高精度孔还要划出检查圆。按照图样要求画出13个孔的中心位置。

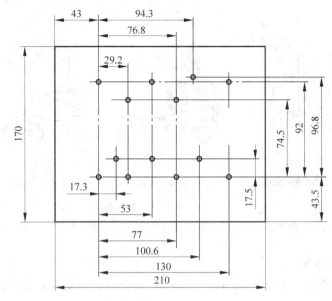

图7-42　毛坯划线图

4．工件的定位装夹

本项目选择 Z3040x16 摇臂钻床进行加工。钻孔前找正工件位置，应保证所钻孔的中心线与钻床工作台面垂直，因钻削孔径小于30mm，故工件为中小型工件，采用压板垫铁装夹，如图7-43所示，保证装夹牢固。

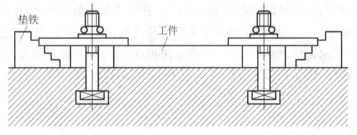

图7-43　在钻床上将工件定位安装

5．选择刀具及其装夹

刀具选择硬质合金锥直柄麻花钻头、扩孔钻，公制/莫式4号锥直柄铰刀。钻削时要根据孔径的大小和公差等级选择钻削直径为7mm、12mm、24mm的高精度孔，选用直径为4mm的中心站，直径为6mm和11mm的直柄麻花钻，直径为23mm的锥柄麻花钻，直径为6.8mm、11.75mm、23.7mm的扩孔钻，直径为7mm、12mm、24mm的铰刀。直柄钻头用钻夹头装夹（见图7-44（b）），通过转动钻夹头扳手夹紧或放松钻头。锥柄钻头可用钻套过渡连接,钻套及锥柄钻头装卸方法如图 7-44(a)和(c)所示。

钻头装夹时应先轻轻夹住,开车检查有无偏摆,若无摆动,便可停车夹紧后再钻孔;若有摆动,应停车重新装夹,纠正后再夹紧。

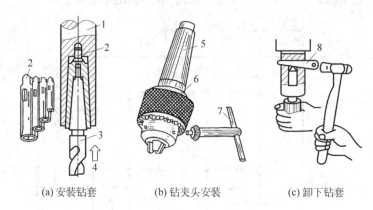

(a) 安装钻套　　　　　(b) 钻夹头安装　　　　　(c) 卸下钻套

图 7-44　钻头的装夹步骤

1—钻床主轴;2—钻套;3—钻头;4—安装方向;5—锥体;6—钻夹头;7—夹头扳手;8—楔铁

6. 确定切削用量

(1) 背吃刀量 a_p。对于 $\phi 7\text{mm}$、$\phi 12\text{mm}$、$\phi 24\text{mm}$ 的孔,要求麻花钻的横刃在中心孔之内,所以 $\phi 7\text{mm}$、$\phi 12\text{mm}$ 孔的粗加工用麻花钻 $\phi 6.0\text{mm}$、$\phi 11.0\text{mm}$ 一次钻削完成,$\phi 24.0\text{mm}$ 孔先用 $\phi 11.0\text{mm}$ 钻削再用 $\phi 23.0\text{mm}$ 钻削完成。孔的半精加工,通过选用的扩孔钻 $\phi 6.8\text{mm}$、$\phi 11.75\text{mm}$、$\phi 23.7\text{mm}$ 一次完成。孔的精加工,采用铰刀 $\phi 7\text{mm}$、$\phi 12\text{mm}$、$\phi 24\text{mm}$ 一次铰削完成。扩孔背吃刀量 a_p 为 0.8mm、0.75mm、0.7mm,铰孔背吃刀量 a_p 为 0.2mm、0.25mm、0.3mm 的铰刀铰孔完成。

(2) 进给量。麻花钻进给量可按经验公式估算:$f=(0.01\sim0.02)d$,扩孔和铰孔时,切削余量较小,扩孔进给量取值为 0.1mm/r;铰孔进给量取值为 0.3mm/r。

(3) 切削速度 v_c。它是指麻花钻外缘处的线速度(单位为 m/min),参照《机械加工工艺手册》选取切削速度,根据公式 $v=\pi dn/1000$,可计算出主轴的速度。本项目考虑到机床的刚性和强度,钻孔选用主轴转速 n 为 800r/min,铰孔取 $v=0.36$,由公式计算:

$$n=\frac{1000v}{\pi d}=\frac{1000\times0.36\times60}{3.14\times9.5}\approx687.9(\text{r/min})$$

故取主轴转速 $n=700\text{r/min}$。

7. 实施

1) 实施步骤

(1) 先按图样要求在工件上划出各孔的位置加工线。

(2) 把工件夹压在 Z3050 钻床工作台上,用 $\phi 4\text{mm}$ 钻头钻出中心孔。

(3) 用 $\phi 6.0\text{mm}$、$\phi 11.0\text{mm}$、$\phi 23.0\text{mm}$ 钻头钻出底孔,扩孔到 $\phi 6.8\text{mm}$、$\phi 11.75\text{mm}$、$\phi 23.7\text{mm}$,再用 $\phi 7\text{mm}$、$\phi 12\text{mm}$、$\phi 24\text{mm}$ 的铰刀铰孔。钻扩孔时,选用主轴转速为 300r/min,进给量为 0.1mm/r;铰孔时选用主轴转速为 50r/min,进给量为 0.3mm/r。

2）实践操作过程

（1）打开总电源开关，将锁紧装置松开，点动摇臂上下移动按钮如图7-45所示，垂直快速摇臂，使摇臂移动到离工件合适的位置，装夹钻头，使刀头伸出合适的长度，钻头装夹必须牢固。再次移动摇臂将进刀主轴伸出长度根据钻孔深度调整到合适位置，然后锁紧摇臂。

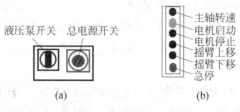

图 7-45　操作按钮

（2）操纵手轮和手柄如图7-46所示。旋转手轮，主轴箱在摇臂上左右移动，同时转动手柄，主轴带动刀头向下移动，使钻头移动至加工孔的中心点，锁紧各个装置。先钻中心孔，再钻、扩、铰孔至要求尺寸。

钻中心孔.mp4

图 7-46　操纵手轮和手柄

（3）调整手轮表盘上的刻度，调到钻孔深度的值。

（4）开启电机电源，如图7-45(a)所示，转动手柄（见图7-55）使钻头往下进给到恰好接触工件表面，点自动进给，加工孔到预定深度，然后转动手柄使钻头向上退出距工件合适的位置，关闭电机电源。

（5）不同直径的孔换相应直径的钻头，同理进行扩孔和铰孔，加工结束后，卸载工件，关闭总电源。

（6）测量孔径是否满足工件图样技术要求。

8. 操作中的注意事项

（1）先低速空运转3～5min，确认滑动部分有油，各部位运转正常后才可进行工作。

（2）操作钻床时，要求衣袖扎紧，戴好帽子，严禁戴手套、围巾。

（3）严禁用手拿着工件操作钻孔，工件必须牢固地夹持在工作台或座钳上，钻通孔时必须在底面垫上垫铁。机动进给钻通孔时，在接近钻透时应改为手动进给，要轻轻用力以防钻头卡住工件，使工件转动或甩出。

（4）装钻头时要将锥柄锥孔擦拭干净，拆卸时要用专用工具，严禁随意敲打。

（5）装卸工件、钻头、钻卡、变换车速时必须停车。严禁用手指加油。

（6）钻头上严禁缠绕长铁屑，应经常停车清除，不准在钻孔时用纱布清除铁屑，铁屑不准用嘴吹、手拿。旋转钻头严禁用手摸，应使用专用工具或刷子。

（7）钻头对好工件钻孔位置后，一定要固定好摇臂才能开始工作，禁止在主轴箱和立柱未锁紧的情况下工作。钻孔过程中，钻头未退出不准停机。

（8）进行变速和变进给量时，应先停机。

（9）钻孔时，调整转速必须先停车，严禁不停车变速，否则将打坏变速箱内齿轮。

（10）必须及时检查、清除工作台及导轨上、丝杠等处的铁屑与油污，并保持周围环境卫生。

（11）钻孔时，进给要均匀。钻深孔时要及时清除铁屑，以防钻头拆断。

（12）装卸工件或夹具时，要将横臂移开，同时注意周围的人及物，以免发生碰撞事故。

9. 操作后现场整理

（1）将各操作手柄置于非机动位置，切断总电源。

（2）擦拭机床，外露导轨涂油，清扫工作场地。

（3）妥善收存各种工具、量具、附件等。

（4）填写设备运行记录。

10. 检查与评价

（1）每完成一道工序，都要使用游标卡尺等量具对工件进行工序间的检测，检测内容为工序内容中要求达到的尺寸、形位、表面质量精度等（详见机械加工工艺规程）。

（2）最后进行总检，检测内容为各工序内容中要求达到的尺寸、形位、表面质量精度等（详见机械加工工艺规程）；并在零件质量检测结果报告单上填写检测结果。

① 各孔距不得超差 0.20～0.50mm。

② 孔径不得超差 0.01～0.06mm。

③ 各表面的表面精糙度 Ra 值都在 $3.2\mu m$ 以内。

（3）小组内互相检查、点评。

7.4　拓展技能链接

7.4.1　拓展技能项目概述

拓展技能加工的零件是扁叉的孔加工，如图 7-47 所示。扁叉的主要作用是保证各轴之间的中心距及平行度，并保证部件正确安装。因此扁叉零件的加工质量，不但直接影响各轴之间的装配精度和运动精度，而且还会影响工作精度、使用性能和寿命。

7.4.2　零件的工艺分析

由扁叉零件图可知，它的外表面上 4 个平面已通过铣削加工。支承孔系在前后端面上。此外各表面还需加工一系列螺纹孔。以 $\phi 10H7$ 孔为主要加工项目，粗糙度为 $Ra1.6\mu m$。

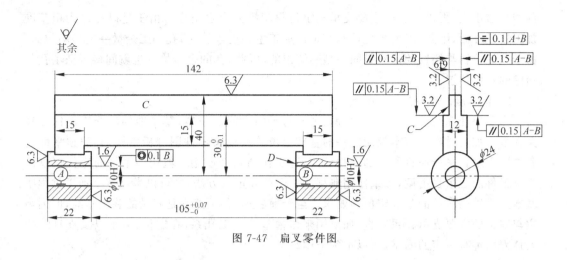

图 7-47 扁叉零件图

7.4.3 零件的工艺规程

1. 孔和平面的加工顺序

扁叉类零件的加工应遵循先面后孔的原则：先加工扁叉上的基准平面，以基准平面定位加工其他平面，然后再加工孔系。扁叉的加工也应遵循这个原则，这是因为平面的面积大，用平面定位可以确保定位可靠夹紧牢固，因此容易保证孔的加工精度。其次，先加工平面可以先切去铸件表面的凹凸不平，为提高孔的加工精度创造条件，便于对刀及调整，也有利于保护刀具。

扁叉零件的加工工艺应遵循粗、精加工分开的原则，将孔与平面的加工明确划分成粗加工和精加工阶段以保证孔系加工精度。

2. 孔系加工方案的选择

扁叉孔系加工方案，应选择能够满足孔系加工精度要求的加工方法及设备。除了从加工精度和加工效率两方面考虑以外，也要适当考虑经济因素。在满足精度要求及生产效率的条件下，应选择价格最低的机床。

根据扁叉零件图所示的扁叉的精度要求和生产率要求，选用在组合机床上用镗模法镗孔较为适宜。在大批量生产中，扁叉孔系加工一般都在组合镗床上采用镗模法进行加工。镗模夹具是按照工件孔系的加工要求设计制造的，当镗刀杆通过镗套的引导进行镗孔时，镗模的精度直接保证了关键孔系的精度。

3. 扁叉加工定位基准的选择

1）粗基准的选择

粗基准选择应当满足以下要求。

（1）保证各重要支承孔的加工余量均匀。

（2）保证装入扁叉的零件与箱壁有一定的间隙。

为了满足上述要求，应选择主要的支承孔作为主要基准，即以扁叉的输入轴和输出轴的支承孔作为粗基准，也就是以前后端面上距顶平面最近的孔作为主要基准以限制工件的四个自由度,再以另一个主要支承孔定位限制第五个自由度。由于是以孔作为粗基准加工精基准面,因此,以后再用精基准定位加工主要支承孔时,孔加工余量一定是均匀的。由于孔的位置与箱壁的位置是同一型芯铸出的,因此,孔的余量均匀也就间接保证了孔与箱壁的相对位置。

2)精基准的选择

为了保证扁叉孔与孔、孔与平面、平面与平面之间的位置,精基准的选择应能保证扁叉在整个加工过程中基本都用统一的基准定位。从扁叉零件图分析可知,它的顶平面与各主要支承孔平行而且所占的面积较大,适于作精基准使用。但用一个平面定位仅仅能限制工件的三个自由度,如果使用典型的一面两孔定位方法,则可以满足整个加工过程中基本上都采用统一的基准定位的要求。至于前后端面,虽然它是扁叉的装配基准,但因为它与扁叉的主要支承孔系垂直,如果用来作精基准加工孔系,在定位、夹紧以及夹具结构设计方面都有一定的困难,所以不予采用。

4. 扁叉加工主要工序安排

对于大批量生产的零件,一般总是首先加工出统一的基准,扁叉加工的第一道工序也是加工统一的基准。具体安排是先以孔定位粗、精加工顶平面。第二道工序是加工定位用的两个工艺孔。由于顶平面加工完成后一直到扁叉加工完成为止,除了个别工序外,工艺孔都要用作定位基准,因此,顶面上的螺孔也应在加工两个工艺孔的工序中同时加工出来。

后续工序安排应当遵循粗精分开和先面后孔的原则。先粗加工平面,再粗加工孔系。螺纹底孔在多轴组合铣床上钻出,因切削力较大,也应该在粗加工阶段完成。对于扁叉,需要精加工的是支承孔前后端平面。按上述原则也应先精加工平面再加工孔系,但在实际生产中这样安排不易于保证孔和端面相互垂直。因此,实际采用的工艺方案是先精加工支承孔系,然后以支承孔用可胀心轴定位加工端面,这样容易保证零件图样上规定的端面全跳动公差要求。各螺纹孔的攻丝由于切削力较小,可以安排在粗、精加工阶段中分散进行。

加工工序完成以后,将工件清洗干净。清洗是在 $80 \sim 90 ℃$ 含 $0.4 \% \sim 1.1 \%$ 苏打及 $0.25 \% \sim 0.5 \%$ 亚硝酸钠溶液中进行的。清洗后用压缩空气吹干净。保证零件内部杂质、铁屑、毛刺、砂粒等的残留量不大于 $200 \mathrm{mg}$。

根据以上分析过程,遵循先基准后其他的原则将扁叉加工工艺路线确定如下:铸造—时效处理—粗铣 $\phi 24$ 左端面至尺寸 $152 \mathrm{mm}$—粗铣 $\phi 24$ 右端面至尺寸 $149 \mathrm{mm}$—粗铣内侧宽度为 $105 \mathrm{mm}$ 左侧面—粗铣内侧宽度为 $105 \mathrm{mm}$ 右侧面—钻、铰 $\phi 10 \mathrm{H} 7$ 孔—粗铣顶部宽度为 $6 \mathrm{f} 9 \mathrm{mm}$ 凸台面—精铣顶部宽度为 $6 \mathrm{f} 9 \mathrm{mm}$ 凸台面—去毛刺—检验入库。

刀具:硬质合金锥柄麻花钻头 $\phi 9.5$(GB/T 6135.3—1996)。型号:E211 和 E101,带导柱直柄平底锪钻(GB 4260—1984),公制/莫式 4 号锥柄铰刀 $\phi 10$。

夹具:夹具采用专用的钻夹具。

量具:量具采用锥柄双头塞规,多用游标卡尺。

辅助设备:锉刀、钳子等。

5. 确定切削用量

机械加工工艺路线:料—钻 $\phi 9.5 \mathrm{mm}$ 孔—铰孔 $\phi 10 \mathrm{mm}$—总检—入库。

切削深度(背吃刀量)a_p: $a_p = 4.75\text{mm}$。

进给量 f: 根据《机械加工工艺手册》,取 $f = 0.33\text{mm/r}$。

切削速度 v: 根据《机械加工工艺手册》,取 $v = 0.36\text{m/s}$。

机床主轴转速 n: $n = \dfrac{1000v}{\pi d} = \dfrac{1000 \times 0.36 \times 60}{3.14 \times 9.5} \approx 687.9(\text{r/min})$,取 $n = 700\text{r/min}$。

实际切削速度 v': $v' = \dfrac{\pi d_0 n}{1000} = \dfrac{3.14 \times 9.5 \times 700}{1000 \times 60} \approx 0.36(\text{m/s})$。

被切削层长度 l: $l = 600\text{mm}$。

刀具切入长度 l_1: $l_1 = \dfrac{D}{2}\text{ctg}\kappa_r + (1 \sim 2) = \dfrac{10}{2}\text{ctg}120° + 2 = 4.8(\text{mm}) \approx 5(\text{mm})$。

刀具切出长度 l_2: $l_2 = 1 \sim 4\text{mm}$,取 $l_2 = 3\text{mm}$。

走刀次数为 1。

铰孔 2—$\phi 10$。

切削深度(背吃刀量)a_p: $a_p = 0.25\text{mm}$,$D = 10\text{mm}$。

进给量 f: 根据《机械加工工艺手册》,$f = 1.0 \sim 2.0\text{mm/r}$,取 $f = 2.0\text{mm/r}$。

切削速度 v: 根据《机械加工工艺手册》,取 $v = 0.32\text{m/s}$。

机床主轴转速 n: $n = \dfrac{1000v}{\pi D} = \dfrac{1000 \times 0.32 \times 60}{3.14 \times 10} \approx 611.46(\text{r/min})$,取 $n = 600\text{r/min}$。

实际切削速度 v': $v' = \dfrac{\pi D n}{1000} = \dfrac{3.14 \times 10 \times 600}{100 \times 60} \approx 0.31(\text{m/s})$。

被切削层长度 l: $l = 20\text{mm}$。

刀具切入长度 l: $l_1 = \dfrac{D - d_0}{2}\text{ctg}\kappa_r + (1 \sim 2) = \dfrac{10.5 - 10}{2}\text{ctg}120° + 2 \approx 2.14(\text{mm})$。

刀具切出长度 l_2: $l_2 = 1 \sim 4\text{mm}$,取 $l_2 = 3\text{mm}$。

走刀次数为 1。

7.5 习 题

7.5.1 知识链接习题

1. 选择题

(1) 标准麻花钻的顶角 ϕ 的大小为( )。

    A. 90°   B. 100°   C. 118°   D. 120°

(2) 标准麻花钻和扩孔钻比较,扩孔钻( )横刃。

    A. 有   B. 有的有,有的没有

    C. 没有   D. 不确定

2. 简述题

(1) 麻花钻的组成及各部分的作用?

（2）用标准麻花钻钻孔，为什么精度低且表面粗糙度低？

（3）钻削、铰削与镗削加工的工艺特点有哪些？

（4）镗孔与钻、扩、铰孔相比有何特点？

（5）钻床与镗床有哪些类型？试说明各自的功用。

（6）镗床镗孔与车床镗孔有何不同？各适用于什么场合？

（7）试分析钻削与镗削的主运动与进给运动。

（8）常见的孔加工刀具有哪些？各适用于什么情况？

7.5.2　技能链接习题

根据图 7-48 所示零件的要求，制作限位块。

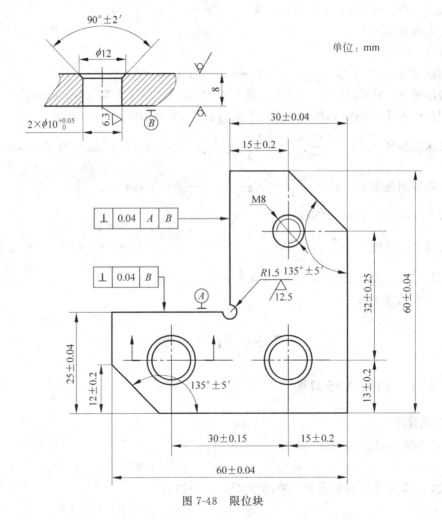

图 7-48　限位块

工序内容安排如下。

1. 备料

锯削 8mm×61mm×61mm 扁钢 1 件。

2. 锉削

锉外形(60±0.04)mm×(60±0.04)mm,保证垂直度公差为 0.04mm,平行度公差为 0.04mm。

3. 划线

划出所有加工线条。

4. 钻孔

钻 2×ϕ10mm 通孔、M8 底孔和 ϕ3mm 工艺孔。

(1)中心钻定位。

(2)用 ϕ9mm 钻头打两通孔。

(3)两孔口 90°倒角。

(4)用 ϕ10mm 钻头扩孔。

(5)用 ϕ6.7mm 钻头钻 M8 底孔。

(6)用 ϕ3mm 钻头钻工艺孔。

5. 攻螺纹

攻 M8 内螺纹。

6. 锯削

锯削尺寸 35mm×30mm,留 0.5～0.8mm 的加工余量。

7. 锉削

保证外形尺寸(25±0.04)mm 和(30±0.04)mm。

8. 锯削

锯削两个 135°倒角。

9. 锉削

锉削两个 135°倒角。

常用刀具的刃磨加工

微课：车刀
刃磨.mp4

本项目的教学目的是培养学生具备独立完成常用刀具刃磨加工的能力，为将来胜任刀具加工和机械加工刀具刃磨技术工作奠定良好的基础。

本项目选用机加工过程常用刀具，根据刀具特点与使用要求，制定刀具磨削加工工艺，正确选择磨削方法，在砂轮机上进行磨削加工，最后对磨削后的刀具进检测、评价。

8.1 项目知识链接

8.1.1 刀具切削部分的组成及刀具角度

1. 刀具的类型

金属切削刀具是完成金属切削加工的重要工具。根据用途和加工方法的不同，刀具的分类方法很多，通常可分为以下几类。

（1）切刀类刀具。切刀类刀具一般根据加工方式进行分类，如车刀、铣刀、刨刀、插刀、镗刀、拉刀、滚齿刀、插齿刀以及一些专用切刀（如成型刀具、组合刀具）等。

（2）孔加工刀具。孔加工刀具一般用于在实体材料上加工出孔或对原有孔进行再加工，如麻花钻、扩孔钻、锪钻、深孔钻、铰刀、镗刀、丝锥等。

（3）螺纹刀具。螺纹刀具是指加工内、外螺纹表面用的刀具，常用的有丝锥、板牙、螺纹切头、螺纹滚压工具及螺纹车刀、螺纹梳刀等。

（4）齿轮刀具。齿轮刀具是指用于加工齿轮、链轮、花键等齿形的一类刀具，如齿轮滚刀、插齿刀、剃齿刀、花键滚刀等。

（5）磨具类。磨具类刀具是指用于表面精加工和超精加工的刀具，如砂轮、砂带、抛光轮等。

2. 刀具切削部分的组成

金属切削刀具的种类很多，结构各异，但各种刀具的切削部分具有共同的特征。外圆车刀是最基本、最典型的刀具,下面以外圆车刀为例说明刀具切削部分的组成。

车刀由切削部分和刀杆组成。刀具中起切削作用的部分称切削部分,夹持部分称为刀杆。刀具切削部分(又称刀头)由前刀面、主后刀面、副后刀面、主切削刃、副切削刃和刀尖组成,如图 8-1 所示。

(1)前刀面。刀具上切屑流过的表面称为前刀面。

(2)主后刀面。主后刀面简称后刀面,是与工件上过渡表面接触并相互作用的刀面。

(3)副后刀面。与工件已加工表面相对的刀面称为副后刀面。

(4)主切削刃。前刀面与主后刀面的交线称为主切削刃,担负着主要的切削工作。

(5)副切削刃。前刀面与副后刀面的交钱称为副切削刃,协助主切削刃切除多余的金属,形成已加工表面。

(6)刀尖。主切削刃和副切削刃交汇的一小段切削刃称为刀尖。为了改善刀尖的切削性能,常将刀尖做成修圆刀尖或倒角刀尖,如图 8-2 所示。修圆刀尖是指具有曲线切削刃的刀尖,如图 8-2(a)所示,刀尖圆弧半径用 r_{ε} 表示。倒角刀尖是指具有直线切削刃的刀尖,如图 8-2(b)所示,刀尖圆角长度用 b_{ε} 表示。

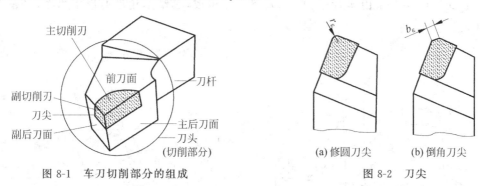

图 8-1 车刀切削部分的组成   图 8-2 刀尖

3. 刀具角度的参考平面

刀具要从工件上切除金属,必须具有一定的切削角度,这些角度确定了刀具的几何形状。为了确定和测量刀具角度,必须建立空间坐标系,引入平面坐标系。我国一般以正交平面参考坐标系(见图 8-3(a))为主,也可采用法平面参考坐标系(见图 8-3(b))和进给、切深平面参考系(见图 8-3(c))。

(1)基面 p_r。通过主切削刃上选定点,垂直于假定主运动速度方向的平面。车刀切削刃上各点的基面都平行于车刀的安装面(底面)。安装面是刀具制造、刃磨和测量用的定位基准面。

(2)切削平面 p_s。通过切削刃上选定点与切削刃相切,并垂直于基面 p_r 的平面(与过渡表面相切)。

(3)正交平面 p_o。通过切削刃上选定点,同时垂直于基面 p_r 和切削平面 p_s 的平面。

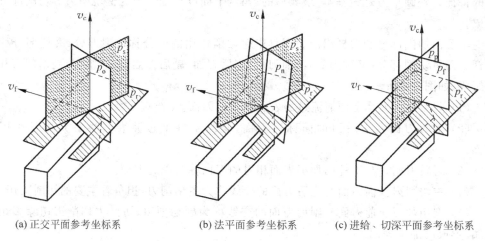

(a) 正交平面参考坐标系　　(b) 法平面参考坐标系　　(c) 进给、切深平面参考坐标系

图 8-3　刀具标注角度参考坐标系

4. 刀具的标注角度

刀具的标注角度是刀具设计图上需要标注的刀具角度,它用于刀具的制造、刃磨和测量。正交平面参考系由坐标平面 p_r、p_s 和 p_o 组成,其基本角度有以下六个,如图 8-4 所示。

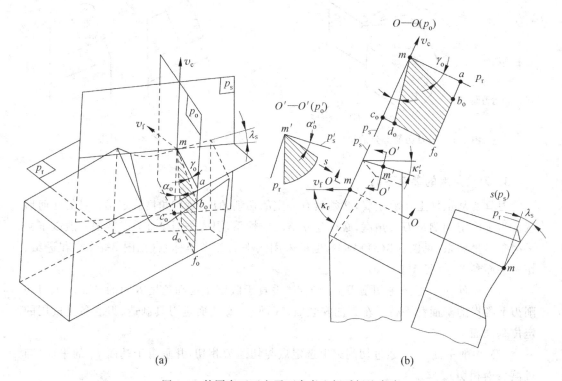

图 8-4　外圆车刀正交平面参考坐标系标注角度

车刀切削部分几何角度的定义和作用见表 8-1。

表 8-1　车刀切削部分几何角度的定义和作用

名　称		代号	定　义	作　用
主要角度	主偏角 （基面内测量）	κ_r	主切削刃在基面上的投影与进给运动方向之间的夹角。常用车刀的主偏角有 45°、60°、75°、90°等	改变主切削刃的受力及导热能力，影响切屑的厚度
	副偏角 （基面内测量）	κ_r'	副切削刃在基面上的投影与背离进给运动方向之间的夹角	减少副切削刃与工件已加工表面的摩擦，影响工件表面质量及车刀强度
	前角 （主正交平面内测量）	γ_o	前刀面与基面间的夹角。前刀面与基面平行时前角为零；前刀面在基面之下，前角为正；前刀面在基面之上，前角为负	影响刃口的锋利程度和强度，影响切削变形和切削力
	主后角 （主正交平面内测量）	α_o	主后刀面与主切削平面间的夹角。刀尖位于后刀面最前点时，后角为正；刀尖位于后刀面最后点时，后角为负	减少车刀主后刀面与工件过渡表面间的摩擦
	副后角 （副正交平面内测量）	α_o'	副后刀面与副切削平面间的夹角	减少车刀副后刀面与工件已加工表面的摩擦
	刃倾角 （主切削平面内测量）	λ_s	主切削刃与基面间的夹角	控制排屑方向。当刃倾角为负值时可增加刀头强度，并在车刀受冲击时保护刀尖
派生角度	刀尖角 （基面内测量）	ε_r	主、副切削刃在基面上的投影间的夹角	影响刀尖强度和散热性能
	楔角 （主正交平面内测量）	β_o	前刀面与后刀面间的夹角	影响刀头截面的大小，从而影响刀头的强度

在车刀切削部分的几何角度中，主偏角与副偏角没有正负值规定，但前角、后角和刃倾角都有正负值规定。车刀的前角和后角分别有正值、零度和负值三种情况。

车刀刃倾角 λ_s 有正值、零度和负值三种情况，其排屑情况、刀头受力点位置等见表 8-2。

90°外圆车刀的
刀具角度.mp4

表 8-2　车刀刃倾角 λ_s 的正负值规定及影响

项目内容	车刀倾角 λ_s		
	正　值	零　度	负　值
正负值规定	p_r A_r $\lambda_s > 0°$	A_r $\lambda_s = 0°$ p_r	A_r p_r $\lambda_s < 0°$
	刀尖位于主切削刃最高点	主切削刃和基面平行	刀尖位于主切削刃最低点

续表

项目内容	车刀倾角 λ_s		
	正　值	零　度	负　值
排屑情况	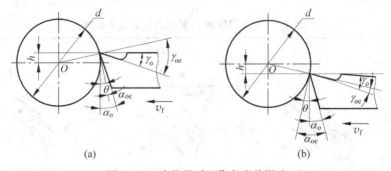 切屑流向待加工表面	切屑沿垂直主切削刃方向排出	切屑流向已加工表面
刀头受力点位置	刀尖强度较差,车削时冲击点先接触刀尖,刀尖易损坏	刀尖强度一般,车削时冲击点同时接触刀尖和切削刃	刀尖强度较高,车削时冲击点先接触远离刀尖的切削刃处,从而保护了刀尖
适用场合	精车时,应取正值, λ_s 一般为 $0° \sim 8°$	工件圆整、余量均匀的一般车削时, λ_s 应取 $0°$	断续切削时,为了增强刀头强度应取负值, λ_s 一般为 $-15° \sim -5°$

5. 刀具的工作角度

在切削过程中,因受安装位置和进给运动的影响,刀具标注角度坐标系参考平面的位置发生变动,从而造成刀具的工作角度不等于其标注角度。

1) 刀具安装位置对工作角度的影响

以车外圆为例,车刀安装应保证刀尖与机床主轴轴线同高。若刀尖高于或低于机床主轴轴线高度,则选定点的基面 p_r 和切削平面 p_s 发生了变化(见图 8-5),同时刀具的工作前角 γ_{oe} 不等于标注前角 γ_o,刀具的工作后角 α_{oe} 也不等于标注后角 α_o。

图 8-5　刀尖位置对工作角度的影响

2）进给运动对工作角度的影响

（1）当刀具作纵向进给运动时，车刀的工作前角 γ_{oe} 增大，工作后角 α_{oe} 减小，如图 8-6 所示。因此，车削导程较大的右旋外螺纹时，车刀左侧切削刃的后角应磨大些，右侧切削刃的后角应磨小些。

（2）当刀具作横向进给运动时，以切断刀为例（见图 8-7），若不考虑进给运动，车刀切削刃上选定点 A 相对于工件的运动轨迹是一个圆周，基面 p_r 是过点 A 的径向平面，切削平面 p_s 为过点 A 垂直于基面 p_r 的平面，此时的前角为 γ_o、后角为 α_o。当考虑进给运动后，切削刃上点 A 的运动轨迹是一条阿基米德螺旋线，切削平面 p_{se} 为过点 A 与阿基米德螺旋线相切的平面，而基面 p_{re} 为过点 A 垂直于切削平面 P_{se} 的平面，车刀的工作前角为 γ_{oe}，工作后角为 α_{oe}。

3）刀杆中心线不垂直于工件轴线

如图 8-8 所示，当刀杆中心线与工件轴线互不垂直时，将引起主、副偏角的 κ_r、κ'_r 数值的改变。

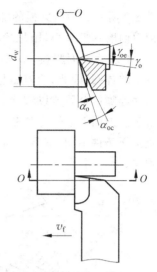

图 8-6 纵向进给运动对刀具工作角度的影响

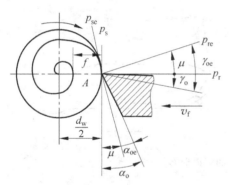

图 8-7 横向进给运动对刀具工作角度的影响

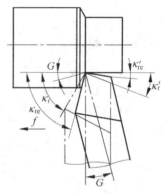

图 8-8 刀杆中心线与工件轴线互不垂直工作角度的影响

8.1.2 刀具磨损与刀具寿命

刀具切除工件余量的同时，本身也逐渐被磨损。当磨损到一定程度时，如不及时重磨、换刀或刀片转位，刀具便丧失切削能力，从而影响已加工表面的质量和生产效率。

1. 刀具磨损的形式

刀具磨损是指刀具与工件或切屑的接触面上，刀具材料的微粒被切屑或工件带走的现象，这种磨损现象称为正常磨损。若由于冲击、振动、热效应等原因使刀具崩刃、碎裂而损坏，称为非正常磨损。刀具正常磨损有以下两种形式。

（1）前刀面磨损（月牙洼磨损）。切削塑性材料时，当切削厚度较大时（$a_c > 0.5mm$），刀具前刀面承受巨大的压力和摩擦力，而且切削温度很高，使前刀面产生月牙洼磨损，如

图 8-9 所示。随着磨损的加剧,月牙洼逐渐加深加宽,当接近刃口时,会使刃口突然破损。前刀面磨损量大小,用月牙洼的宽度 KB 和深度 KT 表示。

(2) 后刀面磨损。刀具后刀面虽然有后角,但由于切削刃不是理想的锋利状态,而有一定的钝圆,因此,后刀面与工件实际上是面接触,磨损就发生在这个接触面上。在切削铸铁等脆性金属或以较低的切削速度、较小的切削厚度($a_c<0.1\text{mm}$)切削塑性金属时,由于前刀面上的压力和摩擦力不大,主要发生后刀面磨损,如图 8-9 所示。由于切削刃各点工作条件不同,其后刀面磨损区是不均匀的。C 区和 N 区磨损严重,中间 B 区磨损较均匀。

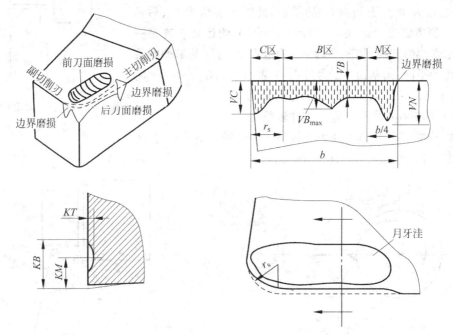

图 8-9   刀具的磨损形态

(3) 前刀面和后刀面同时磨损。前刀面和后刀面同时磨损是一种兼有上述两种情况的磨损形式。在切削塑性金属时($a_c=0.1\sim0.5\text{mm}$),经常会发生这种磨损。

2. 刀具磨损的原因

刀具磨损的原因很复杂,在高温($700\sim1200\text{℃}$)和高压(大于材料的屈服强度)下,有力、热、化学、电等方面作用,产生的磨损主要有硬质点磨损、黏结磨损、扩散磨损、化学磨损、热电偶磨损等几个方面。

3. 刀具磨损过程及磨钝标准

1) 刀具的磨损过程

在正常条件下,随着刀具切削时间的增长,刀具的磨损量将增加。通过实验得到如图 8-10 所示的刀具后刀面磨损量 VB 与切削时间的关系曲线。由图可知,刀具磨损过程可分为三个阶段。

(1) 初期磨损阶段。初期磨损阶段的特点是磨损快,时间短。一把新刃磨的刀具表

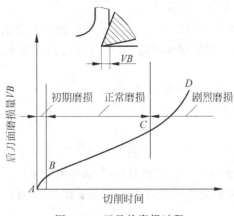

图 8-10 刀具的磨损过程

面尖峰凸出,在与切屑摩擦过程中,峰点的压强很大,造成尖峰很快被磨损,使压强趋于均衡,磨损速度开始减慢。

(2)正常磨损阶段。正常磨损阶段比初期磨损阶段磨损得慢些,经历的切削时间较长,是刀具的有效工作阶段。刀具表面峰点基本被磨平,表面的压强趋于均衡,刀具的磨损量 VB 随着时间的延长而均匀地增加。

(3)剧烈磨损阶段。当刀具磨损达到一定程度,磨损量 VB 剧增,切削刃已变钝,切削力、切削温度急剧升高,刀具很快失效,即进入剧烈磨损阶段。应在此阶段之前及时更换刀具,以合理使用刀具并保证加工质量。

2)刀具的磨钝标准

刀具磨损到一定程度后就不能继续使用,否则将影响切削力、切削温度和加工质量,这个磨损程度称为磨钝标准。

国际标准 ISO 统一规定以 1/2 背吃刀量处后刀面磨损带宽度 VB(见图 8-10)作为刀具的磨钝标准。磨钝标准的具体数值可查阅有关手册。

4. 刀具寿命及其合理选择

在实际生产中,不可能经常停机测量后刀面上的 VB 值,以确定是否达到磨钝标准,而是采用与磨钝标准相对应的切削时间,即刀具寿命来表示。刀具寿命是指刃磨后的刀具自开始切削直到磨损量达到刀具的磨钝标准所经过的净切削时间,用 T 表示,单位为 s(或 min)。刀具总寿命是指刀具从开始投入使用到报废的总切削时间。刀具寿命 T 越大,表示刀具磨损越慢。常用刀具寿命见表 8-3。

表 8-3 刀具寿命参考值

刀 具 类 型	刀具寿命/min	刀 具 类 型	刀具寿命/min
车、刨、镗刀	60	仿形车刀具	120~180
硬质合金可转位车刀	30~45	组合钻床刀具	200~300
钻头	80~120	多轴铣床刀具	400~800
硬质合金面铣刀	90~180	组合机床、自动机、自动线刀具	240~480
切齿刀具	200~300		

1) 切削用量与刀具寿命的关系

因为切削速度对切削温度影响最大,故对刀具磨损影响也最大,即对刀具寿命影响也最大。在一定切削条件下,切削速度越高,刀具寿命越低。其次是进给量,背吃刀量影响最小。

2) 刀具寿命 T 允许的切削速度 v_T 的计算

在一般条件下,刀具寿命为 T 时,所允许的切削速度 v_T 可由式(8-1)得出

$$v_T = \frac{C_v}{T^m f^x a_p^y} K_v \tag{8-1}$$

式中,x、y——刀具寿命为 T 时 a_p 与 f 对 v_T 的影响指数;C_v——刀具寿命为 T 时与工件材料、加工形式、刀具材料及进给量有关的系数;K_v——刀具寿命为 T 时其他因素对 v_T 的影响系数。

C_v、m、x、y、K_v 可查有关手册得出。

【例 8-1】 用 YT15 车刀纵车 45 钢外圆,材料的抗拉强度 $\sigma_b = 0.637\text{GPa}$,选用切削用量 $a_p = 3\text{mm}$,$f = 0.35\text{mm/r}$,使用车刀几何角度为 $\gamma_o = 10°$、$\alpha_o = 8°$、$\kappa_r = 75°$。

求:①刀具寿命 $T = 60\text{min}$ 时,v_{60} 应为多少?②刀具寿命 $T = 15\text{min}$ 时,v_{15} 应为多少?

解:按公式、查手册得出

① $v_{60} = \dfrac{C_v}{T^m f^x a_p^y} K_v = \dfrac{242}{60^{0.2} 0.35^{0.35} 3^{0.15}} \times 0.86 = 112(\text{m/min})$

② $v_{15} = \dfrac{C_v}{T^m f^x a_p^y} K_v = \dfrac{242}{15^{0.2} 0.35^{0.35} 3^{0.15}} \times 0.86 = 149(\text{m/min})$

3) 刀具寿命的合理选择

在生产中,选择刀具寿命的原则是根据优化目标确定的。一般按最大生产效率、最低成本为目标选择刀具寿命。

(1) 最大生产效率寿命。最大生产效率是指工件(或工序)加工所用时间最短。最大生产效率寿命是指以单位时间内生产数量最多的产品或加工每个零件所消耗的生产时间最少为原则确定的刀具寿命。

(2) 最低成本寿命。最低成本寿命是指以每个零件(或工序)加工费用最低为原则确定的刀具寿命。

因此,选择刀具寿命时,当需要完成紧急任务或产品供不应求以及完成限制件工序时,可采用最大生产效率寿命;而一般情况下,通常采用最低成本寿命,以利于市场竞争。

5. 工件材料的切削加工性

1) 工件材料切削加工性的概念

在一定的加工条件下,工件材料被切削加工的难易程度,称为材料的切削加工性。

一般良好的切削加工性是指:刀具寿命较长或一定寿命下的切削速度较高;在相同的切削条件下切削力较小,切削温度较低;容易获得好的表面质量;切屑形状容易控制或容易断屑。但衡量一种材料切削加工性的好坏,还要看具体的加工要求和切削条件。例如,纯铁切除余量很容易,但获得光洁的表面比较难,所以粗加工时认为其切削加工性

好,精加工时认为其切削加工性不好;不锈钢在普通机床上加工并不困难,但在自动机床上加工难以断屑,则认为其切削加工性较差。

一定刀具寿命下的切削速度 v_T 和相对加工性 K_r 是衡量材料切削加工性的常用指标。

v_T 是指当刀具寿命为 T 时,切削某种材料所允许的最大切削速度。v_T 越高,表示材料的切削加工性越好。通常取 $T=60\text{min}$,则 v_T 写作 v_{60}。在判别材料的切削加工性时,一般以正火状态 45 钢的 v_T 为基准,写作 $(v_{60})_j$,而把其他各种材料的 v_{60} 同它相比,其比值 K_r 称为相对加工性,即

$$K_r = \frac{v_{60}}{(v_{60})_j}$$

常用工件材料的相对加工性可分为 8 级,见表 8-4。凡 $K_r>1$ 的材料,其加工性比 45 钢好;$K_r<1$ 的材料,其加工性比 45 钢差。K_r 也反映了不同的工件材料对刀具磨损和刀具寿命的影响。

表 8-4 工件材料的相对加工性等级

加工性等级	名称及种类		相对加工性	代表性材料
1	很容易切削材料	一般有色金属	>3.0	ZCuSn5Pb5Zn5、YZAlSi9Cu4 铝铜合金、铝镁合金
2	容易切削材料	易切削钢	$2.5\sim3.0$	退火 15Cr,$\sigma_b=0.373\sim0.441\text{GPa}$;自动机床用钢,$\sigma_b=0.392\sim0.490\text{GPa}$
3		较易切削钢	$1.6\sim2.5$	正火 30 钢,$\sigma_b=0.441\sim0.549\text{GPa}$
4	普通材料	一般钢及铸铁	$1.0\sim1.6$	45 钢、灰铸铁、结构钢
5		稍难切削材料	$0.65\sim1.0$	2Cr13 调质,$\sigma_b=0.8288\text{GPa}$;85 钢轧制,$\sigma_b=0.8829\text{GPa}$
6	难切削材料	较难切削材料	$0.5\sim0.65$	45Cr 调质,$\sigma_b=1.03\text{GPa}$;60Mn 调质,$\sigma_b=0.9319\sim0.981\text{GPa}$
7		难切削材料	$0.15\sim0.5$	50CrV 调质、1Cr18Ni9Ti 未淬火、α 型钛合金
8		很难切削材料	<0.15	β 型钛合金、镍基高温合金

2) 改善工件材料切削加工性的途径

工件材料的切削加工性对生产率和表面质量有很大的影响,因此在满足零件使用要求的前提下,尽量选用加工性较好的材料。在实际生产中,还可采取以下一些措施改善材料的切削加工性。

(1) 调整工件材料的化学成分。因为材料的化学成分直接影响其力学性能,如普通碳素结构钢,随着碳质量分数的增加,其强度和硬度一般都会提高,而塑性和韧性会降低,故高碳钢强度和硬度较高,切削加工性较差;低碳钢塑性和韧性较高,切削加工性也较差;中碳钢的强度、硬度、塑性和韧性都居于高碳钢和低碳钢之间,故切削加工性较好。

(2) 进行适当的热处理。化学成分相同的材料,当其金相组织不同时,力学性能也不一样,其切削加工性就不同。因此,通过对不同材料进行不同的热处理,是改善材料切削

加工性的另一重要途径。例如,对高碳钢进行球化退火处理可降低硬度;对低碳钢进行正火处理可降低塑性,提高硬度,使切削加工性得到改善。

另外,还可通过改善切削条件改善材料的切削加工性,如选择合适的刀具材料,确定合理的刀具角度和切削用量,制定适当的工艺过程等。

6. 刀具几何参数的选择

当刀具材料和结构确定之后,刀具切削部分的几何参数就对切削性能有十分重要的影响。例如,切削力的大小、切削温度的高低、切屑的连续与碎断、加工质量的好坏以及刀具寿命、生产效率、生产成本的高低等都与刀具几何参数有关。因此,刀具几何参数的合理选择是提高金属切削效益的重要措施之一。

合理的刀具几何参数在保证加工质量和刀具寿命的前提下,能够满足较高的生产效率和较低的加工成本。刀具参数对刀具切削性能的影响,既有有利方面,也有不利方面,如选用大的前角可以减小切屑变形和切削力,但前角增大同时也会使刀具楔角减小,散热变差,刃口强度削弱。因此,应根据具体情况选取合理值。

1) 前角的功用及选择

(1) 前角 γ_o 的功用。前角是切削刀具上的重要几何角度之一,它的大小直接影响切削力、切削温度和切削功率,影响刃区和刀头的强度与导热面积,从而影响刀具寿命和切削加工生产效率。

(2) 前角 γ_o 的选择。合理的前角主要取决于工件材料和刀具材料的性质和种类以及加工要求等,可查表找到硬质合金车刀合理前角的参考值。前角 γ_o 的选择原则如下。

刀具前角的功用
与合理选择.mp4

① 加工塑性材料时,为减小切削变形,降低切削力和切削温度,刀具合理前角值要大些。加工脆性材料时,由于产生崩碎切屑,切削力集中在切削刃附近,前角 γ_o 对切削变形影响不大,同时为了防止崩刃,应选择较小的前角 γ_o。当工件材料的强度、硬度较大时,为保证刀尖的强度,前角应选得小些。

② 刀具材料的抗弯强度和抗冲击韧度较大时,应选用较大的前角 γ_o。如高速钢刀具比硬质合金刀具允许选用更大的前角(γ_o 约可增大 $5° \sim 10°$)。

③ 粗加工时切削力大,特别是断续切削有较大的冲击力时,为保证切削刀具有足够的强度,应适当减小前角 γ_o;精加工时切削力小,要求刃口锋利,前角应选大些。

④ 工艺系统刚性差和机床功率不足时,应选取较大的前角 γ_o。自动机床或自动线用刀具,应主要考虑刀具的尺寸寿命及工件的稳定性,故选用较小的前角。

(3) 前刀面形式的选择。常见的前刀面形式如图 8-11 所示。

① 正前角平面型(见图 8-11(a))。这是前刀面的基本形式,其特点是结构简单,切削刃锋利,但刀尖强度低,卷屑能力及散热能力均较差,常用于精加工和切削脆性材料。

② 正前角平面带倒棱型(见图 8-11(b))。这种形式是在正前角平面型基础上沿切削刃磨出很窄的棱边(负倒棱)而形成的。它增强了切削刃强度,常用于脆性大刀具材料,如陶瓷刀具、硬质合金刀具,尤其适用于在断续切削时使用。负倒棱宽度要选择适当,否则会变成负前角切削。负倒棱宽度 $b_{r1} = (0.3 \sim 0.8)f$,粗加工取大值,精加工时取小值;负

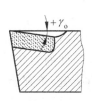 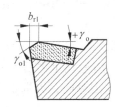 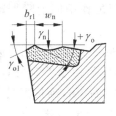

(a) 正前角平面型　　(b) 正前角平面带倒棱型　　(c) 正前角曲面带倒棱型　　(d) 负前角单平面型　　(e) 负前角双平面型

图 8-11　前刀面的形式

倒棱前角 $\gamma_{o1}=-10°\sim-5°$。

③ 正前角曲面带倒棱型(见图 8-11(c))。这种前刀面是在正前角平面倒棱型的基础上磨出一定曲面形成的。它增大了前角 γ_o,并能起卷屑作用,主要用于粗加工和半精加工塑性材料。

④ 负前角单平面型(见图 8-11(d))。用硬质合金刀具切削高强度、高硬度材料时,为使刀具能承受较大的切削力,常采用此种形式的前刀面,其最大特点是抗冲击力强。

⑤ 负前角双平面型(见图 8-11(e))。当刀具前刀面有磨损时,为了减小前刀面刃磨面积、充分利用刀片材料,可采用负前角双平面型。

2) 后角 α_o 的功用及选择

刀具主后角的功用与合理选择.mp4　　　　刀具副后角的功用与合理选择.mp4

(1) 后角 α_o 的功用。增大后角 α_o,可减小刀具后刀面与已加工表面的摩擦,减小刀具磨损,还可使切削刃钝圆半径减小,刀尖锋利,提高工件表面质量。但后角 α_o 太大,会使刀楔角显著减小,削弱切削刃的强度,使散热条件变差,降低刀具寿命。

(2) 后角 α_o 的选择。

① 工件的强度、硬度较高时,为增加切削刃的强度,应选择较小的后角 α_o。工件材料的塑性、韧性较大时,为减小刀具后刀面的摩擦,可取较大的后角 α_o。

② 粗加工或断续加工时,为了强化切削刃,应选择小的后角 α_o;精加工或连续切削时,刀具的磨损主要发生在后刀面,应选择较大的后角 α_o。

③ 当工艺系统刚性较差、容易出现振动时,应适当减小后角 α_o。

④ 有尺寸要求的刀具,为保证重磨后尺寸基本不变,后角 α_o 应选小一些。

⑤ 前角大的刀具,为了使刀具有一定的强度,应选择小的后角 α_o。

为了使制造、刃磨方便,一般副后角等于主后角。

(3) 后刀面形式的选择。

① 双重后角(见图 8-12(a))。保证刃口强度,减少刃磨后刀面的工作量。

② 消振棱(见图 8-12(b))。在后刀面上刃磨出一条有负后角的倒棱,增加了后刀面

与过渡表面之间的接触面积,其阻尼作用能消除振动。$b_{\alpha 1}=0.1\sim0.3$mm,$\alpha_{o1}=-5°\sim-20°$。

③ 刃带(见图 8-12(c))。刃带是在后刀面上刃磨出的后角为 0°的小棱边,用于一些定尺寸刀具(如钻头、铰刀等),目的是便于控制刀具尺寸,避免重磨后尺寸精度的变化。刃带可对刀具起稳定、导向和消振的作用,延长刀具的使用时间。刃带不宜太宽,否则会增大摩擦力的作用,宽度 $b_{\alpha}=0.02\sim0.03$mm。

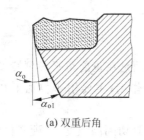 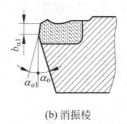 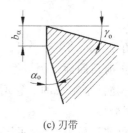

(a) 双重后角　　　　　　(b) 消振棱　　　　　　(c) 刃带

图 8-12　后刀面的形式

3) 主、副偏角的功用及选择

刀具主偏角的功用与合理选择.mp4　　　　　　刀具副偏角的功用与合理选择.mp4

(1) 主偏角 κ_r 的功用。

① 主偏角 κ_r 减小时,刀尖角增大,使刀尖强度提高,散热体积增大,刀具寿命提高。

② 主偏角 κ_r 减小时,切削宽度 a_w 增大,切削厚度 a_c 减小,切削刃工作长度增大,单位切削刃负荷减小,有利于提高刀具寿命。

③ 主偏角 κ_r 减小时,背向力 F_p 增大,易引起振动,使工件弯曲变形,降低加工精度。

④ 减小主偏角 κ_r,可降低残留面积的高度,提高工件表面质量。

(2) 主偏角 κ_r 的选择。

① 粗加工时,因为其切削力大、振动大,对于抗冲击性差的刀具材料(如硬质合金),应选择大的主偏角 κ_r,以减小振动。

② 工艺系统的刚性较好时,主偏角 κ_r 应选较小值。

③ 加工强度大、硬度高的材料时,为减小切削刃上的单位负荷、改善切削刃区的散热条件,应选择小一些的主偏角 κ_r。

④ 主偏角的选择还要考虑工件形状和加工条件,如车削细长轴时,可取 $\kappa_r=90°$。

(3) 副偏角 κ_r' 的选择原则及参考值。主要根据工件已加工表面的粗糙度要求和刀具强度进行选择,在不引起振动的前提下尽量取小值。粗加工时,取 $\kappa_r'=10°\sim15°$;精加工时,取 $\kappa_r'=5°\sim10°$。当工艺系统刚度差或从工件中间切入时,可取 $\kappa_r'=30°\sim45°$。

刀具刃倾角的功用
与合理选择.mp4

4）刃倾角 λ_s 的功用及选择

（1）刃倾角 λ_s 的功用。

① 影响切屑的流出方向。

② 影响切削刃切入时的接触位置。

③ 影响切削刃的锋利程度。当正的刃倾角值增大时，可使刀具的实际前角增大，刃口实际钝圆半径减小，增大切削刃的锋利性。

④ 影响切削刃的工作长度。当 a_p 不变时，刃倾角的绝对值越大，切削刃工作长度越长，单位切削长度上的负荷越小，刀具寿命越高。

（2）刃倾角 λ_s 的选择原则。

① 加工一般钢料和灰铸铁，粗车时 λ_s 取 $-5°\sim 0°$；精车时 λ_s 取 $0°\sim +5°$；有冲击载荷时，λ_s 取 $-15°\sim -5°$。

② 加工高强度钢、淬硬钢或强力切削时，为提高刀头强度，λ_s 取 $-30°\sim -10°$。

③ 工艺系统刚性不足时，尽量不用负刃倾角，以避免背向力的增加。

④ 微量切削时，为增加切削刃的锋利程度和切薄能力，方法之一是采用大刃倾角刀具，$\lambda_s = 45°\sim 75°$。

8.1.3 砂轮机操作与维护

M3035 型立式砂轮机是用来刃磨各种刀具、工具的常用设备。主要由基座、砂轮、电动机或其他动力源、托架、防护罩和给水器等组成（见图 8-13）。

1. 安装及要求

1）砂轮机的安装要求

（1）安装必须牢固可靠，紧固螺钉不得松动或损坏。

（2）外壳必须安装可靠接地线。

（3）防护罩安装齐全可靠。

2）砂轮的检查

（1）砂轮标记检查。砂轮没有标记或标记不清，无法核对、确认砂轮特性的砂轮都不可使用。

（2）砂轮缺陷检查。检查方法是目测和音响检查，有缺陷不得使用。

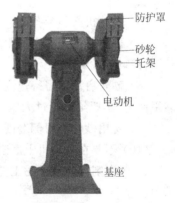

图 8-13 M3035 型立式砂轮机

① 目测检查是直接用肉眼或借助其他器具察看砂轮表面是否有裂纹或破损等缺陷。

② 音响检查也称敲击试验，主要针对砂轮的内部缺陷，检查方法是用小木锤敲击砂轮。正常的砂轮声音清脆，声音沉闷、嘶哑，说明存在问题。

（3）砂轮的回转强度检验。对同种型号一批砂轮应进行回转强度抽验，未经强度检验的砂轮批次严禁安装使用。

3）砂轮的安装要求

（1）核对砂轮的特性是否符合使用要求，砂轮与主轴尺寸是否相匹配。

（2）将砂轮自由地装配到砂轮主轴上，不可用力挤压。砂轮内径与主轴和卡盘的配合间隙适当,避免过大或过小。配合面清洁,没有杂物。

(3)砂轮的卡盘应左右对称,压紧面径向宽度应相等。压紧面平直,与砂轮侧面接触充分,装夹稳固,防止砂轮两侧面因受不平衡力作用而变形甚至碎裂。

(4)卡盘与砂轮端面之间应夹垫一定厚度的柔性材料衬垫(如石棉橡胶板、弹性厚纸板或皮革等),使卡盘夹紧力均匀分布。

(5)紧固砂轮的松紧程度应以压紧到足以带动砂轮不产生滑动为宜,不宜过紧。当用多个螺栓紧固大卡盘时,应按对角线成对顺序逐步均匀旋紧,禁止沿圆周方向顺序紧固螺栓,或一次把某一螺栓拧紧。紧固砂轮卡盘只能用标准扳手,禁止用接长扳手或敲打等办法加大拧紧力。

2. 砂轮机操作步骤

(1)新装砂轮必须先试运转 3～5min,转动方向正确,磨屑应向下飞出,然后检查砂轮及轴承等转动是否平稳,有无振动与其他不良现象。

(2)应定期检查砂轮有无裂纹,螺纹两端是否锁紧。

(3)安装砂轮时,砂轮的内孔与主轴配合的间隙不宜太紧,应按松动配合的技术要求,一般控制范围是 0.05～0.10mm。

(4)砂轮法兰盘必须大小一致,其直径不准小于砂轮直径的 1/3,砂轮与夹板之间必须有柔性垫片。

(5)拧紧螺帽时,要用专用的扳手,不能拧得太紧,严禁用硬的东西锤敲,防止砂轮受击碎裂。

(6)砂轮机必须配备防护罩,不允许随便取下。

(7)砂轮与搁架之间的距离不应过大,一般隙缝应小于 3mm,防止刃磨时磨件带入缝隙,挤碎砂轮。

(8)砂轮启动后需待速度稳定后方可磨削,操作者应站在侧面,不能站在砂轮片的旋转平面上,不要给砂轮过大压力,以免万一砂轮碎裂伤人。

(9)勿用砂轮的两侧磨削工件,禁止两人同时使用一块砂轮进行磨削。

(10)不要在砂轮机上磨削又重又大的工件,不得用过大的力量压紧砂轮进行磨削。

(11)磨削时间较长的工件,应及时进行冷却,防止烫手,禁止用棉纱等裹住工件进行磨削。

(12)手指不可贴触砂轮,防止磨掉手指或伤人。

(13)砂轮机连续工作时间最好不要超过 10min,以免过载烧坏电动机。

(14)砂轮机不应磨紫铜、铅木料、石头、砖、瓦等物,以防砂轮嵌塞。

(15)经常修整砂轮表面的平整度,保持良好的状态。

(16)砂轮磨削损耗到规定尺寸时要立即更换,否则禁止使用。

(17)操作砂轮不许戴手套,但要佩戴防护眼镜和防尘口罩。

(18)检查、维护、调整间隙时必须停机操作。

(19)砂轮机必须有良好的照明装置,禁止在阴暗狭小的操作环境中工作。

(20)使用完毕,及时关闭电源。

3. 砂轮机的维护和保养

（1）砂轮机在使用前必须用 500V 以上的兆欧表测量其绝缘电阻，其值不小于 $2\text{M}\Omega$。

（2）砂轮机在使用前，应先用手转动轴承，观察是否灵活轻快，细听无碰擦声。

（3）轴承的润滑脂每半年更换一次，砂轮机每年检修一次。检修时应将砂轮机全部拆开，清除内部积尘和油污，清洗轴承，更换润滑脂，检修完毕，检查运转情况，轴承有无阻滞现象，线圈有无短路，最后进行空载运转约 30min。

8.1.4　砂轮

刀具刃磨加工是用砂轮对工件进行切削加工。砂轮是一种特殊工具，其上的每个颗粒相当于一个刀齿，整块砂轮就相当于一把刀齿极多的铣刀，其磨粒的分布情况如图 8-14 所示。

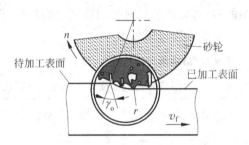

图 8-14　磨粒分布放大示意图

1. 砂轮的特性要素与选择

砂轮是用各种类型的结合剂把磨料粘合起来，经压坯、干燥、焙烧及车整而成的磨削工具。砂轮由磨料、结合剂及气孔三要素组成。它的性能主要由磨料、粒度、结合剂、硬度和组织五个方面的因素决定。

1）磨料

普通砂轮所用的磨料主要有刚玉类和碳化硅类，按照其纯度和添加的元素不同，每一类又可分为不同的品种。常用磨料的名称、代号、主要性能及适用磨削范围见表 8-5。

表 8-5　常用磨料的名称、代号、主要性能及适用磨削范围

材料名称		代号	主要成分（质量分数）	颜色	力学性能	热稳定性	适用磨削范围
刚玉类	棕刚玉	A	Al_2O_2（95%）TiO_2（$2\%\sim3\%$）	褐色	韧性好 硬度大	2100℃熔融	碳钢、合金钢、铸铁
	白刚玉	WA	Al_2O_3（$>99\%$）	白色			淬火钢、高速钢
碳化硅类	黑碳化硅	C	SiC（$>95\%$）	黑色		$>1500\text{℃}$氧化	铸铁、黄铜、非金属材料
	绿碳化硅	GC	SiC（$>99\%$）	绿色			硬质合金等
高硬磨料类	氮化硼	CBN	立方氮化硼	黑色	高硬度	$<1300\text{℃}$稳定	硬质合金、高速钢
	人造金刚石	D	碳结晶体	乳白色	高强度	$>700\text{℃}$石墨化	硬质合金、宝石

2）粒度

粒度是指砂轮中磨粒尺寸的大小。粒度有两种表示方法，对于用机械筛分法来区分的较大磨粒，以其通过筛网上每英寸长度上的孔数来表示粒度，粒度号为 4～240，共 27 个号，粒度号越大，颗粒尺寸越小；对于用显微镜测量来确定粒度号的微细磨粒（又称微粉），以实测到的最大尺寸，并在前面冠以字母"W"来表示，粒度号为 W63～W0.5，共 14 个号，如 W7，即表示此种微粉的最大尺寸为 $7～5\mu m$，粒度号越小，则微粉的颗粒越细。

磨粒粒度选择的原则如下。

（1）粗磨时，应选用磨粒粒度号较小或颗粒较粗大的砂轮，以提高生产效率。

（2）精磨时，应选用磨粒粒度号较大或颗粒较细小的砂轮，以获得较细的表面粗糙度。

（3）砂轮速度较高时，或砂轮与工件接触面积较大时，应选用颗粒较粗大的砂轮，以减少同时参加切削的磨粒数，避免因发热过多而引起工件表面烧伤。

（4）磨削软且韧的金属时，用颗粒较粗大的砂轮，以免砂轮过早堵塞；磨削硬且脆的金属时，选用颗粒较细小的砂轮，以增加同时参加磨削的磨粒数，提高生产效率。

磨料常用的粒度号、尺寸及应用范围见表 8-6。

表 8-6　磨料常用的粒度号、尺寸及应用范围

类别	粒度	颗粒尺寸/μm	应用范围	类别	粒度	颗粒尺寸/μm	应用范围
磨粒	12～36	2000～1600 500～400	荒磨、打毛刺	微粉	W40～W28	40～28 28～20	珩磨、研磨
	46～80	400～315 200～160	粗磨、半精磨、精磨		W20～W14	20～14 14～20	研磨、超精磨削
	100～280	160～125 50～40	精磨、珩磨		W10～W5	10～7 5～3.5	研磨、超精加工、镜面磨削

3）结合剂

砂轮结合剂的作用是将磨粒黏合起来，使砂轮具有一定的强度、硬度和耐腐蚀、耐潮湿等性能。常用结合剂的名称、代号、性能及适用范围见表 8-7。

表 8-7　常用结合剂的名称、代号、性能及适用范围

结合剂	代号	性　　能	适　用　范　围
陶瓷	V	耐热、耐腐蚀，气孔率大，易保持廓形，弹性差	最常用，适用于各类磨削加工
树脂	B	强度较 V 高，弹性好，耐热性差	适用于高速磨削、切断、开槽等
橡胶	R	强度较 B 高，更富有弹性，气孔率小，耐热性差	适用于切断、开槽
青铜	J	强度最高，导电性好，磨耗少，自锐性差	适用于金刚石砂轮

4）硬度

砂轮的硬度是指磨粒在外力作用下从其表面脱落的难易程度，也反映磨粒与结合剂的黏固程度。砂轮硬表示磨粒难以脱落，砂轮软则与之相反，砂轮的硬度主要由结合剂的粘接强度决定，而与磨粒的硬度无关。一般来说，砂轮组织疏松时，结合剂含量少，砂轮硬度低，此外，树脂结合剂的砂轮硬度比陶瓷结合剂的砂轮低些。砂轮的硬度等级及代号见表 8-8。

表 8-8 砂轮的硬度等级及代号

大级名称	超软		软			中软		中		中硬			硬		超硬
小级名称	超软		软1	软2	软3	中软1	中软2	中1	中2	中硬1	中硬2	中硬3	硬1	硬2	超硬
代号	D	E	F	G	H	J	K	L	M	N	P	Q	R	S	T	Y

砂轮硬度选用一般原则是:工件材料越硬,应选用越软的砂轮。因为硬材料易使磨粒磨损,需用较软的砂轮以使磨钝的磨粒及时脱落。工件材料越软,砂轮的硬度应越硬,以使磨粒脱落慢些,发挥其磨削作用。但在磨削铜、铝、橡胶、树脂等软材料时,要用较软的砂轮,以便使堵塞处的磨粒较易脱落,露出锋锐的新磨粒。

磨削过程中砂轮与工件的接触面积较大时,磨粒较易磨损,应选用较软的砂轮。磨削薄壁工件及导热性差的工件时,应选较软的砂轮。

半精磨与粗磨相比,需用较软的砂轮;但精磨和成型磨削时,为了较长时间保持砂轮的轮廓,需用较硬的砂轮。

机械加工常用的砂轮硬度等级一般为 H～N(软2～中2)。

5)组织

砂轮的组织是指磨粒、结合剂和气孔三者体积的比例关系,用来表示结构紧密和疏松的程度。砂轮的组织用组织号表示,砂轮的组织号及适用范围见表 8-9。表中的磨粒率即磨粒在磨具中占有的体积分数。

表 8-9 砂轮的组织号及适用范围

组织号	0	1	2	3	4	5	6	7	8	9	10	11	12	13	14
磨粒率/%	62	60	58	56	54	52	50	48	46	44	42	40	38	36	34
疏密程度	紧密			中等			疏松					大气孔			
适用范围	重负载、成型、精密磨削,加工脆硬材料			外圆、内圆、无心磨及工具磨、淬硬工件及刀具刃磨等			粗磨及磨削韧性大、硬度低的工作,适合磨削薄壁、细长工件,或砂轮与工件接触面大及平面磨削等					有色金属及塑料、橡胶等非金属及热敏合金			

2. 砂轮的形状及代号

为了适应在不同类型的磨床上磨削各种形状工件的需要,砂轮有许多形状和尺寸。常见的砂轮形状、代号及用途见表 8-10。

表 8-10 常见的砂轮形状、代号及用途

砂轮名称	代号	简 图	主 要 用 途
平行砂轮	1		外圆磨、内圆磨、平面磨、无心磨、工具
薄片砂轮	41		切断及切槽

续表

砂轮名称	代号	简 图	主 要 用 途
筒形砂轮	2		端磨平面
碗形砂轮	11		刃磨刀具、磨导轨
蝶形1号砂轮	12a		磨铣刀、铰刀、拉刀、磨齿轮
双斜边砂轮	4		磨齿轮及螺纹
杯形砂轮	6		磨平面、内圆、刃磨刀具

砂轮的标记印在砂轮的端面上，其顺序是：形状代号、尺寸、磨料代号、粒度号、硬度代号、组织号、结合剂代号、最高工作线速度。例如：外径 300mm，厚度 50mm，孔径 75mm，棕刚玉磨料，粒度号 60，硬度代号 L，5 号组织，陶瓷结合剂，最高工作线速度为 35m/s 的平形砂轮，其标记为

砂轮 1：300×50×75—A60L5V—35m/s　GB/T 2485—2008

3. 砂轮的检查、安装、平衡与修整

（1）砂轮在安装前应先进行外观检查，再敲击听其响声，判断砂轮是否有裂纹，以防止高速旋转时砂轮破裂。

（2）砂轮的安装。砂轮由于形状、尺寸不同而有不同的安装方法。当砂轮直接装在主轴上时，砂轮内孔与砂轮轴的配合间隙要合适，一般配合间隙为 0.1～0.8mm。砂轮用法兰盘与螺母紧固，在砂轮与法兰盘之间需垫 0.3～3mm 厚的皮革或耐油橡胶制垫片，如图 8-15 所示。

（3）砂轮的平衡。为使砂轮工作时平稳，不发生振动，一般直径在 125mm 以上的砂轮都要进行静平衡调整（见图 8-16）。静平衡调整的方法是：将砂轮装在心轴上，再放在平衡架导轨上，轻轻转动砂轮，如果不平衡，较重的部分总是转到下面，此时可移动法兰盘端面环形槽内的平衡块，反复进行平衡调整，直到砂轮在导轨上的任意位置都能静止为止。

（4）砂轮的修整。砂轮工作一段时间后，磨粒逐渐

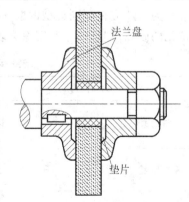

图 8-15　砂轮的安装

磨钝,表面孔隙堵塞,几何形状失准,使磨削质量和生产效率下降,此时需对砂轮进行修整。修整时,金刚石笔的位置如图 8-17 所示,即与水平面呈 5°～15°倾斜,与垂直面呈 20°～30°倾斜,金刚石笔尖低于砂轮中心 1～2mm。

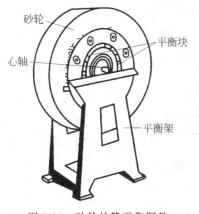

图 8-16 砂轮的静平衡调整

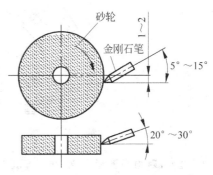

图 8-17 砂轮的修整

8.2 拓展知识链接:刀具角度测量

刀具材料及其选用.pdf

刀具角度测量多用万能角度尺(又称角度规)。它是利用活动直尺测量面相对于基尺测量面的旋转,对该两测量面间分隔的角度进行读数的角度测量器具。适用于机械加工中的内、外角度测量,可测 0°～320°外角及 40°～130°内角。万能角度尺的读数机构是根据游标原理制成的。主尺刻线每格为 1°。游标的刻线是取主尺的 29°等分为 30 格,因此游标刻线角格为 29°/30,即主尺与游标一格的差值为 2′,即万能角度尺读数准确度为 2′。其读数方法与游标卡尺完全相同。

1. 万能角度尺的结构

如图 8-18 所示,万能角度尺由主尺、直角尺、游标、基尺、制动头、扇形板、直尺、卡块组成。

2. 万能角度尺的使用方法

测量时,放松制动器上的螺帽,移动主尺座作粗调整,再转动游标背后的手把作精细调整,直到使角度规的两测量面与被测工件的工作面密切接触为止,然后拧紧制动器上的螺帽加以固定,即可进行读数。

注意:当测量被测工件内角时,应用 360°减去角度规上的读数值;如在角度上读数

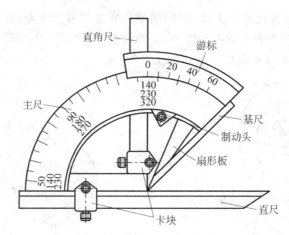

图 8-18　万能角度尺的结构

为 306°24′,则内角测量值为 360°−306°24′=53°36′。

(1) 测量 0°~50°的角度。图 8-19 所示为直角尺和直尺全都装上,产品的被测部位放在基尺和直尺的测量面之间进行测量。

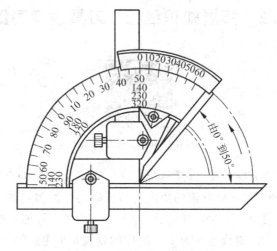

图 8-19　测量 0°~50°的角度

(2) 测量 50°~140°的角度。图 8-20 所示为把直角尺卸掉,把直尺装上去,使它与扇形板连在一起。工件的被测部位放在基尺和直角尺的测量面之间进行测量。

(3) 测量 140°~230°的角度。图 8-21 所示为把直尺和卡块卸掉,只装直角尺,但要把直角尺推上去,直到直角尺短边与长边的交点和基尺的尖端对齐为止。把工件的被测部位放在基尺和直角尺短边的测量面之间进行测量。

(4) 测量 230°~320°的角度。图 8-22 所示为把直角尺、直尺和卡块全部卸掉,只留下扇形板和主尺(带基尺)。把产品的被测部位放在基尺和扇形板测量面之间进行测量。

3. 万能角度尺的读数

分度值的由来:设主尺一小格度数为 X,游标尺一小格读数为 Y,则

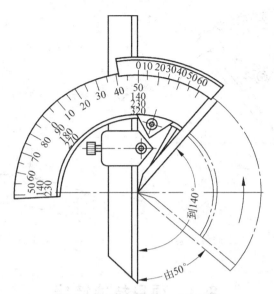

图 8-20　测量 50°～140°的角度

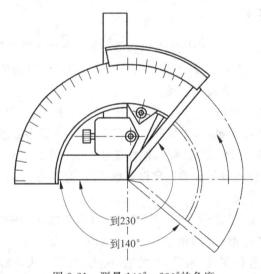

图 8-21　测量 140°～230°的角度

$$29 \times X = 30 \times Y, \quad Y = 29 \times X \div 30$$

主尺每小格角度为 1°(60′)，当量爪合并时，游标上的 30 格刚好等于主尺上的 29 格，则游标每格角度 =(29×60′)÷30=58′，主尺每格间距与游标每格间距相差 =60′−58′= 2′，2′ 即为此种游标卡尺的最小读数值。

度：看游标零线左边对应主尺上最靠近一条刻线的数值，读出被测角"度"的整数部分。

分：从游标尺上读出"分"的数值。看游标上哪条刻线与主尺相应刻线对齐，可以从游标上直接读出 被测角"度"的小数部分，即"分"的数值，如图 8-23 所示。

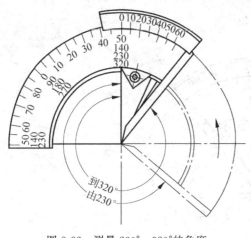

图 8-22　测量 230°～320°的角度

图 8-23　角度读数：9°16′

8.3　项目技能链接

8.3.1　岗位职责

（1）坚守生产岗位，自觉遵守劳动纪律，按下达的任务加工零部件，保质保量完成任务。

（2）按设计图样、工艺文件、技术标准进行生产，加工前明确任务，做好刀具、夹具准备工作，在加工过程中进行自检和互检。

（3）贯彻执行工艺规程（产品零件工艺路线、专业工种工艺、典型工艺过程等）。

（4）严格遵守安全操作规程，严禁戴手套作业，排除一切事故隐患，确保安全生产。

（5）维护保养设备、工装、量具，使其保持良好。执行班组管理标准，下班前擦净设备的铁屑、灰尘、油污，按设备维护保养规定做好维护保养，将毛坯、零件、工件器具摆放整齐并填写设备使用记录。

（6）根据指导教师检查的结果，及时调整相应的工艺参数，使产品的质量符合工艺要求。

（7）执行能源管理标准，节约用电、水、气，及时、准确做好生产过程中的各种记录。严格执行领用料制度，爱护工具、量具，节约用电、用油、用纱头，搞好工作场地环境卫生，各种零部件存放整齐。

（8）对所生产的产品质量负责，对所操作设备的运行状况及维护负责，对所使用的工具负责。

（9）努力学习技术，掌握设备结构、原理、性能和操作规程，提高加工质量。

8.3.2　安全操作规范

1. 砂轮机安全操作规范

（1）轮机安全护罩必须坚固、完好。

（2）砂轮直径比内孔直径只大 20mm 时，应更换砂轮。

（3）安装砂轮时，孔、轴的配合，螺母的配紧必须适度，安装完成后，应对安装质量进行细致检查和空转试验，确认安全可靠后，才准使用。

（4）磨刀具的专用砂轮，不得磨其他工件。

（5）磨削作业时，操作者应站在砂轮机侧面进行。

（6）磨削作业时，尽量不使用砂轮的侧面，以免发生事故。

（7）利用把架时，应在断电情况下先将把架安装好，再启动砂轮机作业。

（8）每次使用砂轮前，应先检查砂轮与护罩间有无异物，再空转检查，确认砂轮及砂轮机无杂音、跳动等异常情况后，才能进行磨削作业。

（9）发现砂轮不正常或缺陷时，必须停止使用，立即进行修理。

（10）磨削作业前，应戴好防护眼镜。

（11）在砂轮上磨短小工件时，必须注意手指，最好用钳子夹紧工件磨削。

（12）凡笨重工件，不得在固定砂轮机上磨削。

（13）工件磨削方向应与砂轮转向一致。

（14）工件磨削位置不应低于砂轮中心线，以确保安全。

（15）工件接近砂轮不可太快，磨削作业时，用力不可太大，以免砂轮破裂，发生事故。

（16）磨削过程中，应根据工件材质，使用冷却液或采取冷却措施。

（17）作业完毕，应关闭砂轮机，切断电源。

（18）严禁不熟悉砂轮机性能和操作规程者使用砂轮机。

2. 磨刀安全操作规范

（1）刃磨刀具前，应首先检查砂轮有无裂纹，砂轮轴螺母是否拧紧，并经试转后使用，以免砂轮碎裂或飞出伤人。

（2）刃磨刀具不能用力过大，否则会使手打滑而触及砂轮面，造成工伤事故。

（3）磨刀时应戴防护眼镜，以免砂砾和铁屑飞入眼中。

（4）磨刀时不要正对砂轮的旋转方向站立，以防意外。

（5）磨小刀头时，必须把小刀头装入刀杆。

（6）砂轮支架与砂轮的间隙不得大于 3mm，若发现过大，应进行调整。

（7）刃磨硬质合金车刀时，如果刀头过热不能立即放入水中冷却，以防刀片骤冷而碎裂。刃磨高速钢车刀时，应随时用水冷却，以防止车刀过热退火，降低硬度。

8.3.3 项目实施

车刀用钝后必须刃磨，以便恢复它的合理形状和角度。车刀一般在砂轮机上刃磨。磨高速钢车刀用白色氧化铝砂轮，磨硬质合金车刀用绿色碳化硅砂轮。

1. 项目资讯

（1）温习项目 8 相关知识链接。

（2）联系项目加工内容，学习操作安全规范与岗位职责。

（3）刀具图样信息分析。

① 根据图 8-24 可知车刀为 90°偏刀。

② 技术要求：前角 $\gamma_o=12°$；主后角 $\alpha_o=8°\sim12°$；副后角 $\alpha_o'=8°\sim12°$；主偏角 $\kappa_r=90°$；副偏角 $\kappa_r'=6°$；刃倾角 $\lambda_s=3°$。

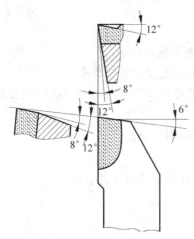

图 8-24　90°偏刀几何角度

2. 决策与计划

车刀重磨时，往往根据车刀的磨损情况，磨削有关的刀面即可。车刀刃磨的一般顺序是：

主后刀面—主偏角及主后角—副后刀面—副偏角及副后角—前面—前角—油石细磨各刀面及刀尖。

3. 实施

1）操作前准备工作

（1）熟悉刃磨刀具各面、角、刃的刃磨方法。

（2）磨刀时的站位是砂轮机侧面。

（3）磨刀工艺要求是先下后上，先易后难，整面磨削。

（4）先把车刀前刀面、后刀面上的焊渣磨去，并磨平车刀的底平面。磨削时采用粗粒度的氧化铝砂轮。

（5）过渡刃的刃磨是主后面与副后面交线，避免车削时扛刀。

2）刃磨注意事项

（1）刃磨高速钢车刀时要时常蘸水，防止升温而烧刀。

（2）刃磨时切忌一点磨削，易造成热量积聚和破坏砂轮。

（3）刃磨硬质合金刀具时不能蘸水，预防崩刃。

（4）磨刀时严禁戴手套磨削。

（5）刃磨时双手注意保护措施，不可太用力，预防滑脱而造成安全事故。

3）砂轮机的正确使用

（1）在磨刀前，要对砂轮机进行安全检查。例如，防护罩壳是否齐全；有托架的砂轮，其托架与砂轮之间的间隙为 3mm 左右。

（2）磨刀时，尽可能避免在砂轮侧面上刃磨。

（3）砂轮磨削表面须经常修整，使砂轮没有明显的跳动。若有跳动，一般可用金刚石砂轮刀进行修整（见图 8-25）。

（4）砂轮要经常检查，如发现砂轮有裂纹或太小，要及时更换。

（5）重新装夹砂轮后，要进行检查，经试转后才可使用。

（6）刃磨结束后，应及时关闭砂轮机电源。

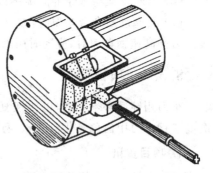

图 8-25　用金刚石砂轮刀修整砂轮

4）操作步骤

（1）砂轮的选择。车刀（指整体车刀与焊接车刀）用钝后重新刃磨是在砂轮机上刃磨的。

① 氧化铝砂轮(白色)适用于刃磨高速钢车刀。

② 碳化硅砂轮(绿色)适用于刃磨硬质合金车刀。

(2) 刃磨步骤与方法见图 8-26 所示。

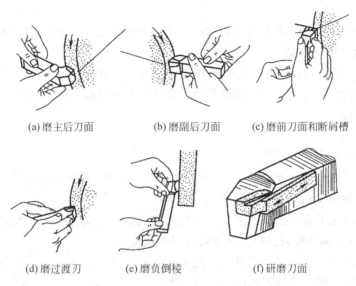

(a) 磨主后刀面　　(b) 磨副后刀面　　(c) 磨前刀面和断屑槽

(d) 磨过渡刃　　(e) 磨负倒棱　　(f) 研磨刀面

图 8-26　外圆车刀刃磨的方法与步骤

① 磨出主后刀面,然后磨出副后刀面。

主后刀面的刃磨.mp4　　　　副后刀面的刃磨.mp4

② 磨前刀面和断屑槽,磨过渡刃,磨负倒棱。

前刀面的刃磨.mp4　　断屑槽的刃磨.mp4　　过渡刃的刃磨(外).mp4

③ 精磨主后刀面。磨好主后角和主偏角;精磨副后刀面,磨好副后角和副偏角。

④ 磨刀尖圆弧,在主刀面和副刀面之间磨出刀尖圆弧。

⑤ 在砂轮上将各面磨好后,再用油石精磨各面。

(3) 刃磨车刀的姿势及方法。

① 刃磨时,人站在砂轮的侧面,与砂轮正面呈 45°角,以防砂轮碎裂时,碎片飞出伤人。

油石修整.mp4

② 两手握刀的距离放宽,两肘夹紧腰部,以减小磨刀时的抖动。

③ 磨刀时,车刀要放在砂轮的水平中心,刀尖略向上翘 3°～8°,车刀接触砂轮后应作左右方向水平移动。当车刀离开砂轮时,车刀需向上抬起,以防磨好的刀刃被砂轮碰伤。

④ 磨后刀面时,刀杆尾部向左偏过一个主偏角的角度;磨副后刀面时,刀杆尾部向右偏过一个副偏角的角度。

⑤ 修磨刀尖圆弧时,通常以左手握车刀前端为支点,用右手转动车刀的尾部。

⑥ 车刀刃磨后,还需用油石细磨各个刀面从而有效地提高车刀的使用寿命和减小工件表面的粗糙度。

5) 磨刀过程

(1) 开动砂轮机。

(2) 一手握住刀杆后端,另一手拇指与食指捻住刀头,其余三指托住砂轮护罩(预防磨削时刀头滑脱而造成伤害事故),推动刀具下端与砂轮轻接触。

(3) 磨削时先下后上按整面磨削要求同时进行。先刀体下端与砂轮轻接触,继而摆动刀具向上磨削,调整好刀具需要角度时逐层整面磨削。

(4) 刃磨时双手带动车刀在砂轮上左右匀速运动进行磨削。双手要拿稳刀具,预防刀具跳动而崩刃;同时挤压刀体的力不可太大。

(5) 磨削过程中依据火花的位置和大小来判断磨削情况。

(6) 磨削完成后先拿开刀具再停砂轮。

(7) 磨刀通常先磨前面,然后磨后面(主切削刃),再次磨副后面(副切削刃),最后修整刀尖。

同理可以刃磨成型车刀、螺纹车刀、切断刀。

成型车刀的刃磨.mp4　　　　　螺纹车刀的刃磨.mp4　　　　　切断刀的刃磨.mp4

(8) 刃磨完成后,通过万能角度尺测量主偏角、副偏角、后角等是否满足刃磨要求。

4. 检查与评价

(1) 车刀角度的检验方法。

① 目测法:观察车刀角度是否符合要求,切削刃是否锋利,表面是否有裂痕和其他不符合切削要求的缺陷。

② 量角器、样板测量法:对于角度要求较高的车刀,用量角器或样板进行检查。

(2) 最后进行总检,检测内容为各工序中要求达到的尺寸、形位、表面质量精度等(详见机械加工工艺规程);并在零件质量检测结果报告单上填写检测结果。

(3) 小组内互相检查、点评。

8.4 拓展技能链接：麻花钻的刃磨

1. 麻花钻的刃磨参数和要求

刃磨时，首先应该保证麻花钻的角度、切削刃、后刀面等参数符合要求。

1）顶角

如图8-27(a)所示，麻花钻的顶角 ϕ 为 $118°\pm2°$，通常在工作中大都把它当作 $120°$。

2）后角

(1) 边缘处后角：（D 为麻花钻直径）$D<15$mm 时，边缘处后角为 $10°\sim14°$；$D=15\sim30$mm 时，边缘处后角为 $9°\sim12°$；$D>30$mm 时，边缘处后角为 $8°\sim11°$。

(2) 钻心处后角：$20°\sim26°$。

(3) 横刃处后角：$30°\sim36°$。

3）横刃斜角

麻花钻的横刃斜角一般为 $50°\sim55°$。

4）切削刃

如图8-27(b)所示，两主切削刃的长度必须相等，与钻头轴心线组成的两个 ϕ 角相等。两切削刃应对称，若不对称，如两主切削刃长度不等、两 ϕ 角不等，则在钻孔时会出现钻出的孔扩大或者歪斜。同时两切削刃受力不均匀会造成钻头的抖动，加剧磨损。

5）后刀面

如图8-27(c)所示，两后刀面应刃磨光滑，否则会加剧后刀面与切削表面的摩擦，产生大量热量。

2. 麻花钻的刃磨技巧

(1) 刃口要与砂轮面摆平。磨钻头前，先要将钻头的主切削刃与砂轮面放置在一个水平面上，即保证刃口接触砂轮面时，整个刃都要磨到。这是钻头与砂轮相对位置的第一步，位置摆好再慢慢靠近砂轮面。

(2) 钻头轴线要与砂轮面斜出 $60°$ 的角度。这个角度就是钻头的锋角，如果角度不对，将直接影响钻头顶角的大小及主切削刃的形状和横刃斜角。这里是指钻头轴心线与砂轮表面之间的位置关系，取 $60°$ 即可。要注意钻头刃磨前相对的水平位置和角度位置，二者要统筹兼顾，不要为了摆平刃口而忽略了摆好度角，或为了摆好角度而忽略了摆平刃口。

(3) 由刃口往后磨后面。刃口接触砂轮后，要从主切削刃往后面磨，也就是从钻头的刃口开始接触砂轮，而后沿着整个后刀面缓慢往下磨。钻头切入时可轻轻接触砂轮，先进行较少量的刃磨，并注意观察火花的均匀性，及时调整手上压力的大小，还要注意钻头的冷却，不能让其磨过火，造成刃口变色，而至刃口退火。发现刃口温度较高时，要及时对钻头进行冷却处理。

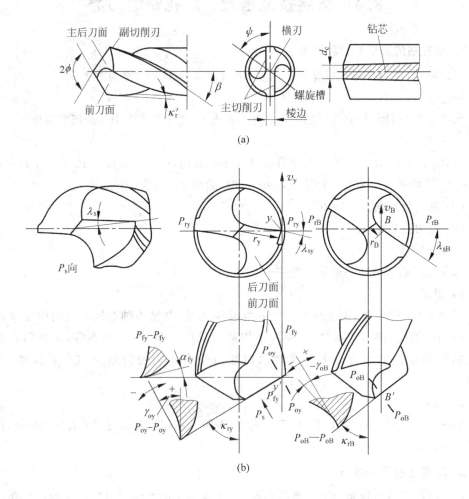

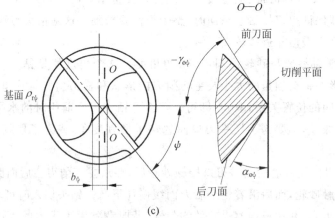

图 8-27　麻花钻结构参数

（4）钻头的刃口要上下摆动，钻头尾部不能翘起。这是一个标准的钻头磨削动作，主切削刃在砂轮上要上下摆动，也就是握钻头前部的手要均匀地将钻头在砂轮面上上下摆动。而握柄部的手却不能摆动，还要防止后柄往上翘，即钻头的尾部不能高翘于砂轮水平中心线以上，否则会使刃口磨钝，无法切削。这是最关键的一步，钻头磨得好与坏，与此有很大的关系。在基本完成时，要从刃口开始，往后角再轻轻蹭一下，让刃后面更光洁一些。

（5）保证刃尖对轴线，两边对称慢慢修。一边刃口磨好后，再磨另一边刃口，必须保证刃口在钻头轴线的中间，两边刃口要对称。有经验的师傅会对着亮光察看钻尖的对称性，慢慢进行刃磨。钻头（$D < 15mm$）切削刃的后角一般为 $10° \sim 14°$，后角大了，切削刃太薄，钻削时振动厉害，孔口呈三边或五边形，切屑呈针状；后角小了，钻削时轴向力很大，不易切入，切削力增加，温升大，钻头发热严重，甚至无法钻削。后角角度适中，锋尖对中，两刃对称，钻削时，钻头排屑轻快，无振动，孔径也不会扩大。

（6）两刃磨好后，对直径大一些的钻头还要注意磨一下钻头锋尖。钻头两刃磨好后，两刃锋尖处会有一个平面，影响钻头的中心定位，需要在刃后面倒一下角，把刃尖部的平面尽量磨小。方法是将钻头竖起，对准砂轮的角，在刃后面的根部，对着刃尖倒一个小槽。这也是钻头定心和切削轻快的重要一点。注意在刃磨刃尖倒角时，千万不能磨到主切削刃，这样会使主切削刃的前角偏大，直接影响钻孔。

3. 麻花钻的刃磨检验

1）利用样板检验

钻头的几何角度、两切削刃是否对称，可利用样板进行检验。

2）目测

目测常用的方法如下。

（1）目测主切削刃的对称时，可将钻头切削部分向上竖立，两眼平视，由于两切削刃一前一后，产生视差，往往感到左刃（前刃）高、右刃（后刃）低，要旋转 $180°$ 后反复看几次，若结果一样，则说明对称了。

（2）目测边缘处的后角时，可对外缘处靠近刃口的后刀面的倾斜状况直接目测。

（3）钻头中心处后角，可通过保证横刃斜角的数值进行控制。

3）试钻检验

用磨好的钻头进行试钻，通过观察切削过程中切屑的排放、测量孔的直径，凭经验判断钻头刃磨是否合格。

4. 麻花钻刃磨时应注意的问题

刃磨普通麻花钻时，一般选择粒度为 $46 \sim 80$ 的中软级氧化铝砂轮。麻花钻的修磨是指在普通刃磨的基础上，根据具体加工要求对其参数不够合理的部分进行的补充刃磨。

（1）标准麻花钻本身存在以下一些缺陷。

① 主切削刃上各点前角相差较大（$-30° \sim 30°$），切削能力悬殊。

② 横刃前角小（负值）而长，钻削轴向力大，定心差；主切削刃长，切削宽度大，切屑卷曲困难，不易排屑。

③ 主切削刃与副切削刃转角处(刀尖)切削速度最高,但该处后角为零,因此刀尖磨损最快。

这些缺陷的存在,严重地制约了标准麻花钻的切削能力,影响了加工质量和切削效率,因此,必须对标准麻花钻进行修磨。

(2) 常见的修磨方式有以下几种。

① 修磨出过渡刃(双重刃)。在钻头的转角处磨出过渡刃(其锋角值 $2\phi_1 = 70° \sim 75°$),从而使钻头具有了双重刃。由于锋角减小,相当于主偏角 κ_r 减小,同时转角处的刀尖角 ε_r' 增大,改善了散热条件。

② 修磨横刃。将原来的横刃长度修磨短,同时修磨出前角,从而有利于钻头的定心和轴向力减小。

③ 修磨分屑槽。在原来的主切削刃上交错地磨出分屑槽,使切屑分割成窄条,便于排屑。主要用于塑性材料的钻削。

④ 修磨棱边。在加工软材料时,为了减小棱边(其后角等于零)与加工孔壁的摩擦,对于直径大于 12mm 以上的钻头,可对棱边进行修磨,使钻头的耐用度提高一倍以上。

⑤ 修磨前刀面。修磨前刀面,可以减小外缘处前角,在切削有色金属(如黄铜)时,可以避免"扎刀"现象。

磨钻头需要在实际操作中积累经验,通过比较、观察、反复试验,才能把钻头磨得更好。

铣刀的刃磨.pdf

刨刀的刃磨.pdf

8.5 习　题

8.5.1 知识链接习题

1. 选择题

(1)(　　)是指加工内、外螺纹表面使用的刀具,常用的有丝锥、板牙、螺纹切头、螺纹滚压工具及螺纹车刀、螺纹梳刀等。

　　A. 齿轮刀具　　B. 螺纹刀具　　C. 孔加工刀具　　D. 磨削刀具

(2) 磨刀时应(　　),以免砂砾和铁屑飞入眼中。

　　A. 戴防护眼镜　　B. 戴墨镜　　C. 戴防蓝光眼睛　　D. 不戴眼镜

2. 简述题

(1) 刀具标注角度参考坐标系有几种?它们是由什么参考平面构成的?试定义这些

参考平面.

(2) 基面、切削平面、正交平面的几何关系如何？在各个平面内度量的几何角度有哪些？

(3) 试述刀具标注角定义。一把平前刀面外圆车刀必须具备哪几个基本标注角度？这些标注角度是怎样定义的？它们分别在哪个参考平面内测量？

(4) 试述刀具标注角度与工作角度的区别。为什么横向进给时,进给量不能过大？

(5) 曲线主切削刃上各点的标注角度是否相同？为什么？

(6) 用图表示切断刀的 γ_o、α_o、λ_s、κ_r、κ_r' 以及 a_p、f、a_c、a_w。

(7) 对刀具切削部分的材料有什么要求？目前常用的刀具材料有哪些？

(8) 外圆车刀几何角度与标注如图 8-28 所示,在图中标注主偏角、副偏角、前角、后角、副后角、刃倾角的角度代号和名称。

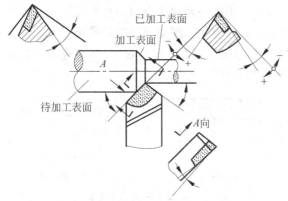

图 8-28 外圆车刀几何角度与标注

8.5.2 技能链接习题

1. 外圆车刀刃磨要求

图 8-29 所示为车削完钢料的 90°外圆车刀(又称为偏刀),要求刃磨后其几何参数如下。

(1) 主偏角 $\kappa_r = 90°$,副偏角 $\kappa_r = 6°$。

(2) 前角 $\gamma_o = 12°$。

(3) 主后角 $\alpha_o = 8°\sim11°$。

(4) 刃倾角 $\lambda_s = 5°$。

(5) 断屑槽宽度为 5mm。

(6) 刀尖圆弧半径 $r_\varepsilon = 1\sim2mm$。

(7) 倒棱宽度为 0.5mm,倒棱前角为 $-5°$。

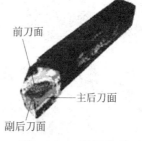

图 8-29 90°外圆车刀

2. 工艺分析

(1) 以图 8-29 所示的 90°外圆车刀为例,练习刃磨车刀。

(2) 可以先用 20mm×20mm×150mm 高速钢练习磨刀,再刃磨 90°外圆车刀。

(3) 45°、75°车刀的刃磨方法与 90°车刀基本相同。

3. 刃磨步骤

(1) 按主偏角大小使刀体向左偏,按主后角大小使刀头向上翘,刃磨主后面,磨出主偏角和主后角;在略高于砂轮中心水平位置处,刀具作左右水平移动,将车刀翘起一个 5°~7°的角度,同时保证主切削刃与刀柄部分基本在同一直线。

(2) 按副偏角大小使刀体向右偏,按副后角大小使刀头向上翘,刃磨副后角,磨出副偏角和副后角;在略高于砂轮中心水平位置处,刀具作左右水平移动,将车刀翘起一个 5°~7°的角度,同时保证副切削刃与主切削刃夹角为 75°~85°。

(3) 按前角大小使前刀面倾斜,按刃倾角大小使刀头向上翘或向下倾,刃磨前刀面,磨出前角和刃倾角。使前角控制在 15°~25°左右。

(4) 开槽如图 8-30 所示,可用砂轮的棱边刃磨;刃磨断屑槽时,起点位置应该与刀尖、主切削刃离开一定距离,不能一开始就直接刃磨到主切削刃和刀尖上,而使主切削刃和刀尖磨坍。一般起始位置与刀尖的距离等于断屑槽长度的 1/2 左右;与主切削刃的距离等于断屑槽宽度的 1/2。刃磨时,不能用力过大,车刀应沿刀柄方向作上下缓慢移动。要注意刀尖,切莫把断屑槽的前端口磨坍。

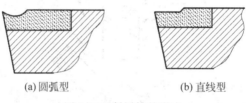

(a) 圆弧型 (b) 直线型

图 8-30 断屑槽的形式

(5) 进行倒角与精修。倒角有直线和圆弧两种,宽约 0.2mm。在砂轮上刃磨的车刀,切削刃不够平滑光洁,不仅影响车削工件的表面质量,也会降低车刀的使用寿命,使用硬质台金车刀时,在切削过程中容易产生崩刃,因此,应用细油石研磨刀刃。研磨时,手持油石在刀刃上来回移动,动作应平稳,用力应均匀,研磨后的车刀,应消除在砂轮上刃磨后的残留痕迹。

光轴类零件的磨削

本项目的教学目的是培养学生具备独立完成普通磨床操作加工的工作能力，了解普通磨床的操作与加工工艺范围，为将来胜任复杂零件加工操作技能和机械加工工艺知识综合应用奠定良好的基础。

本项目已知材料为 45 钢棒料。根据零件图，制定零件加工工艺，正确选择加工所需的砂轮、夹具、量具及辅助工具，合理选择工艺参数，在普通外圆磨床上进行实际加工，最后对加工后的零件进检测、评价。

微课：光轴磨削加工.mp4

9.1 项目知识链接

9.1.1 磨削加工范围

磨削加工是以砂轮的高速旋转作为主运动，与工件低速旋转和直线移动(或磨头的移动)作为进给运动相配合，切去工件上多余金属层的一种切削加工，主要用于工件的精加工。磨削是机械制造中最常用的加工方法之一。

磨削加工应用范围广泛，如图 9-1 所示，可以进行内外圆柱面磨削、内外圆锥面磨削、平面磨削、成型面和组合面磨削、螺纹磨削、齿轮磨削等。磨削可加工用其他切削方法难以加工的高硬、超硬材料，如淬硬钢、高强度合金、硬质合金和陶瓷等材料。磨削还可以用于荒加工(磨削钢坯、割浇冒口等)、粗加工、精加工和超精加工。

由于现代机器上高精度、淬硬零件的数量日益增多，磨削在现代机器制造业中占的比重日益增加，而且随着精密毛坯制造技术的发展和高生产效率磨削方法的应用，使某些零件有可能不用经过其他切削加工，而直接由磨削加工完成，这将使磨削加工的应用更为广泛。

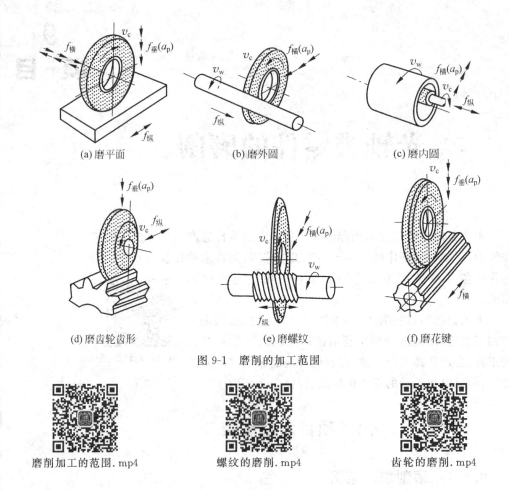

(a) 磨平面　　　　　　　　(b) 磨外圆　　　　　　　　(c) 磨内圆

(d) 磨齿轮齿形　　　　　　(e) 磨螺纹　　　　　　　　(f) 磨花键

图 9-1　磨削的加工范围

磨削加工的范围.mp4　　　　螺纹的磨削.mp4　　　　齿轮的磨削.mp4

9.1.2　磨削加工的特点及其精度

磨削使用的砂轮是一种特殊工具,每颗磨粒相当于一个刀齿,整块砂轮就相当于一把刀齿极多的铣刀。磨削时,凸出的且具有尖锐棱角的磨粒从工件表面切下细微的切屑;磨钝或不太凸出的磨粒只能在工件表面划出细小的沟纹;比较凹的磨粒则与工件表面产生滑动摩擦,在磨削时易产生细尘。因此,磨削加工和一般切削加工不同,除具有切削作用外,还具有刻划和磨光作用。

(1) 砂轮切削刃不规则。切削刃的形状、大小和分布均处于不规则的随机状态,通常切削时有很大的负前角和小后角。

(2) 磨削加工余量小、加工精度高。除了高速强力磨削能加工毛坯外,磨削工件之前必须先进行粗加工和半精加工。磨削加工精度为 IT7～IT5,表面粗糙度 Ra 为 0.8～0.2μm。采用高精磨削方法,表面粗糙度为 Ra 为 0.1～0.006μm。

(3) 磨削速度高、温度高。一般磨削速度为 35m/s 左右,高速磨削时可达 60m/s。目前,磨削速度已发展到 120m/s。磨削过程中,砂轮对工件有强烈的挤压和摩擦作用,产生大量的切削热,在磨削区域瞬时温度可达 1000℃ 左右。生产实践中,为降低磨削时的切削温度,必须加注大量的切削液,减小背吃刀量,适当减小砂轮转速及提高工件转速。

（4）适应性强。就工件材料而言，不论软硬材料均能磨削；就工件表面而言，很多表面质量要求较高的均能加工；此外，还能对各种复杂的刀具进行刃磨。

（5）砂轮具有自锐性。在磨削过程中，砂轮的磨粒逐渐变钝，作用在磨粒上的切削抗力就会增大，致使磨钝的磨粒破碎并脱落，露出锋利刃口继续切削，这就是砂轮的自锐性。它能使砂轮保持良好的切削性能。

9.1.3　磨床分类

用磨具（砂轮、砂带或油石等）作为工具对工件表面进行切削加工的机床，统称为磨床。磨床是金属切削机床中的一种。除了某些形状特别复杂的表面外，机器零件的各种表面大多能用磨床进行加工。磨床有的种类很多，根据用途和采用的工艺方法不同，大致可分为以下几类。

（1）外圆磨床。外圆磨床包括万能外圆磨床、无心外圆磨床、行星式外圆磨床等，主要用于磨削回转外表面。

（2）内圆磨床。内圆磨床包括万能内圆磨床、无心内圆磨床、行星式内圆磨床等，主要用于磨削回转内表面。

阶梯轴的
磨削.mp4

（3）平面磨床。平面磨床包括卧轴矩台平面磨床、立轴矩台平面磨床、卧轴圆台平面磨床、立轴圆台平面磨床等，用于磨削各种平面。

（4）工具磨床。工具磨床包括工具曲线磨床、钻头沟槽磨床、丝锥沟槽磨床等，用于磨削各种工具。

（5）刀具刃磨磨床。刀具刃磨磨床包括万能工具磨床、车刀刃磨磨床、滚刀刃磨磨床、拉刀刃磨磨床等，用于刃磨各种切削刀具。

（6）专门磨床。专门磨床包括花键轴磨床、曲柄磨床、凸轮轴磨床、活塞环磨床等，用于磨削某一零件上的一个表面。

（7）其他磨床。其他磨床有研磨机、珩磨机、抛光机、砂轮机等。

其中，在生产中应用最多的是外圆磨床、内圆磨床、平面磨床、无心磨床和工具磨床等。其他如齿轮磨床、螺纹磨床、凸轮轴磨床等，由于用途比较专一，使用不广泛。

9.1.4　万能外圆磨床

1. 万能外圆磨床的加工范围及精度

M1432A 型万能外圆磨床是普通精度级万能外圆磨床，如图 9-2 所示，主要用于磨削 IT7～IT6 级精度的圆柱形、圆锥形的外圆和内孔，还可磨削阶梯轴的轴肩、端平面等。磨削表面粗糙值 Ra 为 1.25～0.05μm。缺点是生产效率低，适用于单件小批生产。

锥面的磨削.mp4

内孔磨床磨削演示.mp4

2. 万能外圆磨床的外形、运动及技术规格

(1) M1432A 型万能外圆磨床如图 9-2 所示,其主要组成部分如下。

① 床身。它是磨床的基础支承件,支承着砂轮架、工作台、头架、尾座垫板及横向导轨等部件,使它们在工作时可以保持准确的相对位置。床身内部作为液压系统的油池,并装有液压传动部件。

② 头架。它用于安装和支持工件,并带动工件转动。头架可绕其垂直轴线转动一定角度,以便磨削锥度较大的圆锥面。

③ 工作台。它由上下两个工作台组成。上工作台可绕下工作台的心轴在水平面内调整至一定角度,以便磨削锥度较大的圆锥面。头架和尾座安装在工作台台面上并随工作台一起运动。下工作台的底面上固定着液压缸筒和齿条,因此工作台可由液压传动或手轮摇动沿床身导轨做往复纵向运动。

④ 尾座。它和头架的前顶尖一起,用于支承工件。尾座可调整位置,以适应装夹不同长度工件的需要。脚踏操纵板控制尾座顶尖的伸缩,脚踩时尾座顶尖缩进,脚松时顶尖伸出。

⑤ 砂轮架。它用于支承并传动高速旋转的砂轮主轴,砂轮架装在床身后部的横向导轨上,当需要磨削短圆锥面时,砂轮架可绕其垂直轴线转动一定的角度。在砂轮架上的内磨装置用于支承磨内孔的砂轮主轴,内磨装置主轴由单独的内圆砂轮电动机驱动。

横向导轨及横向进给机构的功用是通过转动横向进给手轮,带动砂轮实现周期的或连续的横向进给运动以及调整砂轮位置。为了便于装卸工件和进行测量,砂轮架还可做设定距离的横向快速进退运动。

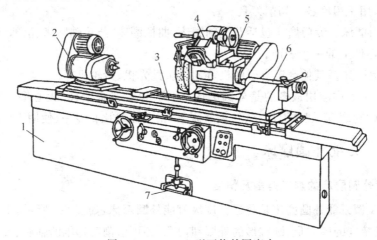

图 9-2　M1432A 型万能外圆磨床

1—床身;2—头架;3—工作台;4—内磨装置;5—砂轮架;6—尾座;7—脚踏操纵板

(2) 万能外圆磨床的运动。M1432A 型万能外圆磨床几种典型的加工方法如图 9-3 所示。

① 图 9-3(a)所示为磨外圆柱面,所需运动有砂轮旋转运动(主运动 n_t)、工件的圆周进给运动 n_w 和工件纵向往复运动(进给运动 f_a),此外还有砂轮的横向间歇切入运动。

② 图 9-3(b)所示为磨长圆锥面,所需运动和磨外圆时一样,所不同的只是上工作台相对于下工作台调整一定的角度 α,磨削出来的表面即是锥面。

③ 图 9-3(c)所示为磨短圆锥面。将砂轮调整一定的角度,工件不做往复运动,由砂轮做连续的横向切入进给运动。此方法仅适合磨短圆锥面。

④ 图 9-3(d)所示为磨内圆锥面。磨内孔时,将工件夹持在卡盘上,由头架在水平面内是否有一定的角度,确定磨出圆柱孔或锥孔。

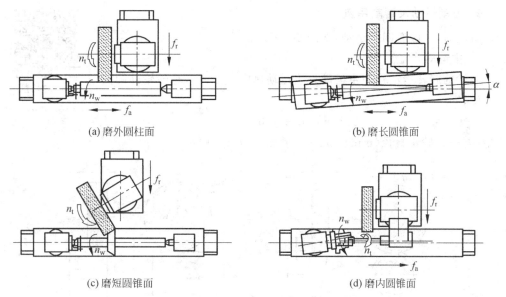

(a) 磨外圆柱面   (b) 磨长圆锥面

(c) 磨短圆锥面   (d) 磨内圆锥面

图 9-3   M1432A 型万能外圆磨床几种典型的加工方法

9.1.5　磨削基本原理

1. 磨削过程

磨削加工是用砂轮对工件进行切削加工。磨削过程是由分布在砂轮表面的大量磨粒以较高的速度旋转对工件表面进行加工的过程,每个磨粒就似一把小切削刀。

单个磨粒的磨削过程如图 9-4 所示,切入工件时的作用分为 3 个阶段。

(1) 滑擦阶段(见图 9-4(a))。磨粒在工件表面发生摩擦、挤压,使工件发生弹性变形。此时磨粒没有起到切削作用,称为滑擦阶段。

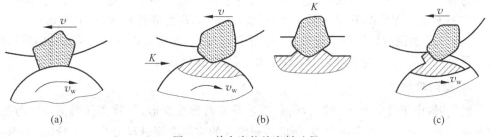

(a)   (b)   (c)

图 9-4   单个磨粒的磨削过程

（2）刻划阶段（见图 9-4（b））。磨粒在工件表面刻划出沟纹,这个阶段称为刻划阶段。

（3）切削阶段（见图 9-4（c））。磨粒前方金属沿剪切面滑移形成切屑,此阶段称为切削阶段。

由此可见,一个磨粒的磨削过程使磨削表面经历了滑擦、刻划（隆起）和切削三个阶段。形成的磨屑常见形态有带状、节状、蝌蚪状和灰烬等。

2. 磨削运动及磨削用量

磨削时,一般有四个运动,如图 9-5 所示。

1）主运动

砂轮的旋转运动称为主运动。主运动速度 v_c（m/s）是砂轮外圆的线速度,即

磨床的切削运动.mp4

$$v_c = \pi d_o n_o \div 1000$$

式中,d_o——砂轮直径（mm）；n_o——砂轮转速（r/s）。

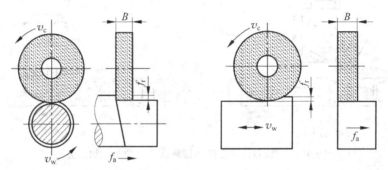

图 9-5　磨削时的运动示意

普通磨削时,主运动速度 v_c 为 30～35m/s；当 v_c>45m/s 时为高速磨削。

2）进给运动

进给运动有以下三种。

（1）径向进给运动。径向进给运动是砂轮切入工件的运动。径向进给量 f_r 是指工作台每双（单）行程内工件相对于砂轮径向移动的距离,单位为 mm/双行程。当做连续进给运动时,单位为 mm/s。一般情况下,f_r（或 a_p）=0.005～0.02mm/双行程。

（2）轴向进给运动。轴向进给运动即工件相对于砂轮的轴向运动。轴向进给量是指工件每转一圈或工作台每双行程内工件相对于砂轮的轴向移动距离,单位为 mm/r 或 mm/双行程。一般情况下,f_r（或 f）=（0.2～0.8）B,B 为砂轮宽度,单位为 mm。

（3）工件的圆周（或直线）进给运动。工件速度 v_w 是指工件圆周进给运动的线速度,或工件台（连同工件一起）直线进给的运动速度,单位为 m/s。

3. 磨削阶段

磨削时,由于背向力 F_p 较大,引起工艺系统的弹性变形,导致实际磨削深度与磨床刻度盘上所显示的数值出现误差,所以普通磨削的实际磨削过程分为三个阶段,如图 9-6 所示,图中虚线为刻度盘所示的磨削深度。

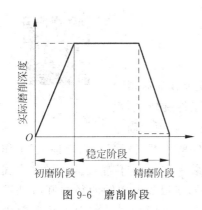

图 9-6 磨削阶段

（1）初磨阶段。当砂轮刚开始接触工件时，由于工艺系统的弹性变形，实际磨削深度比磨床刻度盘显示的径向进给量小。工艺系统刚性越差，初磨阶段越长。

（2）稳定阶段。在稳定阶段，当工艺系统的弹性变形到达一定程度后，继续径向进给时，实际磨削深度基本等于径向进给量。

（3）精磨阶段。在磨掉主要加工余量后，可以减少径向进给量或完全不进给再磨一段时间。这时，由于工艺系统的弹性变形逐渐恢复，实际磨削深度大于径向进给量。随着工件被一层层磨去，实际磨削深度趋近于零，磨削火花逐渐消失。精磨阶段主要是为了提高磨削精度和表面质量。

掌握这三个阶段的规律后，再开始磨削时，可采用较大的径向进给量以提高生产效率；最后阶段应采用无径向进给磨削以提高工件质量。

4. 磨削热

1）磨削热的产生

磨削热的
产生.mp4

磨削时，砂轮与工件表面剧烈摩擦，使磨削局部区域的瞬时温度高达 1000℃ 以上，且大部分传入工件。磨削热主要包括以下两方面。

（1）磨削和黏结剂与工件之间因摩擦而产生的热量。

（2）磨屑和工件表面层金属材料受磨粒挤压而剧烈变形时，金属分子之间相对移动从而产生内摩擦而发出的热量。

2）磨削热对加工的影响

（1）在瞬时高温作用下工件表层可能被烧伤。

（2）工件表面产生残余应力以及裂纹磨削区的温度升高到一定程度，将使金属表层不让金相组织变化（简称相变），并产生应力。当局部应力超过工件材料的强度极限时，工件表面就会产生裂纹。

（3）影响工件的加工精度。磨削热会使工件产生热膨胀变形，影响工件的形状精度和尺寸精度。

3）减小磨削热的措施

（1）根据工件的材质，合理选用砂轮，使磨削性能达到最佳。

（2）采取良好的冷却措施，如选用合适的切削液或高压冷却，均可使冷却条件得到改善。

（3）合理选用磨削用量。

9.1.6 外圆磨削加工方法

外圆磨削是用砂轮的外圆周面磨削工件的外回转表面，是磨工最基本的工作内容之一。它不仅能磨削轴、套筒等圆柱面，还能磨削圆锥面、端面（台阶部分）、球面和特殊形状的外表面等。外圆磨削一般在外圆磨床或无心外圆磨床上进行，也可采用砂带磨床磨削。

1. 在外圆磨床上磨削外圆

1) 工件的装夹

在外圆磨床上,工件可以用以下方法装夹。

外圆磨床磨削
方法.mp4

(1) 用两顶尖装夹工件。如图 9-7(a)所示,工件支承在前后顶尖上,由与带轮连接的拨盘上的拨杆拨动鸡心夹头带动工件旋转,实现圆周进给运动。这时需拧动螺杆顶紧摩擦环,使头架主轴和顶尖固定不动。这种装夹方式有助于提高工件的回旋精度和主轴的刚度,被称为"固定顶尖"工作方式,这也是外圆磨床上最常用的装夹方法,其特点是装夹方便,定位精度高。两顶尖固定在头架主轴和尾座套筒的锥孔中,磨削时顶尖不旋转,所以头架主轴的径向圆跳动误差和顶尖本身的同轴度误差就不会对工件的旋转运动产生影响。只要中心孔和顶尖的形状正确,装夹得当,就可以使工件的旋转轴线始终不变,从而获得较高的圆度和同轴度。

(2) 用三爪自定心卡盘或四爪单动卡盘装夹工件。在外圆磨床上可用三爪自定心卡盘装夹圆柱形工件,其他一些自动定心夹具也适于装夹圆柱形工件。四爪单动卡盘一般用来装夹截面形状不规则的工件。在万能外圆磨床上,利用卡盘在一次装夹中磨削工件的内孔和外圆,可以保证内孔和外圆之间较高的同轴度。

(3) 用心轴装夹工件。磨削套类工件时,可以内孔为定位基准在心轴上装夹。

(4) 用卡盘和顶尖装夹工件。当工件较长,一端能钻中心孔,另一端不能钻中心孔时,可一端用卡盘,另一端用顶尖装夹工件。

2) 外圆磨削方法

(1) 纵磨法。如图 9-7(a)所示,磨削时,工件一方面做圆周进给运动,同时随工做台作纵向进给运动,横向进给运动为周期性间歇进给。当每次纵向进程或往复行程结束后,砂轮做一次横向进给,磨削余量经多次进给后被磨去。纵磨法的磨削效率低,但能获得较高的精度和较小的表面粗糙度。

(2) 横磨法。横磨法又称切入磨法,如图 9-7(b)所示。磨削时,工件做圆周进给运动,工件不做纵向进给运动,横向进给运动为连续进给。砂轮的宽度大于磨削表面,并做慢速横向进给,直至磨到要求的尺寸。横磨法的磨削效率高,但磨削力大,磨削温度高,必须供给充足的切削液。

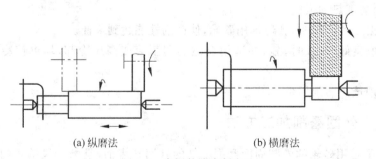

(a) 纵磨法　　　　　　　　　　　　(b) 横磨法

图 9-7　常用外圆磨削方法

（3）复合磨削法。复合磨削法是纵磨法和横磨法的综合运用，即先用横磨法将工件分段粗磨，各段留精磨余量，相邻两段有一定量的重叠，最后再用纵磨法进行精磨。复合磨削法兼有横磨法效率高，纵磨法质量好的优点。

（4）深磨法。深磨法的特点是在一次纵向进给中磨去全部磨削余量。磨削时，砂轮修整成一端锥面或阶梯状（见图9-8），工件的圆周进给速度与纵向进给速度都很慢。深磨法的生产率较高，但砂轮修整复杂，并且要求工件的结构必须保证砂轮有足够的切入和切出长度。

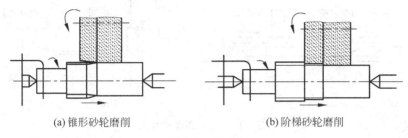

(a) 锥形砂轮磨削　　　　　　　　(b) 阶梯砂轮磨削

图 9-8　深磨法

2. 在无心外圆磨床上磨削外圆

在无心外圆磨床上磨削外圆如图9-9所示。将工件置于砂轮和导轮之间的拖板上，以待加工表面为定位基准，不需要定位中心孔。工件由转速低的导轮（没有切削能力、摩擦系数较大的树脂或橡胶结合剂砂轮）推向砂轮，靠导轮与工件间的摩擦力使工件旋转。改变导轮的转速，便可调节工件的圆周进给速度。砂轮有很高的转速，与工件间有很大的相对速度，故可对工件进行磨削。无心磨削的方式有贯穿法（纵磨法）和切入法（横磨法）两种。

无心外圆磨削演示.mp4

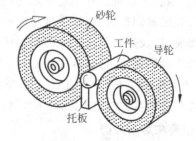

图 9-9　无心磨削外圆示意

1）贯穿法

磨削时，将导轮轴线在垂直平面内倾斜一个角度 α（见图9-10（a）），并将导轮的轴向截面轮廓修整成双曲线形。当工件从机床前面（图中左侧）推入砂轮与导轮之间时，工件一边旋转作圆周进给运动，一边在导轮和工件间的水平摩擦分力的作用下沿轴向作纵向进给。当工件穿过磨削区，从机床后部（图中右侧）离开后，便完成了一次加工。工件的磨削余量需经多次进给逐步切除。为了使工件进入和离开磨削区时保持正确的运动方向，在工件支座上装有前、后导板，导板位于拖板的两端。

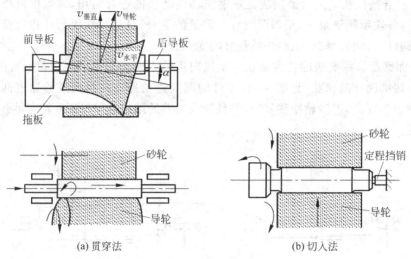

(a) 贯穿法   (b) 切入法

图 9-10　无心磨削的方式

工件的纵向进给速度由导轮偏转角 α 的大小决定,α 越大,纵向进给速度也越大,磨削效率越高,表面粗糙度值越大。一般粗磨时 α 取 $2°\sim6°$,精磨时 α 取 $1°\sim2°$。

贯穿法适于磨削无台阶的圆柱形工件,磨削时工件可一个接一个地依次通过,磨削连续进行,易实现自动化,生产率较高。

2) 切入法

磨削时,工件不穿过砂轮与导轮之间的磨削区域,而是从上面放下,搁在拖板上,一端紧靠定程挡销(见图 9-10(b))。磨削时,导轮带动工件旋转,同时向砂轮做横向连续进给,直到磨去工件的全部余量为止;然后导轮快速退回原位,取出工件。为了使工件靠紧定程挡销,通常也将导轮轴线在垂直平面内倾斜一个很小的角度(约 30′),使工件在磨削时受到一个轻微的轴向推力,保证工件与定程挡销始终接触。切入法适于磨削带凸台的圆柱体和阶梯轴,以及外圆锥表面和成型旋转体。

采用无心外圆磨削,工件装卸简便迅速,生产效率高,容易实现自动化;加工精度等级可达 IT6,表面粗糙度 Ra 值为 $1.25\sim0.32\mu m$。但是,无心磨削不易保证工件有关表面之间的相互位置精度,也不能用于磨削带有键槽或缺口的轴类零件。

3. 用砂带磨床磨削外圆

砂带磨床磨削
演示.mp4

砂带磨削是一种新型的磨削方法,用高速移动的砂带作为切削工具进行磨削。砂带由基体、结合剂和磨粒组成。常用的基体材料是牛皮纸、布(斜纹布、尼龙纤维、涤纶纤维等)及纸布组合体。纸基砂带平整,磨出的工件表面粗糙度值较小;布基砂带承载较大;纸布基砂带介于两者之间。砂带(一般为树脂)有两层,经过静电植砂使磨粒锋刃向外粘在底胶上,将其烘干,再涂上一定厚度的复胶,以固定磨粒间的位置,就制成了砂带。砂带上只有一层经过筛选的粒度均匀的磨粒,使切削刃具有良好的等高性,加工质量较好。

磨削工件表面测量方法.pdf

9.2 拓展知识链接

9.2.1 平面磨削

1. 平面磨削方式

常见的平面磨削方式有四种,如图 9-11 所示。工件安装在具有电磁吸盘的矩形或圆形工作台上,并做纵向往复直线运动 f_v 或圆周进给运动 n_w。砂轮除做旋转主运动 n_o 外,还要沿轴线方向做横向进给运动 f_a。为了逐步切除全部余量,砂轮还需周期性地沿垂直于工件被磨削表面的方向做进给运动 f_p。

周磨与端磨.mp4

图 9-11(a)和图 9-11(b)所示属于圆周磨削,砂轮与工件的接触面积小,磨削力小,排屑及冷却条件好,工件受热变形小,且砂轮磨损均匀,所以加工精度较高。缺点是砂轮主轴呈悬臂状态,刚性差,不能采用较大的磨削用量,生产率较低。

图 9-11(c)和图 9-11(d)所示属于端面磨削,砂轮与工件的接触面积大,同时参加磨削的磨粒多,另外磨削时主轴受轴向压力,刚性较好,允许采用较大的磨削用量,故生产效率较高。缺点是在磨削过程中,磨削力大,发热量大,冷却条件差,排屑不畅,造成工件的热变形较大,且砂轮端面沿径向各点的线速度不等,使砂轮磨损不均匀,所以这种磨削方法的加工精度不高。

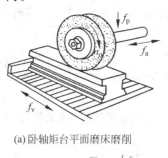

(a)卧轴矩台平面磨床磨削

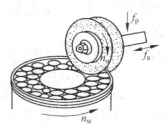

(b)卧轴圆台平面磨床磨削

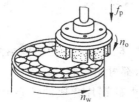

(c)立轴圆台平面磨床磨削

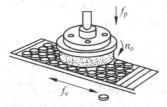

(d)立轴矩台平面磨床磨削

图 9-11 平面磨削方式

平面磨床磨削
演示.mp4

2．平面磨床

1）平面磨床的组成

M7120A 型平面磨床是一种卧轴矩台平面磨床。它由床身、工作台、立柱、磨头和砂轮修整器等主要部件组成，如图 9-12 所示。

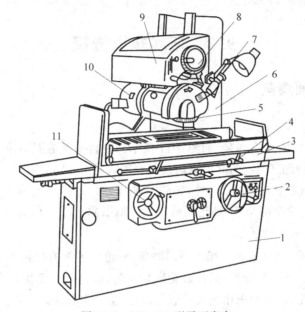

图 9-12　M7120A 型平面磨床

1—床身；2—横向进给手轮；3—工作台；4—调整块；5—砂轮；6—立柱；7—砂轮修整器；

8—横向进给手轮；9—砂轮头挂架；10—磨头；11—纵向进给手轮

2）平面磨床的运动

M7120A 型平面磨床所具备的切削运动有以下几种。

（1）主运动是磨头主轴上的砂轮的旋转运动。由与砂轮同一主轴的电动机（功率为 2.1/2.8kW）直接带动。

（2）进给运动包括纵向、横向和垂直进给运动。

① 纵向进给运动是工作台沿床身纵向导轨的直线往复运动。这一运动通过液压传动实现。工作台的运动速度为 1～18m/min。

② 横向进给运动是磨头沿溜板的水平导轨的横向间歇进给（工作台每一往复终了时进给）。

③ 垂直进给运动是溜板沿立柱的垂直导轨的移动。这一运动由手动完成。

3）平面磨削的夹具

平面磨削的装夹方法应根据工件的形状、尺寸、材料而定。电磁吸盘是最常用的夹具之一，凡是由钢、铸铁等材料制成的有平面的工件，都可用它装夹。

电磁吸盘是根据电的磁效应原理制成的。在由硅钢片叠成的铁心上绕有线圈，当电流通过线圈时，铁心即被磁化，成为带磁性的电磁铁，这时若把铁块引向铁心，立即会被铁心吸住。当切断电流时，铁心磁性中断，松开铁块。

使用电磁吸盘装夹工件有以下特点：工件装卸迅速方便，并可以同时装夹多个工件；工件的定位基准面被均匀地吸紧在台面上，能很好地保证平行平面的平行度公差；装夹稳固可靠。

使用电磁吸盘时应注意以下事项。

（1）关掉电磁吸盘的电源后，有时工件不容易被取下，这是因为工件和电磁吸盘上仍会保留一部分磁性（剩磁），这时需将开关转到退磁位置，多次改变线圈中的电流方向，把剩磁去掉，然后取下工件。

（2）从电磁吸盘上取底面积较大的工件时，由于剩磁以及光滑表面间黏附力较大，工件不容易取下，这时可根据工件的形状用木棒或钢棒将工件扳松后再取下，切不可用力硬拖工件，以防工作台面与工件表面拉毛、损伤。

（3）装夹工件时，工件的定位表面盖住绝缘磁层的条数应尽可能地多，以便充分利用磁性吸力。

（4）电磁吸盘的台面要经常保持平整光洁，如果台面上出现拉毛，可用三角油石或细砂纸修光，再用金相砂纸抛光。

（5）工作结束后，应将吸盘台面擦净。

9.2.2　内圆磨削

内圆磨削可以在专用的内圆磨床上进行，也能够在具备内圆磨头的万能外圆磨床上实现。内圆磨削的方式分为普通内圆磨削、无心内圆磨削和行星内圆磨削。

内圆磨床磨削
演示.mp4

在普通内圆磨床上的磨削方法如图 9-13 所示。砂轮高速旋转做主运动 n_o，工件旋转做圆周进给运动 n_w，砂轮还做径向进给运动 f_p。采用纵磨法磨长孔时，砂轮或工件还要沿轴向往复移动做纵向进给运动 f_a。

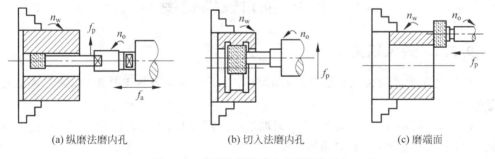

(a) 纵磨法磨内孔　　　　　(b) 切入法磨内孔　　　　　(c) 磨端面

图 9-13　普通内圆磨床上的磨削方法

无心内圆磨削的工作原理，如图 9-14 所示。磨削时，工件支承在滚轮和导轮上，压紧轮使工件靠紧导轮，工件由导轮带动旋转，实现圆周进给运动 n_w。砂轮除了完成主运动 n_o 外，还做纵向进给运动 f_a 和周期性横向进给运动 f_p。加工结束时，压紧轮沿箭头方向 A 摆开，以便装卸工件。无心内圆磨削适用于大批量加工薄壁类零件，如轴承套圈等。

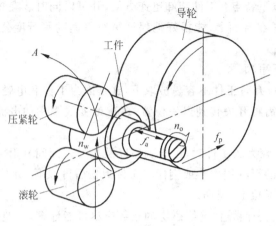

无心内圆磨削.mp4

图 9-14　无心内圆磨削的工作原理

　　与外圆磨削相比,内圆磨削所用的砂轮和砂轮轴的直径都比较小,为了获得所要求的砂轮线速度,就必须大大提高砂轮主轴的转速,从而容易引起振动,影响工件的加工质量。此外,由于内圆磨削时砂轮与工件的接触面积较大,发热量集中,冷却条件差且工件热变形大,特别是砂轮主轴刚性较差,易弯曲变形,所以内圆磨削不如外圆磨削的加工精度高。在实际生产中,常采用减少横向进给量、增加光磨次数等措施提高内圆的加工质量。

磨削时工序尺寸及其公差的确定.pdf

9.3　项目技能链接

9.3.1　岗位职责

　　(1) 坚守生产岗位,自觉遵守劳动纪律,按下达的任务加工零部件,保质保量完成任务。

　　(2) 按设计图样、工艺文件、技术标准进行生产,加工前明确任务,做好刀具、夹具准备工作,在加工过程中进行自检和互检。

　　(3) 贯彻执行工艺规程(产品零件工艺路线、专业工种工艺、典型工艺过程等)。

　　(4) 严格遵守安全操作规程,严禁戴手套作业,排除一切事故隐患,确保安全生产。

　　(5) 维护保养设备、工装、量具,使其保持良好。执行班组管理标准,下班前擦净设备的铁屑、灰尘、油污,按设备维护保养规定做好维护保养,将毛坯、零件、工件器具摆放整齐并填写设备使用记录。

　　(6) 根据指导教师检查的结果,及时调整相应的工艺参数,使产品的质量符合工艺要求。

（7）执行能源管理标准，节约用电、水、气，及时、准确做好生产过程中的各种记录。严格执行领用料制度，爱护工具、量具，节约用电、用油、用纱头，搞好工作场地环境卫生，各种零部件存放整齐。

（8）对所生产的产品质量负责，对所操作设备的运行状况及维护负责，对所使用的工具负责。

（9）努力学习技术，掌握设备结构、原理、性能和操作规程，提高加工质量。

9.3.2 安全操作规范

1. 开机前准备

（1）操作平面磨床的人员，要经过学习，熟悉、了解并掌握机床的结构性能及操作方法，才可独立操作机床。

（2）正确使用机床的安全保险装置，不允许随意拆卸。

（3）认真执行各项安全规章制度，保持工作场地清洁、畅通。

2. 工作前的注意事项

（1）按规章制度穿戴劳动保护用品。

（2）对机床的液压系统、防护保险及润滑、电气系统作全面检查，机床不能带故障工作。

（3）安装砂轮时，应检查砂轮出厂标记，未经检查有无裂纹和未经平衡的砂轮不能使用，要严格按安装操作规程进行。

（4）磨削前，应根据工件的长度调整行程挡铁，避免超程发生碰撞。

3. 工作中的注意事项

（1）磨削外圆工件时，若采用两顶或一夹一顶的方法装夹，顶紧力要适当；要检查中心孔有无毛刺、碰伤或过大现象，如有，应及时修研。对于精度要求较高的工件，要用百分表找正。

（2）平面磨削前，要清理干净工件和吸盘上的铁屑，以保证安装可靠。

（3）用电磁吸盘安装工件时，首先应检查工件是否吸牢，确认工件牢固可靠后才可开机作业。

（4）使用纵、横自动进刀时，应首先将行程保险挡铁调好、紧固。

（5）磨削时，使砂轮逐渐接触工件，使用冷却液时要装好挡板及防护罩。

（6）装卸测量工件时应停车，并将砂轮退离工件后进行。

（7）磨削外锥面时，无论是扳转头架还是砂轮架角度，都要注意对准刻度线。试磨后，应进行检查，并及时修正，以保证锥面的精度。

（8）修整砂轮时，砂轮应紧固在机床台面上，修磨时进刀量要适当，防止撞击。

（9）干磨工件不准中途加冷却液；湿式磨床冷却液停止时应立即停止磨削；湿式作业工作完毕应将砂轮空转5min，将砂轮上的冷却液甩掉。

（10）机床在磨削过程中，操作者应坚守岗位，不许兼作其他事情。

（11）发现机床有异常现象应立即停车，找维修人员检查处理。

4. 工作后的注意事项

(1) 停车后将手柄移至空位,切断电源,擦拭机床,整理环境。

(2) 按规定认真执行交接班制度。

5. 磨床的维护保养

(1) 正确使用机床,熟悉磨床各部件的结构、性能、作用、操作方法和步骤。

(2) 开动磨床前,应首先检查磨床各部分是否有故障;工作后仍需检查各传动系统是否正常,并做好交接班记录。

(3) 严禁敲击磨床的零部件,不碰撞或拉毛工作面,避免重物磕碰磨床的外部表面。装卸大工件时,最好预先在台面上垫放木板。

(4) 在工作台上调尾座、头架的位置时,必须擦净台面与尾座接缝处的磨屑,涂上润滑油后再移动部件。

(5) 磨床工作时,应注意砂轮主轴轴承的温度,一般不得超过60℃。

(6) 工作完毕后,应清除磨床上的磨屑和切削液,擦净工作台,并在敞开的滑动面和机械机构涂油防锈。

9.3.3 项目实施

1. 项目资讯

(1) 温习项目9相关知识链接。

(2) 联系项目加工内容,学习磨削工种操作安全规范与岗位职责。

(3) 联系项目知识链接内容,进行零件图样信息分析。

根据零件图样加工钻有中心孔的毛坯 $\phi 51 \times 400$mm 的光轴,如图9-15所示。

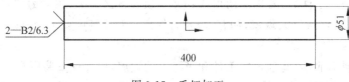

图 9-15 毛坯加工

零件图分析如下。

① 根据图9-16所示磨削加工 $\phi 50_{-0.02}^{0} \times 400$mm 的光轴。光轴零件的材料为45钢。

② 技术要求:光轴外圆和端面表面粗糙度 Ra 为 0.8μm,其余 Ra 为 3.2μm;圆柱度为 0.01mm。

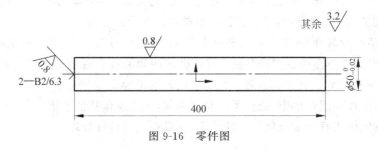

图 9-16 零件图

2．决策与计划

1）光轴零件加工工艺路线

盖板孔系类零件加工工艺路线：料—车—磨—总检—入库。

2）光轴零件加工工艺规程

光轴零件加工工艺规程如图 9-17 所示。

3．实施

1）实施步骤

（1）修研中心孔，修整砂轮外圆及砂轮端面至要求。

（2）用两顶尖装夹。

（3）磨削，保证圆柱度为 0.01mm 及表面粗糙度 Ra 为 0.8μm。

（4）卸下工件，擦净检测。

2）磨床砂轮的修整

磨床砂轮安装后需要检测以下内容。

（1）头架主轴线、尾座套筒轴线相互平行度的检测，头架主轴回转时的跳动误差的检测。

（2）头架主轴回转时的跳动误差的检测。

（3）砂轮主轴回转时的跳动误差的检测。

磨床砂轮的
修整.mp4

（4）液压性能的检测包括工作台在低速时产生的位移，工作台换向时产生的冲击，磨头快进快退时的缓冲性能。

产品名称 _____

生产任务号 _____

工艺文件编号 _____

工　艺　文　件

工艺文件名称： ___机械加工工艺规程___

零、部、组(整)件名称： ___光轴类零件___

零、部、组(整)件代号： ___MGZW-001___

编制部门 ___××系___

单　位 ___××学院___

图 9-17　加工工艺规程

机械加工工艺过程卡（首页）				产品型号		零(部)件图号		MGZW-001		共 4 页
				产品名称		零(部)件名称		光轴		第 1 页

材料牌号	45	毛坯种类	型材	毛坯外形尺寸	$\phi55\times410$	每毛坯件数	1	每台件数	1	备注

更改标记	车间	工序号	工序名称	工 序 内 容	设备及工装 名称	设备编号	工装编号	工时定额 准终	单件
	实	1	料	$\phi55\times410$，1件。					
	实	2	车	平端面，打顶尖孔。	CA6140A				
	实	3	车	车外圆。	CA6140A				
	实	4	车	平端面，打顶尖孔。	CA6140A				
	实	5	外磨	磨外圆。	M1432A				
				总检。					
				入库。					

						编制	日期	校对	日期	会签	日期

更改标记	更改单号	签字	日期	更改标记	更改单号	签字	日期				

机械加工工艺卡（首页）			产品型号		零(部)件图号		MGZW-001		共 4 页
			产品名称		零(部)件名称		光轴		第 2 页

材料牌号	45	毛坯种类	型材	毛坯外形尺寸	$\phi55\times410$	每毛坯件数	1	每台件数	1	备注

更改标记	工序号	工步号	工序(工步)名称及内容	设备及工装 名称	设备编号	工装编号
	1		料			
			$\phi55\times410$，1件。			
	2		车	CA6140A		
		2.1	三爪装夹毛坯外径，找正夹紧，平端面见光；			
		2.2	端面打B2/6.3顶尖孔，表面粗糙度3.2。			
	3		车	CA6140A		
		3.1	一夹一顶，车外圆 $\phi55_{-0.02}^{0}$，留量0.10～0.20，表面粗糙度3.2；			游标卡尺
						0～125/0.02
			检：$\phi55_{-0.02}^{0}$，留量尺寸。			

				编制	日期	校对	日期	会签	日期

更改标记	更改单号	签字	日期	更改标记	更改单号	签字	日期		

图 9-17(续)

机械加工工艺卡 (续页)		产品型号		零(部)件图号	MGZW-001		共 4 页
		产品名称		零(部)件名称	光轴		第 3 页

材料牌号	45	毛坯种类	型材	毛坯外形尺寸	φ55×410	每毛坯件数	1	每台件数	1	备注	

更改标记	工序号	工步号	工序(工步)名称及内容	设备及工装		
				名称	设备编号	工装编号
	4		车	CA6140A		
		4.1	调头，三爪装夹工件外径，找正外圆，跳动量不大于0.03；	游标卡尺		
				0~500/0.05		
		4.2	车端面，保证长度尺寸400，表面粗糙度3.2；	百分表		
		4.3	在端面打B2/6.3顶尖孔，表面粗糙度3.2。			
	5		外磨	M1432A		
		5.1	双顶尖顶起工件，磨外圆尺寸$\phi55_{-0.02}^{0}$，圆柱度不大于0.01，表面粗糙度0.08。	百分表		
				50~75/0.01		
			检：检尺寸$\phi55_{-0.02}^{0}$，圆柱度，表面粗糙度。			
			总检：检以上各工序尺寸、圆柱度、表面粗糙度要求。			
			入库。			

					编制	日期	校对	日期	会签	日期
更改标记	更改单号	签字	日期	更改标记	更改单号	签字	日期			

工艺附图		产品型号		零(部)件图号	MGZW-001	共4页
		产品名称		零(部)件名称	光轴	第4页

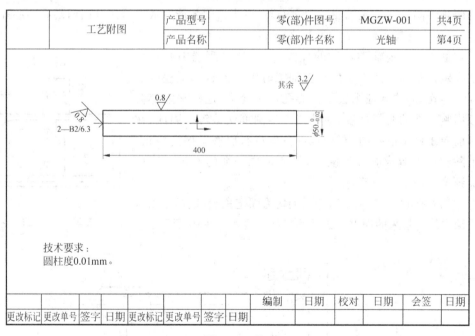

技术要求：
圆柱度0.01mm。

					编制	日期	校对	日期	会签	日期
更改标记	更改单号	签字	日期	更改标记	更改单号	签字	日期			

图 9-17(续)

（5）机床工作精度的检查与表面粗糙度的情况。

综上所述，对于外圆磨床砂轮的维修，根据其结构原理，首先应对单独的电机驱动进行断电，然后再分步进行拆装。拆装时要注意，基于精度的考虑，首先是轴承的检查，检查其径向间隙与轴向间隙，其次是拆装时各零部件螺钉的预紧度，液压性能的核查。装砂轮时，砂轮的内径与托盘之间必须留有 0～0.5mm 的间隙，防止砂轮胀裂，紧固砂轮时应用扳手。不许加长套管，以免砂轮破碎。安装后试运转。启动润滑油泵，回油管回油正常后，启动低速点动，观察主轴运转方向是否正确，有无其他噪音，温升是否正常，并检查主轴回转精度是否有跳动。

3）操作前的准备工作

（1）检查工件中心孔，若不符合要求，需修磨正确。

（2）找正头架、尾座的中心，不允许偏移。

（3）粗修整砂轮。用金刚石笔修整砂轮。

（4）检查工件磨削余量。

4）实践操作过程

选用 M1432A 万能外圆磨床。所选砂轮的特性：磨料 WA-PA，粒度号 40～60，硬度 L～M，结合剂代号为 V，平形砂轮，砂轮标记：1—300×50×75—WA 60L5—35m/s　GB/T 2458—1997。

（1）开启磨床总电源开关，踩踏操纵尾架顶尖进出的脚踏板（见图 9-18）。将工件装夹于两顶尖间。一般光轴要分两次安装，调头磨削才能完成。该工件因两端有中心孔，可用前、后顶尖支撑工件，并由夹头、拨盘带动工件旋转。

在磨床上磨削轴类零件的外圆，一般都以两端中心孔作为装夹定位基准。由于工件在粗加工时中心孔有一定程度的磨损或碰伤，而热处理则会使中心孔产生变形，这些缺陷都会直接影响工件的磨削精度，使外圆产生圆度误差等。因此，在磨削前对工件中心孔的 60°圆锥部分应进行研磨工序的修正，以消除粗加工造成的各种缺陷，保证定位基准的准确。这也是保证磨削质量的关键。

磨削外圆时，头架和尾座的顶尖均为固定顶尖，这样可以避免因顶尖转动带来的误差。工件的装夹方法如图 9-19 所示。

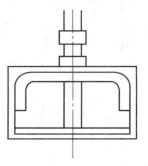

图 9-18　脚踏板

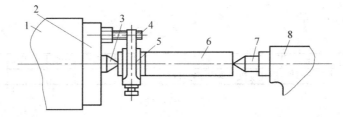

图 9-19　两顶尖装夹工件

1—头架；2—拨盘；3—前顶尖；4—拨销；5—夹头；6—工件；7—后顶尖；8—尾座

　　调整拔销位置,使其能拨动夹头;将工件两端中心孔擦干净,并加润滑油,前、后顶尖60°圆锥也需擦干净;调整尾座位置,然后将尾座套筒后退,装上工件,尾座顶尖适度顶紧工件。装夹工件时注意选用的夹头大小应适中,为防止夹伤被夹持的精磨表面,工件被夹持部分应垫铜皮,顶尖对工件的夹紧力要适当。

　　工件支承在前顶尖和后顶尖上,由磨床头架上的拨盘和拔销带动夹头旋转。由于夹头与工件固接在一起,因此带动工件旋转。

　　调整工作台行程挡铁位置,以控制砂轮接刀长度和砂轮越出工件长度,接刀长度(见图 9-20)应尽量短一些。

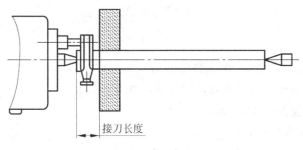

图 9-20　砂轮接刀长度

　　(2) 按下砂轮开按钮,如图 9-21 所示,使砂轮运转。

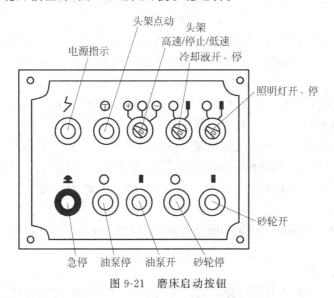

图 9-21　磨床启动按钮

　　(3) 转动工作台纵向移动手轮(图 9-22),使工作台左右纵向移动,带动工件移动到距砂轮合适的位置。调整工作台换向撞块到合适位置。

　　(4) 慢慢转动工作台速度调节旋钮,调整工作台纵向移动速度到合适值,转动工作台液压传动手柄,当工作台换向撞块碰触工作台换向杠杆时停止。

　　(5) 按下工作台换向停止旋钮,使工作台停止移动。

　　(6) 转动砂轮架横向进给手轮,使砂轮架横向移动,与工件表面轻轻接触,试磨。试

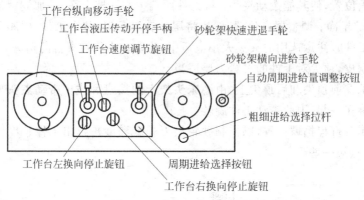

工作台纵向移动手轮
工作台液压传动开停手柄
工作台速度调节旋钮
砂轮架快速进退手轮
砂轮架横向进给手轮
自动周期进给量调整按钮
粗细进给选择拉杆
工作台左换向停止旋钮
周期进给选择按钮
工作台右换向停止旋钮

图 9-22 磨床工作运行控制

磨时,采用尽量小的背吃刀量,磨出外圆表面。

注意:整个磨削过程均需采用乳化液进行充分冷却。

(7)粗磨外圆至 $\phi 50.1_{-0.02}^{0}$ mm。

① 选择砂轮圆周速度。

$$v_c = \frac{\pi dn}{1000 \times 60} = \frac{3.14 \times 300 \times 1670}{1000 \times 60} = 26.2 (\text{m/s})$$

M1432A 外圆磨床砂轮主轴转速为 1670r/min,因此砂轮圆周速度小于 35m/s,满足要求。

② 选择工件圆周速度。采用纵磨法,工件的转速不宜过高。通常工件圆周速度 v_w 与砂轮圆周速度 v_c 应保持适当的比例关系,外圆磨削取 $v_w = (1/100 \sim 1/80)v_c$。

③ 选择背吃刀量。背吃刀量增大时,工件表面粗糙度值增大,生产率提高,但砂轮寿命降低。根据试磨测得的工件尺寸 $d_试$,留精磨余量 0.05mm,则 $a_p = d_试 - 30 - 1/2$(mm)。转动手轮时应注意粗加工手轮刻度为 0.01mm/格。

④ 选择纵向进给量。纵向进给量越大,对提高生产率、加快工件散热、减轻工件烧伤越有利,但不利于提高加工精度和降低表面粗糙度。特别是在磨削细、长、薄的工件时,易发生弯曲变形。一般粗磨时,纵向进给量 $f = (0.04 \sim 0.08)B$(B 为砂轮宽度),取 $f = 0.05B = 2.5$mm/r。

由于切深分力的影响会使实际的切入深度小于给定的切深值,因此需反复多次磨削,直至无火花产生。

(8)工件调头装夹。

(9)粗磨接刀。在工件接刀处涂上薄层显示剂,用切入磨削法接刀磨削,当显示剂消失时立即退刀。

(10)精修整砂轮。

(11)精磨外圆。

① 选择砂轮圆周速度。M1432A 外圆磨床砂轮主轴的转速为 1670r/min。

② 选择工件圆周速度。可选择 300r/min。

③ 选择背吃刀量。$a_p = 0.05$mm,观察手轮刻度时应注意:精加工手轮刻度为

0.0025mm/格。

　　④ 选择纵向进给量。$f=0.01B=0.5$mm/r。

　　⑤ 精磨外圆至$\phi50_{-0.02}^{0}$mm，表面粗糙度Ra为0.8μm以内。

　　(12) 调头装夹工件并找正。

　　(13) 精磨接刀。在工件接刀处涂显示剂，用切入磨削法接刀磨削，待显示剂消失立即退刀。保证外圆尺寸$\phi50_{-0.02}^{0}$mm，表面粗糙度Ra为0.8μm以内。

4. 检查与评价

　　(1) 每完成一道工序，都要使用量具对工件进行工序间的检测，检测内容为工序内容中要求达到的尺寸、形位、表面质量精度等(详见机械加工工艺规程)。

　　(2) 最后进行总检，检测内容为各工序内容中要求达到的尺寸、形位、表面质量精度等(详见机械加工工艺规程)；并在零件质量检测结果报告单上填写检测结果。

　　① 圆柱度误差不得大于0.10mm。

　　② 光轴直径不得超差-0.02mm。

　　③ 各表面的表面精糙度Ra都在0.8μm以内。

　　(3) 小组内互相检查、点评。

9.4　拓展技能链接——磨削垫板

　　磨削加工如图9-23所示的垫板平面。具体操作步骤如下。

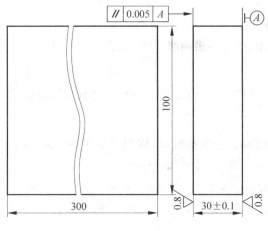

技术要求
热处理调质40～50HRC。

图9-23　垫板

1. 分析图样

　　根据图样和技术要求分析，图9-23所示为垫板工件，材料为45钢，热处理淬火硬度为40～45HRC，厚度尺寸为30 ± 0.01mm，两平面平行度公差为0.005mm，表面粗糙度Ra均为0.8μm。确定用卧轴矩台平面磨床M7130H对工件进行加工。

2. 操作前的检查、准备

（1）擦净电磁吸盘台面,清除工件毛刺、氧化皮。

（2）将工件装夹在电磁吸盘上。

（3）修整砂轮。修整砂轮用金刚石笔。

（4）检查磨削余量。

（5）调整工作台行程挡铁位置。

3. 粗磨上平面

（1）选择砂轮。一般用平形砂轮,陶瓷结合剂。由于平面磨削时砂轮与工件的接触弧比外圆磨削大,所以砂轮的硬度应比外圆磨削时稍低些,粒度再大些。所选砂轮的特性为 1—350×40×127—WA46K5V 的平形砂轮。

（2）砂轮主轴转速为 1440r/min。

（3）选择横向进给量。一般粗磨时,横向进给量为 $f_横=(0.1\sim0.48)B/$双行程$(B$为砂轮宽度),取 $f_横=0.2B=0.2\times40mm=8mm$。

（4）选择垂向进给量。由于该工件经淬火热处理,变形大,所以磨削单面加工余量应为 0.25mm,$a_p=0.15mm$,留 0.10mm 精磨余量。

粗磨上平面。采用横向磨削法,保证平行度误差不大于 0.005mm。

注意:整个磨削过程均需采用乳化液进行充分冷却。

4. 翻身装夹

装夹前清除毛刺。

5. 粗磨另一平面

采用相同的切削用量,采用横向磨削法,保证平行度误差不大于 0.005mm。

6. 精修整砂轮

用修整工具恢复砂轮工作面的磨削性能和正确的几何形状。

7. 精磨平面

（1）选择横向进给量。一般精磨时,横向进给量为 $f_横=(0.05\sim0.1)B/$双行程$(B$为砂轮宽度),取 $f_横=0.1B=0.1\times40mm=4mm$。

（2）选择垂向进给量。精磨时,$a_p=0.1mm$。

（3）精磨平面。表面粗糙度 Ra 为 0.8μm 以内。

8. 翻身装夹

装夹前清除毛刺。

9. 精磨另一平面

垂向进给量度 $a_p=S_测-30mm$,$S_测$ 为精磨一面测得的实际尺寸,保证厚度尺寸为 30±0.01mm,平行度误差不大于 0.005mm,表面粗糙度 Ra 为 0.8μm 以内。

10. 平行度误差的检测

工件平面之间的平行度误差可以用下面两种方法检测。

（1）用外径千分尺（或杠杆千分尺）测量。在工件上用外径千分尺测量相隔一定距离的厚度，测出几点厚度值，其差值即为平面的平行度误差值。

（2）用千分表（或百分表）测量。将工件和千分表支架都放在平板上，把千分表的测量头顶在平面上，然后移动工件，让工件整个平面均匀地通过千分表测量头，其读数的差值即为工件平行度的误差值。测量时，应将工件、平板擦拭干净，以免拉毛工件平面或影响平行度误差测量的准确性。

9.5 习 题

9.5.1 知识链接习题

1. 选择题

（1）磨削加工是用（　　）对工件进行切削加工。

    A. 砂轮   B. 车刀

    C. 麻花钻   D. 铣刀

（2）平面磨削的装夹方法应根据工件的形状、尺寸、材料而定，（　　）是最常用的夹具之一，凡是由钢、铸铁等材料制成的有平面的工件，都可用它装夹。

    A. 三爪自定心卡盘   B. 电磁吸盘

    C. 顶尖   D. 压板

2. 简答题

（1）磨削加工方式有哪些特点？

（2）什么是砂轮的寿命？影响砂轮寿命的条件有哪些？

（3）砂轮修整的意义是什么？普通磨料磨具的修整方式有哪些？超硬磨料磨具的修整方式有哪些？

（4）普通磨料有哪些类型？各种磨料的主要特点和磨削应用场合是什么？磨料粒度的选择应当考虑的因素有哪些？

（5）什么是砂轮的组织？砂轮组织对磨具磨削性能有什么影响？如何选择砂轮组织？

（6）超硬磨料有哪些？这些磨料的主要加工特点和适用范围是什么？

9.5.2 技能链接习题

磨削台阶轴，如图 9-24 所示。

（1）修研中心孔、修整砂轮外圆及砂轮端面至要求。

（2）用两顶尖装夹，夹头安装在 $\phi16\text{mm}$ 一端（注意清理中心孔、顶尖定位面并加润滑油）。

（3）调整行程挡块位置（注意台阶处挡块位置），磨 $\phi20_{-0.007}^{\ 0}\text{mm}$ 至尺寸，保证圆柱度为 0.01mm 及表面粗糙度 Ra 为 $0.8\mu\text{m}$。

（4）调整换向撞块位置 $\phi40_{-0.01}^{\ 0}\text{mm}$ 至尺寸，保证表面粗糙度 Ra 为 $0.8\mu\text{m}$。

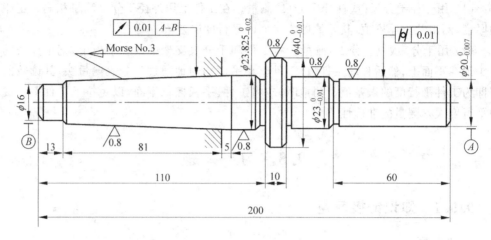

图 9-24　台阶轴

（5）调整行程挡块位置（注意台阶处挡块位置），磨 $\phi 23_{-0.01}^{0}$ mm 至尺寸，保证表面粗糙度 Ra 为 0.8μm。

（6）用两顶尖装夹，垫铜皮装夹在 $\phi 20_{-0.007}^{0}$ mm 一端（工件取下后擦净中心孔并涂油）。

（7）调整行程挡块位置（注意台阶处挡块位置），磨 $\phi 23.825_{-0.02}^{0}$ mm 至尺寸，保证表面精糙度 Ra 为 0.8μm。

（8）移动工作台调整行程挡块位置，磨莫氏 3 号外锥至尺寸，保证锥面的径向圆跳动不大于 0.01mm、表面粗糙度 Ra 为 0.8μm；锥体接触面应≥80%，并靠近大端（涂色检验）。

（9）卸下工件擦净检测，台阶轴磨削测量的评分标准见表 9-1。

表 9-1　台阶轴磨削测量的评分标准

序号	检 测 项 目	配分	评 分 标 准	实测结果	得分
1	检测尺寸 $\phi 20_{-0.007}^{0}$ mm	10	超差 0.002mm 扣 2 分		
2	检查表面粗糙度 $Ra0.8\mu$m	5	超差不得分		
3	检测尺寸 $\phi 23_{-0.01}^{0}$ mm	10	超差 0.001mm 扣 1 分		
4	检查表面粗糙度 $Ra0.8\mu$m	5	超差不得分		
5	检测尺寸 $\phi 40_{-0.01}^{0}$ mm	10	超差 0.005mm 扣 5 分		
6	检查表面粗糙度 $Ra0.8\mu$m	5	超差不得分		
7	检测尺寸 $\phi 23.825_{-0.02}^{0}$ mm	10	超差 0.005mm 扣 5 分		
8	检查表面粗糙度 $Ra0.8\mu$m	5	超差不得分		
9	检测莫氏锥度 3 号锥体接触面≥80%	10	少 5%扣 5 分,少 10%扣 10 分		
10	检查表面粗糙度 $Ra0.8\mu$m	5	超差不得分		
11	检测圆柱度误差(不得大于 0.01mm)	10	超差不得分		
12	检测圆跳动误差(不得大于 0.01mm)	10	超差不得分		
13	安全文明生产	5	良好得 5 分,差不得分		

参 考 文 献

[1] 劳动和社会保障部教材办公室.车工(中级)[M].北京：中国劳动社会保障出版社,2004.

[2] 金捷.机械零件的普通加工[M].北京：机械工业出版社,2010.

[3] 马晓燕.机械制造技术与项目实训[M].北京：机械工业出版社,2012.

[4] 王增强.普通机械加工技能实训[M].北京：机械工业出版社,2010.

[5] 汪晓云.普通机床的零件加工[M].北京：机械工业出版社,2012.

[6] 杜晓林,等.工程技能训练教程[M].北京：清华大学出版社,2009.

[7] 袁广.机械制造工艺与夹具[M].北京：人民邮电出版社,2009.

[8] 赵春江.机械设备维修技术教程[M].北京：人民邮电出版社,2011.

[9] 陈宏.典型零件机械加工生产实例[M].北京：机械工业出版社,2006.

[10] 郑惠萍.镗工[M].北京：化学工业出版社,2006.

[11] 康志威.磨工现场操作技能[M].北京：国防工业出版社,2007.

[12] 机械工业职业教育研究中心.车工技能实战训练[M].北京：机械工业出版社,2007.

[13] 胡家富.铣工技能[M].北京：机械工业出版社,2007.

[14] 蒋增福.钳工工艺与技能训练[M].北京：中国劳动社会保障出版社,2005.

[15] 韩秉科.机械制造技术[M].北京：北京出版社,2009.

[16] 王茂元.金属切削加工方法及设备[M].北京：高等教育出版社,2006.

[17] 机械工业职业鉴定指导中心.铣工技术[M].北京：机械工业出版社,2005.

[18] 机械工业职业鉴定指导中心.初级车工技术[M].北京：机械工业出版社,2006.

[19] 刘登平.机械制造工艺与机床夹具设计[M].北京：北京理工大学出版社,2008.